河出文庫

この世界が消えたあとの科学文明のつくりかた

ルイス・ダートネル
東郷えりか 訳

河出書房新社

目次

◎

本書を妻のヴィッキーに捧ぐ。
常に「イエス」と答えてくれたことに感謝する。

この世界が消えたあとの　科学文明のつくりかた

これらの断片で自分の廃墟を支えてきたのだ。

——T・S・エリオット『荒地』

序章

僕らの知っていた世界は終わりを遂げた。

格別に強毒型の鳥インフルエンザがついに異種間の障壁を越えて人間の宿主に取りつくことに成功したか、あるいは生物テロ行為で意図的に放出されたのかもしれない。都市の人口密度が高く、大陸をまたぐ空の旅が盛んな現代においては、感染症は破壊力をもってたちまち拡散する。そのため効力のある予防接種を施す間もなく、検疫態勢さえ敷かれる前に地球の人口の大多数を死にいたらしめたのだ。

あるいはインドとパキスタンのあいだの緊張が限界に達し、国境紛争があらゆる理性の範囲を超え、ついに核兵器が使用されたのかもしれない。弾頭特有の電磁パルスが検知されたのをきっかけに、中国がアメリカにたいする一連の先制攻撃を仕掛けたが、それによってアメリカとヨーロッパの同盟国およびイスラエルによる報復攻撃を受けることになった可能性もある。世界各地で主要都市は、放射線を発するガラス状物質からなるでこぼこの平原になりはてた。大気中に放出された大量の粉塵と灰のせいで地表に達する太陽光は減り、何十年もつづく核の冬が訪れ、農業は崩壊し、地球規模の飢饉になった。

もしくは、それはまったく人間の手には負えない出来事だったのかもしれない。直径たかだか一キロメートルほどのごつごつした小惑星が地球に激突して、大気の状態を致命的に変えた可能性もある。衝突地点から数百キロ圏内にいた人びとは高温・高圧の爆風で即死し、その地点より先にいた人類の大半もかろうじて生きながらえていた。小惑星がどの国に命中したかは、実際には問題ではない。石や粉塵が上空高くまで舞いあがり——熱風によって発火し、燃え広がった火災による煙とともに——風に乗って地球全体を覆い尽くしていた。核の冬の場合と同様に、地球の気温は急激に下がり、世界規模の凶作となって大飢饉が起こった。

これらは大破局のあとの世界をテーマにしたじつに多くの小説や映画が描く状況だ。破局直後はたいがい——映画『マッドマックス』やコーマック・マッカーシーの小説『ザ・ロード』にあるように——殺風景で暴力的な光景として描かれる。各地をあさり回る集団が残っている食糧を独占し、組織だっていない者や無防備な者に容赦なく襲いかかる。少なくとも崩壊の衝撃を受けた直後の一時期であれば、こうしたこともさほど現実からかけ離れていないだろう。しかし、僕は楽観的な人間だ。最終的には道徳観や理性が支配し、定住や再建が始まるだろうと考える。

僕らの知っていた世界は終わりを遂げた。決定的な問いは、さてどうするか、だ。

生存者が自分の置かれた窮状――それまで彼らの暮らしを支えていたインフラストラクチャー全体の崩壊――を受け入れたあと、廃墟から立ちあがって長期にわたり確実に生き延びようとした場合、彼らに何ができるだろうか？　可能な限り早く復興するには、どんな知識が必要となるのか？

本書は生存者のための手引書だ。単に大破局のあとの数週間を、生きながらえることを念頭に置いたものではなく――サバイバル術に関する手引書ならすでに多数書かれてきた――むしろ、科学を応用した技術（テクノロジー）を使い高度に進んだ文明の再建を画策する方法を教えるものだ。現役で使える物が一つも残されていない状況に突如として置かれたら、内燃機関や時計や顕微鏡をつくる方法を説明できるだろうか？　あるいは、どうやって作物をうまく育て、衣服をつくるのかといった、もっと根本的なことすらわかるだろうか？　しかし、本書が想定する大破局後のシナリオは、思考実験の出発点でもある。こうしたシナリオは、知識がどんどん専門化するなかで、僕らの多くにとってひどくかけ離れたものに感じられる科学や技術の基礎を検証するための手段なのだ。

先進国に暮らす人びとは、自分たちを支える文明の歩みからは隔絶されてきた。個々の人間としては、食糧や住居、衣服、医薬品、材料となるものあるいは生存に欠かせない物質の生産について、その初歩的なことですら僕らは唖然とするほど知らない。生き延びるための僕らの技能は、現代の文明の生命維持システムに不具合が生じたら、たとえば食べ物がもはや魔法のように店の棚に並ばなくなれば、あるいは衣服がハンガーにかかっていなければ、人類の多くが暮らしていけないところにまで退化してしまったのだ。もちろん、誰もが土地や生産方法にはるかに密接にかかわりながら生存のために闘っていた時代もあった。大破局後の世界で生き残るには、時間を巻き戻して、そうした核心にある技能を再び学び直す必要がある。*

それだけでなく、僕らが当たり前のものとして考える現代の技術はいずれも、その他の技術からの膨大な支援態勢を必要とする。スマートフォンをつくる過程には、そのデザインや一つひとつの部品を知るよりずっと多くのことがかかわっている。この機器は、〔大きな変革をもたらす〕実現技術（イネーブリングテクノロジー）の広大なピラミッドの頂点に位置しているのだ。タッチスクリーンにはレアメタルであるインジウムの採鉱と製錬が、CPUには極小の電気回路を高精度のフォトリソグラフィで製造する技術が、そしてマイクには信じ難いほど小型化された部品が必要であるばかりか、電気通信と電話機能を維持するのに必要な電波塔のネットワークなどのインフラが欠かせないことは言うまでもない。大崩壊後に生まれた最初の世代にとって、現代の電話の内部メカニズムはなんとも不可解で、マイクロチップの回路は人間の目には見えないほど小さいし、その目的はまったく謎だと思うだろう。SF作家のアーサー・C・クラークは一九七三年に、充分に進歩した科学技術はいずれも魔法と見分けがつかないと述べた。大破局後の難題は、この奇跡的な技術がどこかの異星人のものではなく、自分たちの過去の世代のものだということだ。

いまの文明のなかの日常にある、とりわけハイテクではない人工物ですら、採掘されるか、別の方法で集められ、専門の工場で加工されなければならない多様な原材料と、製造工場で組み立てられる特殊な部品を必要とする。さらに、こうしたことすべては、発電所や長距離輸送に頼っている。レナード・リードは一九五八年に、僕らの最も基本的な道具の一つの視点から書いたエッセイ「わたくし、鉛筆」のなかで、この点を雄弁に物語っている。驚くべき結論は、鉛筆をつくるための原材料の調達場所も製造方法もじつにさまざまなので、地球上の誰一人として、この最も単純な備品ですらつくる能力も資源ももち合わせていないということなのである。

いまや僕ら個人の能力と、日常生活のなかのごく単純な小道具の生産を隔てる溝は、二〇〇八年にロイヤル・カレッジ・オヴ・アートの修士課程にいたトマス・スウェイツが、一からトースターの製造を試みた際にまざまざと例証された。彼は安価なトースターを分解して最低限の必需品――鉄製の枠組、雲母鉱物の絶縁シート、ニッケルの発熱体、銅線と銅製プラグ、プラスチックの覆い――を調べ、それから採石場や鉱山から掘りだすなど、すべての原材料を自分で調達した。彼は古い単純な冶金技術も調べ、十六

＊近代においても、小規模ながら似たようなシナリオは実際に起こっている。一九九一年にソ連が崩壊すると、小国であるモルドヴァ共和国は経済面で大打撃を受け、国民は自給自足を強いられ、紡ぎ車や手織り機、バター攪乳器といった、博物館で見るような技術を再び採用しなければならなかった。

世紀の書物を参考にしながら、金属製ごみ箱、バーベキュー用石炭、それにふいご代わりに落ち葉を集めるためのリーフブロワーを使って、原始的な鉄の溶鉱炉もつくった。完成した作品はいかにも原始的だが、独自のグロテスクな美しさがあり、僕らのかかえる問題の核心を巧みに浮き彫りにする。

もちろん、極端な終末シナリオにおいてすら、生き残った人びとの集団はすぐさま自給自足を強いられることはないだろう。人口の大多数が猛毒性のウイルスにやられてしまえば、そのあとには莫大な資源がまだ残されているに違いない。スーパーマーケットには充分な食品が貯蔵されたままになっているだろうし、人気のなくなったデパートの店舗からデザイナーズブランドの新しい上等な服をもちだすことも、これまでずっと夢に見ていたスポーツカーをショールームから失敬することも可能かもしれない。放置された豪邸を見つけて、少しばかり家捜しをすれば、さほど苦労せずにもち運びのできるディーゼル発電機を何台か見つけて、照明、暖房、および家電を動かすために利用できるだろう。ガソリンスタンドの地下タンクには燃料が残っていて、かなりの期間、新たに手に入れた家や車を動かしつづけられるだろう。それどころか、大破局の直後にはおそらく生き延びた小集団はかなり快適に暮らせるかもしれない。しばらくのあいだは、文明はみずからの勢いに乗って惰性で進みうるのだ。生存者は自由に手に入る資源の山に囲まれていることに気づくだろう。豊かなエデンの園だ。

だが、その楽園は腐りかけている。

食糧、衣服、医薬品、機械など技術から生まれた産物は、時とともに容赦なく腐食し、分解し、劣化し、退化する。生存者には猶予期間が与えられているに過ぎない。文明が崩壊し、主要なプロセス——原材料の収集、製錬、製造、輸送、流通——が突然停止したら、砂時計はひっくり返されたのであり、砂は着実に落ちてゆく。あとに残された物資が提供するのは、収穫と生産が再開されるときまでの移行を容易なものにするための、安全・緩衝措置でしかない。

再起動マニュアル

生存者が直面する最も深刻な問題は、人間の知識が人びとのあいだに広く拡散した集合的なものだということだ。社会を動かしつづけるために欠かせないプロセスを充分に知っている人間は、誰一人いない。製鋼所の熟練技術者が生き残ったとしても、自分の職務の詳細を知っているだけで、ほかの従業員がもっている製鋼所を動かすために不可欠なもろもろの知識を把握しているわけではない。まして鉄鉱石の採掘方法や、工場を動かすために電気を供給する方法などは知るはずもない。僕らが日常的に使っている最も目につく技術など、広大な氷山のほんの一角でしかない。それが生産を支える製造および組織的大ネットワークにもとづくという意味だけでなく、進歩と発展の長い歴史の遺産を表わすからでもある。氷山は時空を超えて広がっているのだ。

では、生存者はどこに頼ればよいのだろうか？　多くの情報は間違いなく、そのころには無人となった図書館や書店、家庭の書棚で埃をかぶっている本のなかに残っているだろう。だが、この知識に関する問題は、それが生まれたばかりの社会に、もしくは特別な訓練を受けていない人間に役立つように提供されてはいない点にある。本棚から医学の教科書を引っ張りだして、専門用語や薬剤名だらけのページをめくったとしたら、何が理解できるだろうか？　大学の医学の教科書は、莫大な予備知識を前提としており、定評のある専門家による講義や実習と並行して使用することを意図して書かれている。生存者の最初の世代に医師がいたとしても、使い方を訓練されてきた現代の大量の医薬品や試験結果なしには、なし遂げられることは大幅に限定される。薬は薬局の棚や、廃墟となった病院の冷蔵貯蔵室で劣化してしまうだろう。

　こうした学術書の大半は、それ自体がおそらくは無人の都市で火事が無制限に広がることで失われるだろう。さらに悪いことに、毎年、生みだされる新しい知識の宝庫の大半は、僕ら科学者がつくりだし、研究のなかで利用されるものを含め、耐久性のある媒体にはまったく記録されていない。人間が理解していることの最先端は、主として一時的なデータとして存在する。専門誌のウェブサイトのサーバーに保管された学術「論文（ペーパー）」として。

　そして一般の読者向けの本などはほとんど役に立たないだろう。平均的な書店に並んでいるような類の本しかもはや手に入らない、生存者の一団を想像できるだろうか？

自己啓発本のページに書かれているような知恵から再建を試みたところで、文明はどこまでそれを実現できるのか？　経営の成功術とか、痩せた自分をイメージするとか、あるいは異性のボディランゲージを読みとるためのハウツー本などで？　最もばかげた悪夢は、大破局後の社会が黄ばんだボロボロの書物を数冊発見して、それが祖先の科学的な知恵に違いないと考え、疫病を封じ込めるためにホメオパシーを利用したり、占星術で収穫を予測したりすることだ。科学のコーナーにある書物ですら、あまり役には立たない。読みだしたら止まらない最新の通俗科学本は、息もつけないほど面白く書かれ、日常の出来事を巧みに比喩として利用し、新しい研究についてより深く理解させるかもしれないが、そこから実践的な知識はあまり生まれないのではなかろうか。要するに、人類が集団でもつ知恵の大半は、大惨事を生き抜いた人びとには——少なくとも使えるかたちでは——手の届かないものなのである。では、どうすれば生存者を最もよく助けられるだろうか？　手引書はどんな重要な情報を伝え、どう構成すればよいのか？

この問題に取り組んだのは、僕が最初ではない。ジェームズ・ラヴロックは同業者よりはるかに先駆けて問題の核心を突いて、画期的な記録をつくった科学者だ。彼はガイア仮説で最も知られる。地球全体——地殻、海洋、渦巻く大気、および地表一帯にうっすらと定着した染みのような生命——は、一つの生命体として理解することができ、何十億年にもわたって不安定になるのを抑え、環境を自己調節する働きをしてきたと仮定するものだ。ラヴロックはこのシステム内の一要素であるホモ・サピエンスが、この自然の抑制と均衡を混乱させ、とてつもない結果を招きうる力をもつにいたったことを深く憂慮している。

ラヴロックは生物学的なたとえを用いて、人間がどうすれば自分たちの遺産を守れるかを説明する。「乾燥した時代に直面すると、生物はしばしば胞子のなかにみずからの遺伝子を封じ込め、自分たちを再生する情報が干ばつのあいだも伝えられつづけるようにする」。人間が同様のことをするとすれば、それはあらゆる季節を乗り越えられる本だろうと、ラヴロックは考えた。「科学の入門書で、明確な言葉で書かれ、意味が曖昧ではないもの——地球の状態について関心のあるすべての人のための入門書であり、そこでどう生き残ってよい暮らしを送るかに関心のある、あらゆる人のための入門書である」。彼の提案は、じつに遠大な事業だ。人間の知識を完全に網羅したものを巨大な教科書に記録するのである。少なくとも原理上は、初めから終わりまで読めば、いま知られているすべてのことの要点がわかって歩みだせるものだ。

実際には、「全書」という考えには、はるかに長い歴史がある。過去に百科事典を編纂した人びとは今日の僕らよりもずっと切実に、偉大な文明ですら脆く崩れ去ることをよく理解していた。そして、人びとの頭のなかにある科学知識や実践的な技能の優れた価値も、社会が崩壊した途端に霧散することを知っていた。ドゥニ・ディドロは一七五一年に初巻が刊行された彼の『百科全書』の役割を、人類の知識の安全な保管庫として役立つものであると明確に見なしていた。古代のエジプト、ギリシャ、ローマの文化がいずれも失われ、あとには彼らの書物の断片がところどころ残されるばかりとなったように、僕らの文明を抹消する大惨事が起きた場合に、後世にその知識を残すためである。このようにして、百科事典は蓄積された知識のタイムカプセルとなり、すべて論理的に、相互に参照できるように並べられ、広範な大惨事が起きても、時代に埋もれないように守られることになった。

啓蒙主義以来、世界に関する人間の理解は飛躍的に増し、人類の知識の完全概要を編纂する仕事は、今日では桁違いに難しくなるだろう。そのような「全書」の制作は現代のピラミッド建設事業となり、長年にわたって何万人もの人びとがフルタイムで心血を注ぐ必要がある。この骨折り作業の目的は、ファラオが来世で永遠の至福を得られるように安全に送りだすことではなく、僕らの文明自体を不滅のものにすることにある。

そのような全力で取り組まなければならない事業も、それだけの意志があればまったくあり得ないことではない。僕の親の世代は、月に最初の人類を送り込むために懸命に努力した。最盛期にはアポロ計画には四〇万人が雇われ、アメリカの連邦予算総額の四%が使われていた。実際、現代の人類の知識の集大成はすでに、ウィキペディアのために無償で奉仕する人びとの驚異的な共同作業によって生みだされていると思う人もいるかもしれない。インターネットの社会学と経済学の専門家であるクレイ・シャーキーは、ウィキペディアは現在、執筆および編集に費やされた約一億人時間の労力を体現していると推定する。しかし、ウィキペディアのハイパーリンクを相互参照のための該当ページ番号に書き換えて、永久保存できるように印刷できたとしても、社会が文明を一から再建するためのマニュアルにはほど遠い。ウィキペディアはそのような目的のために意図されたものではなく、実用的な手順は書かれていないし、初歩的な科学と技術から、より高度な応用にまで発展させるのに必要な組織もない。そのうえ、印刷したハードコピーは非現実的なほど膨大な量になるだろう。いったいどうすれば大破局後の生き残りたちの手に、そのコピーが確実に渡るようにできるだろうか？　実際には、もう少し気の利いたアプローチを取れば、社会をよりうまく復活させる後押しができると僕は思う。

解決策は、物理学者のリチャード・ファインマンの言葉に見出すことができる。すべての科学知識が失われる可能性を仮定し、それについて何ができるか考えるなかで、彼は大惨事のあとに知能をもったどんな生物が出現しようと、一つのメッセージだけは伝えられるようにしてみた。どんな文章なら、最も少ない単語数で最も多くの情報を含められるだろうか？　ファインマンは次のように言う。「私の考えでは、それは原子仮説、すなわち、すべての物質は原子からできていて、永久に動き回る小さい粒子は、いくらか離れているときはたがいに引き合うが、無理やり押しつけられると反発するというものだ」

この短い一文から浮かんでくる意味合いと検証可能な仮説は、考えれば考えるほど、世界の本質に関する驚くべき事実が次々に見えてくるものだ。水の表面張力は粒子同士の引き合いから説明がつくし、座っているカフェの椅子のなかに自分が落ちていかないのは、近接する原子同士がたがいに反発するからだ。原子の多様性、およびその組み合わせによってつくられる化合物は、化学の主要原理だ。慎重に練りあげられたこのたった一つの文には、きわめて濃密な情報が要約されており、調べるにつれてそれが明らかになり、拡張してくる。

だが、もし文字数がそれほど制限されていないとすればどうだろうか？　もっと長い文章にするという贅沢が許されたとして、現代の知識の完璧な百科事典を書こうと試みるのではなく、再発見を促すために、濃縮された主要な知識を与えるという方針は維持するとすれば、生存者が技術社会を素早く復興させるための速効手引書となる一冊の本を書くことは可能だろうか？

ファインマンの一文は、根本的に重要なかたちで改良しうると、僕は考える。純粋な知識だけをもっていても、それを利用するすべがなければ充分とは言えない。生まれて間もない社会を自力で立ちあがらせるには、その知識をどう活用すればよいのかを提案し、実用例を示さなければならない。大破局から生き延びたばかりの人びとにしてみれば、すぐさま実用化できることが肝心だ。冶金学の基本理論を理解することと、たとえば、その原則を利用して廃墟と化した都市から金属をあさって再加工することは別問題だ。知識と科学の原理を利用することが技術の要諦であり、本書のなかで後述するように、科学の研究と技術の発展は切り離せないかたちで絡み合っているのである。

ファインマンに触発され、僕も大崩壊後の生存者を助ける最善の方法は、すべての知識を網羅した記録をつくることではなく、その人びとを取り巻く状況に即した基本的事項の手引書を与えることであり、不可欠な知識を自分たちで再発見するのに必要な技術の青写真を授けることなのだと主張する。つまり、強力な知識創出マシンのようなもので、それがつまり、科学的方法なのである。文明を残すための鍵は、濃縮された種を与えることで、それがすぐさま芽をだして巨大な知識の木を丸ごと生みだすようにすることであり、巨木そのものを記録しようと試みることではない。T・S・エリオットの言葉をもじれば、僕らの廃墟を支えるには、どの断片が最適なのか。

そのような本の価値は途方もないものになりうる。かりに古代文明が蓄積された知識の種を残していたら、これまでの歴史に何が起こったか想像してみるといい。十五世紀および十六世紀にルネサンスをもたらした主要なきっかけの一つは、西欧に古代の学問が少しずつ戻ってきたことだった。ローマ帝国の崩壊とともに失われたこの知識の大半は、書物を入念に翻訳し写本してきたアラブの学者によって保護され、伝播されてきたのであり、残りの書はヨーロッパの学者によって再発見された。しかし、哲学、幾何学、機械工学に関するこれらの論文が、広く分散したタイムカプセルのネットワークに残されていたとしたら、どうなっただろう？　それと同様に、適切な本が手に入ったら、大破局後も暗黒時代に陥る事態は避けられるだろうか[*]？

復興の期間には、同じ道を再びたどって科学を進歩させ、高度な技術にまで到達させる必要はない。歴史のなかでたどってきた道のりは長く困難なものだった。おおむね場当たり的な方法でつまずきながら進み、余計なものに気をそらされ、長いあいだ重要な発展を見逃してきたのだ。しかし、現代の知識をもち、後知恵で振り返ってよく見れば、経験豊かな航海士のように、近道を通って重要な進歩に向かって直進するための道案内ができないだろうか？　どうすれば相互に関連し合う科学原理と実現技術の広大なネットワークを突き進む最適の針路を決め、最大限に進歩を促せるだろうか？

発展の促進

重要な突破口は予期しないものであることが多い。そうした発見は、偶然に遭遇したものなのだ。アレグザンダー・フレミングが一九二八年にアオカビから抗菌性の物質

＊僕らの社会が崩壊したあとに残される物資を考慮しないのであれば、生存者の復興を助けるためのこの思考実験は、一万年前の旧石器時代へ偶然にもタイムワープしてしまったあとで、もしくは生物はいないが、地球に似た気候の温暖な惑星に宇宙船を胴体着陸させたあとに、一から技術文明を発展させるために必要となるマニュアルを提供するものにもなる。これは究極的なロビンソン・クルーソー、もしくは『スイスのロビンソン』の難破物語なのだ。小さな無人島に打ち上げられるのではなく、もぬけの殻となった世界で再出発するためのものだ。

〔抗生物質のペニシリン〕を発見したのは、偶然の出来事だった。それどころか、電気と磁力のあいだの深い結びつきを最初に暗示した出来事——電流の通る導線の横に置いた方位磁針がぶれた——も偶然に観察されたものだし、X線の発見も然りである。こうした主要な発見の多くはもっと早く見つかったかもしれないし、一部はずっと昔にわかっていた可能性すらある。いったん新しい自然現象が発見されると、その仕組みを理解し、効果を数値で表わすための秩序だった系統的な研究によって事態は進歩する。だが、まず発見すべきものが、復興する文明への若干の選りすぐりのヒントになるように狙いを定め、どこを見て、どれを優先的に研究すべきかわかるようにすることはできる。

同様に、多くの発明はあとから見れば自明に思われるが、主要な進歩なり発明が、なんら特別な科学的発見や実現技術のあとに生じたようには思われないこともある。文明を復興させる見通しを立てるうえで、こうしたケースは心強い。それならば速効手引書は、具体的にどうすれば重要な技術を再現できるのか生存者が見当をつけられるように、主要な設計の特徴を手短に説明するだけでよいからだ。たとえば、一輪の手押し車は、誰かがそれを思いつきさえすれば、実際に登場したよりも何百年も前から存在していただろう。手押し車は、車輪とてこの動作原理を組み合わせたささやかな例に見えるだろうが、驚くほどの省力機械である。それなのに、車輪が導入されたのち何千年もあとまでヨーロッパには登場しなかった（最初に言及されるのは、西暦一二五〇年ごろのイギリスの稿本である）。

その他の革新的技術もじつに幅広い効果をもたらしたため、大破局後の復興をさまざまな方面から支えるために、それらに向かって一直線に進みたいと思うだろう。組み替えられる可動活字の印刷機は、発展を後押ししたそのような出発点の技術であり、これまでの歴史において比類ない社会的影響をおよぼした。いくらかのヒントがあれば、後述するように、新しい文明の再建時の早い時期に、大量生産された書物は再び登場できるだろう。

新しい技術を発展させるに当たって、いくつかの途中段階は完全に省けるはずだ。速効手引書は、僕らの歴史における中間段階を跳び越えて、より進歩した、それでいて達成可能なシステムまでたどり着く方法を示すことで、社会の復興を手助けできるだろう。この種の技術面における一足飛びに関しては、今日のアフリカやアジアの発展途上国に心強い実例が見られる。たとえば、電力網のない多くの僻地の集落は、太陽光発電のインフラを整備されて、化石燃料に依存してきた西洋の数世紀にまたがる発展を跳び越えている。アフリカの多くの片田舎で泥壁の小屋に暮らす村人は、手旗信号塔や電報、あるいは固定電話のような中間的技術を通り抜けて、携帯電話での通信に一気に移行している。

おそらく歴史上で最も感銘深い一足飛びの離れ業をやってのけたのは、十九世紀の日本だろう。徳川幕府の時代には、日本は二世紀ほど世界に門戸を閉ざしており、人びとは国を離れることを禁じられ、外国人は入国できず、選ばれた若干の国とのあいだでわずかな貿易だけが許されていた。一八五三年にアメリカ海軍が江戸（東京）湾に大砲を満載した蒸気動力の軍艦でやってきたことで、外国との交流は最も説得力あるかたちで再開された。蒸気船は、技術面で停滞していた日本文明がもっていたどんな技術をも、はるかに凌ぐものだった。この技術面の格差に気づいた衝撃から、明治維新が引き起こされた。それまで孤立し、技術面で遅れていた日本の封建社会は、政治、経済、法律の各方面における一連の改革によって変貌を遂げ、科学、工学、教育など各分野の外国からの専門家が日本人に、電信網や鉄道網、繊維工場をはじめとするさまざまな工場の建設方法を指導した。日本はものの数十年で産業化をはかり、第二次世界大戦時には、最初にこの近代化を強要したアメリカ海軍と対戦するまでになった。

適切な知識を保存しておけば、大破局後の社会は同じように急速な発展を遂げることができるだろうか？

残念ながら、中間段階を省くことで文明を前進させるには限界がある。大破局後の科学者が完全に応用の基礎を理解し、原理上はうまくいくはずのものを設計できたとしても、実用化できる試作品はまだつくれないだろう。僕はこれをダ・ヴィンチ効果と呼ぶ。ルネサンス時代のこの偉大な発明家は、空想的な空飛ぶ機械をはじめ、限りない数の装置や仕掛けの設計図をつくったが、実現できたのはわずかしかない。問題はおもに、ダ・ヴィンチが時代をあまりにも先駆けていたことにあった。正しい科学の知識と独創的な設計だけでは充分ではない。必要な特性を備えた建築材料と、手に入る動力源がそれに見合うだけの高度なレベルであることも重要なのだ。

そこで速効手引書は、大破局後の世界に合った適切な技術を供給するものであることが肝心となる。今日、援助機関が発展途上国の社会に適した中間技術を提供するのと同様である。こうした技術は、現状を大いに改善する解決策——既存の初歩的な技術からの進歩——だが、それでも地元の職人によって実際的な技能と道具、および手に入る材料で修繕や維持ができるものだ。文明を急速に復興させる目的は、何百年にもまたがる遅々たる発展は省略するものの、原始的な材料と技術を使って到達できるレベルまで一気に移行させることなのだ。要するに、ちょうどよい（スイートスポット）中間技術なのである。

いままでの歴史のこうした特徴——偶然の発見、あらかじめ必要な知識がなくても生まれた発明、多くの分野で進歩を促した出発点の技術、および中間段階を一足飛びする機会——があればこそ、僕らは楽観できるのである。よく考案された文明の速効マニュアルがあれば、最も実りのある研究と主要な技術の背後にある重要な原理へと向かう指示を与えることができるだろう、と。科学と技術の網目をくぐり抜ける最適の道を示し、再建を大いに加速させることだ。暗闇で手探りをするのではない科学を想像してみよう。祖先が懐中電灯とおおよその地形図を用意してくれているところを。

復興する文明が僕らの特異な進歩の道筋をたどらずに済むとすれば、まったく異なった進歩を遂げてゆくだろう。それどころか、現在の文明がやってきた道に沿って復興させることは、いまでは非常に難しいに違いない。産業革命はおもに化石燃料によって動力を得ていた。容易に手に入るこうしたエネルギー源の大半——石炭、石油、天然ガスの鉱脈——はいまや枯渇するまで採掘されている。そうした容易に手に入るエネルギーがなければ、僕らにつづく文明はどのように二度目の産業革命を乗り切るだろうか？答えは、後述するように、再生可能エネルギーを早期に採用し、資源を丹念にリサイクルすることにある。持続可能な発展はおそらく次の文明には、必要に迫られてやらざるをえないものになるだろう。グリーンな復興である。

その過程でいずれ、見慣れない技術の組み合わせが生じるはずだ。復興する社会が発展するなかで取りうる異なった道筋の例——僕らがたどらなかった道——を、これまで見捨てられてきた技術的解決策の利用とともに本書ではこれから見てゆく。僕らにとって、文明2・0版は、スチームパンクと呼ばれるフィクションのジャンルにも似た、さまざまな時代からの技術の寄せ集めに見えるかもしれない。スチームパンクの物語は異なった発展の経緯をたどった別の歴史に舞台が設定され、たいていはヴィクトリア朝時代の技術と別の応用方法との融合を特徴とする。大破局後に、科学と技術のさまざまな分野でまちまちの速度で進む再起動は、そのような時代錯誤のパッチワークにつながる可能性が高い。

含まれる内容

再起動マニュアルは、二つのレベルで最も有効活用できるだろう。まずは、すぐ使えるかたちで手渡される実践的な知識がいくらかは必要だ。できる限り早く最低レベルの生きる能力と安心できる生活様式を取り戻し、それ以上の困窮化を食い止めなければならない。しかし、科学調査も復活させ、最も価値のある核心的知識を与えて研究を始めさせることも必要だ。*

本書では基本から始め、どうすれば快適な暮らしの基本的要素を自分にもたらすことができるかを考える。充分な食糧ときれいな水、衣服、建築材料、エネルギー、必須の医薬品などである。生存者にとってすぐさま懸案事項となるものもいくつかある。栽培可能な作物と種は、それらが枯れて失われる前に農地から集めなければならない。ディーゼル油ならバイオ燃料用作物からつくれ、機械が壊れるまでエンジンを動かしつづけ

＊社会の最も目につく特色は巨大な記念建造物や芸術、音楽などの文化的産物であるかもしれないが、文明を支えるのは農業生産性や下水処理、化学合成といった基本レベルのものなのだ。批判的科学と技術は普遍的なものであるので、本書はこれらに焦点を当てる。（いつ）どこにいようが、ある特定の物理の法則が当てはまる。何千年も先の社会にも、同じ基本的なニーズはあり、それは技術によって満たされるに違いない。食糧、衣服、動力、輸送などである。芸術、文学、および音楽は僕らの文化的遺産の重要な部分であるが、それらがなくても文明の復興が五〇〇年遅れることはないだろうし、大破局後の生き残りは、彼らにとって重要性のある表現方法を発展させるはずだ。

られるし、分解された部品は地域の電力網を建設し直すのに使える。廃墟となった文明の残骸から、どうすれば最もうまくその部品を取り外し、材料を集められるかを見てゆこう。大破局後の世界では再利用と修理と代用に創意工夫が求められる。

必需品が手に入るようになったら、どのように農業を立て直し、貯蔵食糧を安全に保管し、動植物の繊維を布地にするかを説明しよう。紙、陶磁器、レンガ、ガラス、錬鉄などの材料は、今日ではあまりにも日用品になり、ありきたりでつまらないものだと考えられている。だが、必要になった場合、どうやってそれらをつくれるだろうか？ 木からは驚くほど役立つものが大量に得られる。建設用の木材から飲料水を浄化する炭まで、さらに激しく燃える固形燃料までつくれるのだ。あらゆる種類の重要な化合物が木材を燃やすことで手に入れられ、灰にすら石鹸やガラスの製造に不可欠な物質（カリという）が含まれているし、火薬の成分の一つも生産できる。基本的なノウハウがあれば、周囲の自然からほかにも不可欠な物質――ソーダ灰、石灰、アンモニア、酸、アルコールなど――を大量に抽出することができ、大破局後に化学産業を興せるだろう。生きる能力を取り戻すにつれて、速効手引書が採鉱や古い建物の残骸を解体するのに適した爆発物を開発するのに役立つだろうし、人工肥料や写真に使える感光性の銀塩の生産も容易にするに違いない。

本書の後半では、医薬品について学び直し、機械力を活用するほか、発電と蓄電を習得して、簡単な無線機を組み立ててみる。さらに、本書には紙、インク、印刷機をつくるための情報も含まれているので、本書そのものに本自体の再生のための遺伝的指令が網羅されているのである。

一冊の本によって、世界にたいする僕らの理解度はどれだけ進むだろうか？　当然ながら、この一冊の本が人類の科学と技術の知識全体を記録しているなどと主張し始めるつもりは毛頭ない。しかし本書は、復興期の初めに生存者を助けるための基礎に、充分な基盤を与えるものにはなると考える。また、科学と技術の網目をくぐり抜けて迅速な復興に向けた最適ルートをたどる大まかな方向性をも示すだろう。そして、濃縮された知識の種を与えれば、探究することでそれが開花するという原則に従えば、一冊の本には莫大な量の情報の宝を盛り込めるのである。このマニュアルを読み終えたころには、読者の方々も文明化された生活を営むためのインフラをどう再建すればよいか理解しているだろう。科学そのもののすばらしい基礎を、たとえ一部でもしっかり把握できるようになることも、僕は願っている。科学は事実と数字の集合体ではない。世界の仕組みを、自信をもって理解するうえで利用しなければならない方法なのである。

速効手引書の目的は、好奇心の炎が、調査や研究の炎が、激しく燃えつづけるようにすることだ。望むのは、大惨事による衝撃の真っ只中ですら、文明の糸が途切れることなく、生き残った共同体があまりに退化したり停滞したりしないようになることだ。僕らの社会の核心部が保存され、大破局後の世界で育てられる知識の種が、再び花開くことである。

これは文明再起動のための青写真だ。しかし、これはまた僕ら自身の文明の基礎に関する入門書でもある。

第1章　僕らの知る世界の終焉

「このような作品が最も輝かしいものとなる瞬間は、大惨事の直後などで、そのあまりの破壊度に科学の進歩が停滞し、職人の仕事が中断され、われわれの世界の一部が再び暗黒に突き落とされるような時代である」

――『百科全書』ドゥニ・ディドロ

惨事をテーマにした映画にさながら付き物のようになっている場面は、広い高速道路が市内から逃げようとする車で大渋滞する光景をパン撮影したものだ。車を運転する人びとが切羽詰まってくるにつれ、苛立ちが高じて口論や喧嘩が始まり、やがて彼らも車を乗り捨てて、すでに路肩や路上に散乱する車のあいだを縫って、徒歩で先へと急ぐ人びとの流れに加わるといった光景だ。たとえすぐさま危険が迫らずとも、流通網や電力網を混乱させる出来事があれば、資源を貪欲に消費する都市は飢えることになり、腹をすかせた住民は脱出せざるをえなくなる。都市の避難民は大量移動して、食糧をあさるために周辺の農村部になだれ込むようになる。

社会契約の破棄

人間が本能的に悪かどうかをめぐる哲学上の泥沼の議論にはまりたくはないし、一連の法律を課して、処罰による脅しを通して秩序を維持することが必要な構成概念であるかどうかを論じるつもりはない。しかし、中央政府と公的な警察力が消滅したら、悪意のある連中がこの機に乗じて穏健な人びとや弱者を支配下に置いたり、利用したりするのは明らかだ。いったん状況がいちじるしく悪化すれば、それまで法を遵守していた市民も、自分の家族を食べさせ守るために必要などんな行動にでも訴えるだろう。自分がなんとか生き延びるには、必要なものを探し回り、あさらなければならないかもしれない。「略奪」を上品に婉曲表現すれば、そういうことだ。

社会を結びつける接着剤の一部は、騙しや暴力による短期的な利益を追求するよりも、長期的な結果のほうがはるかに大きな重みをもつだろうと人びとが予測することである。短絡的に行動すれば捕まって、社会的に信用できない人物として汚名を着せられるか、国家によって罰せられる。いかさま師は成功しない、と思うことだ。公共の利益のために協力し、国家による相互の保護のような利益と引き換えに個人の自由をある程度は犠牲にする、社会のなかの個人間におけるこの暗黙の了解は、社会契約として知られる。これはあらゆる文明のあらゆる共同作業、生産、経済活動の基盤にあるものだが、いったん個人が不正行為でより大きな私的利益を得られると考えだすか、ほかの人に騙されていると疑うようになれば、その構造は歪みだし、社会の結束力は緩む。

深刻な危機が訪れれば、社会契約はなし崩しになり、法と秩序の全面的な崩壊を加速させる。地球上で最も技術面で発展した国だけを見ても、社会契約の局地的な破綻が引き起こす影響は見てとれる。ニューオリンズはハリケーン・カトリーナの猛威によって物理的に大損害を受けたが、平常時の社会秩序が急速に悪化し、無政府状態に陥ったのは、市政が機能停止し、どんな支援もすぐにはやってこないことに同市の住民が気づいて絶望的になったためであった。

したがって大惨事が起きて、統治機関がなくなり無法状態になれば、その権力の真空状態を埋めるべく徒党を組んだギャングが現われ、自分たちのための私的領土権を主張するようになるかもしれない。残っている資源（食糧、燃料など）を掌握した者は、新しい世界秩序でなんらかの本来の価値をもつものだけを管理することになるだろう。現金もクレジットカードも意味がなくなる。自分の「財産」として蓄えた保存食を独り占めできる者が、きわめて裕福で有力――新しい王――になり、古代メソポタミアの王がやったように、忠誠心と奉仕を買うようになる。こうした環境では、医師、看護師のような特別な技能をもつ人びとは、そのことを口外しないほうがよいだろう。高度な専門職の奴隷として、ギャングへの奉仕を強いられるかもしれない。

競合するギャングによる略奪や襲撃を防ぐために、殺傷力の高い武器がすぐさま使われ、資源が枯渇するにつれて、競争は激しくなる一方だろう。大破局のために積極的に準備をする人びと（プレッパーと呼ばれる）はみな、次のような持説を主張する。「銃をもっているのに使う必要がない事態のほうが、銃が必要なのに手元にないよりはマシだ」

最初の数週間、数カ月間に繰り返されると思われる一つのパターンは、人びとが集団をつくって相互に支え合い、自分たちの消耗品の隠し場所を守るために、防衛し易い場所に集まり、大勢で集まって安全を確保しようとすることだ。こうした小さな領土は、今日の国と同様に境界地帯を巡回し、守らなければならない。混乱期に集団がバリケードを築いて立てこもったり、避難したりするのに最も安全な場所は、各地に点在する要塞になるだろうが、皮肉なことに、その目的は外と内が逆転することになる。刑務所は高い塀と頑丈な門、鉄条網、見張り塔を備えた、おおむね自給自足の設備であり、もともとは受刑者が脱獄するのを防ぐための施設だが、外部の人間を締めだす防衛用の避難所としても同じくらい機能する。

犯罪および暴力事件が各地で起こる事態は、おそらくどんな大惨事でも避けられないだろう。しかし、『蠅の王』のような地獄の世界〔孤島に漂流した少年たちの悲劇を描いたゴールディングの小説〕への転落は、僕がこれから論じるものではない。本書は人びとがもう一度落ち着きを取り戻したあと、いかに技術文明を急速に復興させるかに関するものなのだ。

世界の最善の終わり方

「最善」について検討する前に、まずは最悪から始めよう。文明を再建するという観点からは、最悪な終末的事態は全面核戦争だろう。標的にされた都市で蒸発してしまう運命を免れたとしても、現代世界の物質の多くは跡形もなくなり、粉塵で暗くなった空と放射性降下物で汚染された土壌は、農業の復興を妨げるに違いない。同じくらい悪い事態は、直接的な致死力はなかったとしても、太陽から大規模なコロナ質量放出が起ることだ。太陽がとりわけ激しく地球の周囲にある磁場に向かってげっぷを吐いて、地磁気をベルのように鳴らし始めれば、電線にとてつもない電流が流れ、変圧器が破壊され、世界中で電力網がなし崩しになるだろう。世界規模の大停電は水の汲み上げやガスの供給、燃料の精製を中断させるだけでなく、交換すべき変圧器の生産にも支障をきたす。現代の文明の基幹となるインフラがそのような打撃を受ければ、たとえ人命がすぐさま奪われることがなくても、社会秩序がまもなく崩壊し、さまよい歩く群衆が残された生活必需品を急速に使い尽くし、大規模な人口減少を促進するようになる。それでも、生き残った人びとは最終的に人間のいない世界に遭遇するだろうが、それは彼らに復興のための猶予期間を与えるはずだったあらゆる資源が、軒並み奪われてしまった世界だろう。

大破局後を描いた多くの映画や小説が好む劇的なシナリオは、産業文明と社会秩序の崩壊で、生存者が乏しくなる資源をめぐってますます熾烈な争いを始めるものだが、僕が注目したいシナリオはその逆だ。極端な人口減少が急激に起きて、あとに僕らの技術文明の物質的インフラが手つかずの状態で残されるケースだ。人類の大多数は抹消されているが、物はすべてまだ周囲に残っている。このシナリオなら、文明の一からの再建をどうすれば加速できるかを考える思考実験の最も興味深い出発点がもたらされる。これは独り立ちするまでの猶予期間を生存者に与え、自活する社会の根本的機能を学び直す必要が生じる前に、後退し過ぎるのを防ぐものだ。

このシナリオにいたる世界の最善の終わり方は、世界的に急速に広まるパンデミックによるものだろう。ウイルスによる最強の攻撃は、猛毒性があって、潜伏期間が長く、かつ致死率が一〇〇％に近い感染症である。この場合、大破局をもたらす病原体は人びとのあいだで大いに広まりやすく、その病気が発症するまでには少々時間がかかる（そのため、感染した宿主がその後も最大限に残される）が、最終的にはまず間違いなく死をもたらすからだ。僕らは本当に都市の生物種――二〇〇八年以来、世界人口の大半は農村部よりも、都市部に暮らすようになった――となり、人びとが密集して暮らし、大陸間を頻繁に行き来するこの現状は、感染症が急速に拡大するにはもってこいの状況を提供する。一三四〇年代にヨーロッパの人口の三分の一を（およびアジアでもおそらく同じくらいの割合を）一掃した「黒死病」［ペスト］のような疫病が今日襲ってきたら、技術に頼る僕らの文明にははるかに抵抗力がないだろう。*となると、地球規模の大惨事から最低でどれだけの人数が生き残れば、世界に再び人間を住まわせられるだけでなく、文明の再建も後押しできるだけのチャンスが生じるのだろうか？　別の言い方をすれば、急速再起動を可能にするのに必要不可欠な人口はどれだけなのか？

どんな人びとが生き残るのか、その両極端の例を、「マッドマックス」・シナリオと「アイ・アム・レジェンド」・シナリオと呼ぶことにする。現代社会の技術による生命維持システムが内部から崩壊しても、すぐさま（コロナ質量放出によって引き起こされるような）人口減少が起きなければ、大半の人びとは生き延びて、残っているあらゆる資源を激しく争いながら急速に使い尽くす。そうして猶予期間はなくなり、社会はたちまちマッドマックス式の野蛮な状態に陥り、やがては人口が激減して、素早い復興は望めなくなる。他方、世界でたった一人生き残ったとすれば、もしくは少なくとも離ればなれの場所で生き残った少数の人びとの一人であったとすれば、文明を再建するという考

*しかし、黒死病がもたらした予期しない結果のなかには、長期的には社会にとって有益なものもあった。大量死という雲のあいだから射し込んだ文化面での一条の光だ。その後の労働力不足から、大規模な人口減少後に生き残った農奴は荘園領主から解放され、抑圧的な封建制度を崩壊させて、より平等主義的な社会構造と市場経済を実現させることになった。

えどころか、人口を回復させる望みすら皆無である。人類は一本の糸に吊るされていて、この最後の男なり女なりが死んだときに、必然的に命運が尽きる。リチャード・マシスンの『地球最後の男』〔映画『アイ・アム・レジェンド』の原作〕に描かれた状況だ。二人の生存者――男女一人ずつ――がヒトという種を存続するための数学的な最小の人数だが、たった二人の人間から生まれる人間集団の遺伝的多様性と長期的な生存能力はいちじるしく損なわれるだろう。

では、人口を回復するのに必要な理論上の最小の人数はどれだけなのか？　今日のニュージーランドに住むマオリ族のミトコンドリアDNA配列の解析が、東ポリネシアに筏に乗って最初にやってきた建国の父祖たちの人数を推定するのに利用されてきた。遺伝的多様性から、父祖を形成しうる人口はわずか七〇人ほど〔厳密には七〇種類の遺伝子タイプ〕の出産可能な女性であり、そのため全人口はその二倍強であったことが明らかになっている。同様の遺伝子解析から、アメリカ先住民の大多数についても同等の数の創始者人口であったと推定されている。彼らは一万五〇〇〇年前の海面の低かった時代に、東アジアからベーリング陸橋を渡って移動した人びとの子孫である。したがって、大破局後に同じ場所に生き残った数百人の男女が、人類を再び世界に住まわせるには、充分な遺伝子的多様性が確保されていなければならない。

問題は、年間二％――大規模農業と現代の医学によって維持された、これまでで最も急速な世界の人口増加率――で人口が増加したとしても、この父祖集団が産業革命時代の人口にまで回復するには、まだ八〇〇年はかかることだ（高度な科学と技術の発展には、なぜ適度な人口と社会経済的構造が必要と思われるかについては、のちの章で検討する）。そのような当初の減少した人口では、安定した農業を維持するにはあまりにも少なすぎるだろうし、より高度な生産方式となればなおさらなので、狩猟採集の生活様式にまではるか後退し、生存のための闘いに明け暮れるだろう。人類の存在の九九％はこのような生活様式によるものだったが、それでは高い人口密度を支えることはできず、再びそこに陥れば、抜けだすのはきわめて困難となる。そこまで後退する事態を、どうすれば避けられるだろうか？

生き残った人びとのあいだでは、農業の生産性を確保するために、農地で働く人手が大勢必要となる。しかし、それでもほかの手工業を発展させ、技術を復活させる作業に自由に携われる人数も、充分に確保しなければならない。最善の再出発をはかるには、幅広い分野の技能をもつ生存者が充分に揃っていなければならないし、後退し過ぎるのを防げるだけの集団としての知識が必要になるだろう。いずれかの場所で生き残った一万人前後の当初の人口（イギリスであれば、わずか〇・〇一六％の生存率となる）が集まって新しい共同体をつくり、協力してともに働くことのできる状況が、この思考実験の理想的な出発点となる。

生存者が遭遇するような世界に注目し、その世界が再建されるなかで、周囲がどう変わるかを見てゆこう。

自然の復活

定期的な管理ができなくなるとたちまち、自然はその機に乗じて僕らの都市空間に再び進出してくる。ごみや残骸が通りにも舗道にも積もり、下水を詰まらせて水たまりをつくり、堆積したがれきが腐って被覆資材（マルチ）と化す。このような窪地にまず先駆的な雑草が繁茂するだろう。車のタイヤで踏みつぶされることがなくなっても、アスファルト舗装のひびは徐々に広がって割れ目になるだろう。霜が降りるたびに、このような窪みに溜まった水が凍って膨張し、山脈全体を着実に摩滅させるのと同様の凍結融解サイクルのなかで、硬い人工地盤を崩してゆくだろう。こうした風化が隙あらばはびこる小さな雑草のためのニッチをますます生み、そこにやがて低木が生えて定着し、さらに地表が割れる。もっと侵食性の高い植物は、根がレンガや漆喰を貫通して伸びて足掛かりを見つけ、水分を利用する。ツタ類は信号機や道路標識を金属製の木の幹に見立てて這いのぼるし、断崖のようなビルの壁面も蔓性植物の青々とした葉で覆われ、屋上からそれらが垂れ下がるだろう。

何年もの歳月のあいだに、堆積する落ち葉や、こうした先駆的に繁茂する植物の残骸が腐って有機的腐植土となり、風に運ばれてきた塵や劣化するコンクリート、レンガの砂粒と交ざり、紛れもない都市土壌がつくられる。事務所の割れた窓から吐きだされて

建物は崩れ、自然は僕らの都市空間に再び進出する。このニュージャージー州の図書館のように、人間の知識の倉庫も例外ではない

くる書類やその他のがれきが下の通りに積み重なり、この堆肥の層に加わる。道路や舗道、駐車場、および町や都市の開けた空間は分厚い絨毯のような泥で覆われ、もっと大きな樹木に根を張らせ、遷移を進行させる。アスファルトの道路や舗装された広場から離れた場所では、都市の緑地公園や周辺の郊外は急速に林地に戻ってゆくだろう。ものの一〇年や二〇年で、ニワトコの茂みやカバノキがしっかりと定着し、大破局から一世紀も経つころには、トウヒ、カラマツ、クリなどが鬱蒼と茂る森へと生長する。

自然が盛んに周囲の環境を取り戻すなかで、人間がつくった建物は崩れ、生い茂る森のなかで腐るだろう。植生が戻り、道路に倒木や落ち葉の吹きだまりがあふれ、割れた窓からあふれでるごみと交ざるなかで、またとない焚き付け材の山が通りに集まり、都市部で激しい森林火災が起こる確率が高まる。建物の脇に積もった燃え易いごみが夏の落雷に遭うか、割れたガラスを通して日光が収斂して発火すれば、破壊的な野火が通り沿いに広まって、高層ビルの内部を焼き尽くすのに充分だ。

現代の都市は、一六六六年のロンドンや一八七一年のシカゴのように、火が一軒の木造家屋から隣家へ、狭い通りを越えて飛び火して焼け野原になることはないだろうが、消防士に阻まれることなく広がる炎はそれでも大破壊をもたらすはずだ。地下のパイプや建物中に残っていたガスは、通りに乗り捨てられた車のタンクに残っている燃料とともに爆発して、地獄絵図をいっそう激しいものにするだろう。人の住んでいた地域のあちこちには、炎が押し寄せれば爆発しようと待ちかねている爆弾がある。すなわち、ガソリンスタンド、化学薬品倉庫、それにドライクリーニング店のきわめて揮発性が高く発火しやすい溶剤の入った容器などである。大破局後の生存者にとって、何よりも胸を締めつけられる光景の一つは、懐かしい都市が燃えて、その頭上に息を詰まらせるような黒い煙の太い柱が立ちのぼって、夜になると空が血のように赤く染まることかもしれない。炎が通り過ぎたあとには、碁盤目状になったレンガやコンクリート、鋼鉄などだけが残される。近代ビルの可燃性の内臓がえぐられたあとの、黒焦げの骨組みだ。

火災は人気（ひとけ）のなくなった都市の広大な地域に荒廃をもたらすが、丹念に築かれた僕らの建築物すべてを最終的に確実に破壊するのは水だろう。大破局後の最初の冬には、凍った水による水道管の破裂が相次ぎ、翌年、気温が緩んだ時期には建物内部が水浸しに違いない。はずれたり割れたりした窓から雨が吹き込み、屋根瓦がなくなった部分からも染み込み、詰まった雨樋や排水溝からあふれだす。窓やドアの枠はペンキがはがれて湿気がなかに入り込み、木部を腐らせ、金属を錆びさせ、しまいに枠全体が壁から抜け落ちるだろう。木造構造――床板、根太、屋根の支え――もまた湿気を吸って腐り、部品をつないでいるボルトやねじ、釘は錆びる。

そのあいだで汚れたコンクリート、レンガ、漆喰は気温の変化にさらされ、詰まった雨樋から滴り落ちる水を吸い、高緯度では容赦ない凍結融解が繰り返されることでぼろぼろになる。温暖な気候では、シロアリやキクイムシのような昆虫が菌類と共同して建物の木造部分を食い尽くす。早晩、木製の根太や梁は腐って折れ、床が落ちたり、屋根が崩れたりし、やがては壁そのものが外側にしなって倒れる。僕らの家屋や集合住宅の大半は、せいぜい一〇〇年もてばよいだろう。

金属製の橋は、ペンキがはがれ落ちると錆びて脆くなり、なかに水が染み込んでくる。だが、多くの橋にとって弔いの鐘となるのは、夏の暑さで金属が膨張できるように設計された遊間（ゆうかん）に、風で運ばれてきた砂塵が溜まることだろう。いったんその目が詰まると、橋は歪みだし、錆びついたボルトが切断され、しまいには構造全体が崩壊する。一、二世紀もすれば、多くの橋は下を流れる川へ崩れ落ちているはずだ。まだ残っている橋脚の土台部分で列をなす小石やがれきが、川のなかで一連の堰をつくるだろう。

現代の多数の建築物に使われる鉄筋コンクリートは素晴らしい建築材料で、木材よりも耐久性があるが、だからと言って決して腐食とは無縁なわけではない。こうした素材を劣化させる究極的な原因は、皮肉なことにその優れた力学的強度がもたらすものだ。鉄筋はそれを包み込むコンクリートによって風雨から守られているが、弱酸性の雨水がなかに浸透し、腐敗する植物から放出されるフミン酸がコンクリートの基礎に浸透すると、構造内部に埋め込まれた鉄筋がなかで錆び始める。この現代の建設技術へのとどめの一撃は、鋼鉄が錆びるにつれて膨張して内部からコンクリートを破断し、さらに多くの表面が湿気にさらされ、最終段階で拍車がかかることだ。これらの鉄筋が、現代の建築の弱点である。無筋コンクリートのほうが長期的にはより耐久性があることになるだろう。ローマのパンテオンのドームは、建造から二〇〇〇年後のいまもまだ堅固にそびえている。

だが、高層ビルにたいする最大の脅威は、手入れされなくなった配水管や、詰まった下水、頻発する洪水によって基礎部分が水に浸かることだ。とりわけ、川の土手沿いに建設された都市では脅威となる。建物を支えていたものは、錆びて劣化するか、地面に沈下していって、傾き始める超高層ビルがピサの斜塔よりもはるかに危険なものとなり、やがては崩壊する。雨のように落下してくるがれきも、周囲の建築物をさらに破壊する。あるいは、巨大なドミノのように、ビルが隣にあるビルに倒れ込むことすらあり、しまいには木々が生い茂るスカイラインの上に、わずかなビルがそびえるだけになる。僕らの超高層ビルは、大破局から数世紀後にはほとんど原形を留めていないと思われる。

わずか一世代か二世代のあいだに、都市の地理は見分けのつかないものになるだろう。隙あらば生えてくる実生が若木になり、完全な成木へと生長する。市内の通りも大通りも高層ビルのあいだの人工の渓谷に押し寄せた鬱蒼とした森の通路に様変わりし、ビル自体も垂直方向の生態系さながらに、すっかり荒れ果てて、ぽっかりと開いた窓からは植物が這いでる。自然が都市のジャングルを取り返すのだ。年月を経るにつれて、崩壊したビルのがれきからなるゴツゴツの山も、腐敗する植物が堆積して土壌となることでなだらかになるだろう。泥から生えてくる木々が小丘となり、かつてはそびえていた高層ビルの崩れた残骸すら、青々とした茂みに埋もれ、隠されてしまうようになる。

都市から離れた場所では、幽霊船が艦隊をなして海を漂い、ときおり気まぐれな風と海流によって運ばれてきて、海岸線に打ちあげられ、口を開いた船腹からつややかな有毒の燃料オイルが流出するか、コンテナの積み荷が風に乗るタンポポの綿毛さながら海流に流れだしているだろう。しかし、最も目を見張らせられる「難破」はおそらく、誰かがそれを眺めるのにちょうどいい時間にちょうどいい場所にいたとすれば、人類の最も野心的な建造物の一つの帰還だろう。

国際宇宙ステーションは、地球の低軌道で一四年の歳月をかけて建設された横幅一〇〇メートルの巨大な建造物だ。与圧モジュールと細長い支柱、およびソーラーパネルからなるトンボの翅のような翼部が見事に組み合わさったものだ。宇宙ステーションは僕らの頭上四〇〇キロメートルの高度を飛んでいるが、希薄な上層の大気をすっかり通り抜けた先にいるわけではなく、感知できないほどわずかながら、容赦ない引力がその四方八方に延びた構造に作用する。そのため、宇宙ステーションの軌道エネルギーは少しずつ奪われ、地上に向かって徐々に螺旋状に落下してゆき、ロケットエンジンでたびたび高度を上げる必要がある。宇宙飛行士が死亡するか、燃料切れになれば、宇宙ステーションは容赦なく一カ月に約二キロメートルずつ落下する。いずれは引きずり込まれて燃えながら大気に突入することになり、人工の流星のような一条の光と火の玉となって終わるだろう。

大破局後の気候

僕らの都市や町が徐々に崩壊することだけが、生存者が目撃する変遷の過程ではない。産業革命以来、最初は石炭を、やがて天然ガスと石油を利用するようになってから、人類は地下を掘削して、過去の時代に蓄積され埋蔵された化学エネルギーを掘りだしてきた。こうした化石燃料、つまりすぐさま燃える炭素の塊は、古代の森と海洋生物の死骸が腐敗してできたものだ。すなわち、はるか遠い昔に地球に降り注いだ太陽光をとらえることで得られた化学エネルギーだ。この炭素はもともと大気から得たものだが、問題は僕らがその貯蔵物を急速に燃やし過ぎているため、何億年間分もの固定炭素がわずか一〇〇年あまりで大気中に放出され、工場の大煙突や車の排気ガスとして吐きだされていることにある。これは放出された二酸化炭素を地球のシステムが再吸収できるよりもずっと急速であり、今日では十八世紀初めよりも約四〇％多い二酸化炭素が空気中にある。二酸化炭素のこの高い濃度がおよぼす影響の一つは、太陽の熱が温室効果によってより多く地球の大気にとらえられ、地球温暖化へとつながることだ。そうなると今度は海面が上昇し、世界中で気候パターンに混乱が生じ、場所によってはモンスーンの洪水がより頻繁に大規模で起こるようになり、別の地域は干ばつに見舞われ、農業に深刻な余波が生じる。

技術文明が崩壊すると、その直後には二酸化炭素の排出は工業からも、集約農業からも、交通機関からも一夜にして停止し、生き残ったわずかな人類がだす公害も実質的にゼロにまで減るはずだ。しかし、二酸化炭素の排出が明日止まったとしても、世界はその後数百年のあいだ僕らの文明がすでに吐きだした膨大な量の二酸化炭素に反応しつづけるだろう。地球の均衡状態に人間が与えてしまった急激な一押しに地球が反応するなかで、僕らは現在、停滞期にいる。

大破局後の世界は、この地球のシステムのなかにすでに蓄積された勢いから、つづく数百年間は数メートルの海面の上昇を経験する可能性が高い。温暖化によってメタンを封じ込めてきた永久凍土が解ける、あるいは氷河が広範囲で融解するといったドミノ効果が引き起こされれば、その影響はさらに悪いものとなるだろう。二酸化炭素濃度は大破局後には下がるものの、かなり高い値で推移しつづけ、産業革命前の状態には何万年間も戻らないだろう。そのため、僕らの時間の尺度では、もしくは後世の文明の尺度でも、地球のサーモスタットが強制的に吊りあげられたこの状態は基本的に永久のものとなり、現在の能天気な生活様式は、僕らのあとに世界に住む人びとに長期にわたって陰鬱な遺産を残すことになる。それでなくとも生きるために必死な生存者たちに与える影響は、気候および気象のパターンが長期にわたって変化しつづけるなかで、かつては肥沃だった穀倉地帯が干ばつで荒廃し、低地は水没し、熱帯病が広い範囲に蔓延するというものだ。これまでの歴史のなかでは、地域的な気候の変化が文明を急激に崩壊させてきた。気候の地球規模の変化がつづけば、大破局後の脆弱な社会の復興を妨げるには充分かもしれない。

第２章　猶予期間

「だから僕たちは自分の置かれた状況の本当の状態を、その逆の状況によって示されるまで決して見ないし、自分たちが楽しんでいるものを、それが欠乏するまで大切にするすべを知らない」

――『ロビンソン・クルーソー』ダニエル・デフォー

辺鄙な場所に飛行機が墜落したら、生存のための最優先事項は避難場所、水、それに食糧だろう。周囲で文明が崩壊した場合にも、同じものが最大の必需品となる。食糧がなくても数週間は、飲み水がなくても数日間は生き残ることが可能だが、過酷な気候で外気にさらされたら、ものの数時間で命を落とすだろう。ＳＡＳ〔特殊空挺部隊、第二次世界大戦中のイギリスの特殊部隊〕の元隊員で、サバイバル技術の専門家であるジョン・「ロフティ」・ワイズマンが語ってくれたように、「ビッグバンのあとまだ立っていたら、生き残ったことになる。だが、どれだけ生き残りつづけるかは、どれだけ知識があって、何をするかしだいだ」。本書の目的においては、僕自身を含めた九九％以上の人間と同様に、読者のあなたも周到な準備をするプレッパーではないと想定し、食糧や水を備蓄して、家を要塞化したり、世界の終わりに向けてあらかじめ準備したりはしていないと考えよう。

そうなると、新たなものを生産し始めざるをえなくなる前の決定的な緩衝期間を確実に生き延びるために、残されたどんなものをあされるだろうか？　後退してゆく技術の潮流によって残された遺物を拾い集める際に、何を探せばよいだろうか？

避難場所

これまで想定してきたような（人命は失われるが、周囲にあるものが大量に破壊されてはいない）状況下では、避難場所には困らないだろう。大災害の直後には、放置された建物が不足することはないはずだ。だが、キャンプ用品店に行って、新しい用具をいくらか調達してくる価値は充分にあるだろう。世界の終焉における服装規定は実用的であることだ。ゆったりとした丈夫なズボン、上半身に重ね着する暖かい服を数枚、それに防水加工された良質のジャケットがあれば、かなり多くの時間を戸外や暖房のない建物内で過ごしても快適でいられるに違いない。頑丈なハイキングシューズはさほど魅力的には見えないかもしれないが、大破局後の世界で足を滑らして、足首を骨折したくはないものだ。最初の数年間は、まだ虫害に遭っていない、または湿気で損なわれていないい衣服をあさる最適の場所は、大きなショッピングセンターだろう。モールの奥であれば相当な距離があり、なかにある商品は風雨にはさらされていない。

防寒着を別にすれば、生存を確実にするのは火である。火は人類史において根本的な役割を担ってきたのであり、寒さから身を守り、明かりを灯し、食べ物を調理して、病原菌の心配のない消化しやすいものに変え、金属を溶解して製錬してきたのだ。崩壊の直後には、棒をこすり合わせて火をおこすような、大自然でのサバイバル技術は必要ないだろう。近くの商店や家のなかにマッチはたくさんあり、使い捨てライターも何年間も使いつづけられる。

マッチもライターも見つからなければ、拾い集めてきた物資を使って火をおこす、あまり知られていない方法もある。よく晴れた日であれば、拡大鏡や眼鏡*を使って太陽光を一点に集約させて発火させることもできる。あるいは、飲料用の缶の丸みのある底部を、チョコレートのかけらや練り歯磨きで磨いたものすら利用できる。火花は、乗り捨てられた車のバッテリーにつないだブースターケーブル同士を接触させても生じるし、台所の戸棚で見つけたスチールウールたわしで、煙探知機から取り外した九ボルトの乾

*但し、使えるのは遠視用の眼鏡だけである。大半の人が必要になる近視用の凹レンズは、光を集約するのではなく拡散する。ウィリアム・ゴールディングが『蠅の王』でこの勘違いをしているのは有名で、近視のピギーが自分の眼鏡で火をおこす設定になっている。

電池の端子をなぞっても自然発火するだろう。空き家の周辺には火口(ほくち)として最適なもの、たとえば綿やウール、布、紙などがいくらでもある。それをワセリン、ヘアスプレー、ペンキ用のシンナーなどの間に合わせの燃焼促進剤に浸ければとくに、あるいはただガソリンを一滴ほど染み込ませるだけでも役立つだろう。そして、都市部であっても、燃やすための燃料探しに苦労することはないに違いない。人の住んでいた地域は、家具から木製の建具や庭の低木まで、可燃性の素材であふれており、暖をとるためにも料理のためにも火にくべることができる。

問題は火をおこすことや燃やしつづけることではなく、どこで火を焚くかである。近年建設された家の大半には、戸建てでも集合住宅も実用可能な暖炉がない。しかし必要であれば、金属製のごみ箱内で火を安全に焚きつづけることができるし、バーベキュー用グリルを室内にもち込むこともできる。もしくは、床がコンクリートの集合住宅であれば、カーペットを一部はがして、コンクリートの上でじかに火を焚くこともできる。煙や蒸気は窓を少しばかり開けて逃がさなければならないだろう(合成繊維や家具の詰め物を燃やすしかなくなった場合はとくに必要だ)。しかし、いちばんよい方法は、古い田舎家か農家で、〔スチーム暖房機の〕ラジエーターではなく直火で暖房するための設備がきちんと整っている家をなんとか探すことだ。これは後述するように、できる限り早く都市を離れることを促す大きな誘因の一つである。

水

避難場所が見つかり、雨風から身を守れるようになったら、チェックリストの次の優先事項は、きれいな飲み水を確保することだ。公共の上水道が使えなくなる前に、浴槽や流しには縁まで水を溜めておくべきだし、清潔なバケツだけでなく、丈夫なポリエチレンのごみ袋も利用すべきだ。緊急時に溜めたこうした水には、崩れた破片などが入り込まないように覆いをし、光を遮って藻類が生えないようにしなければならない。ペットボトルの水はスーパーマーケットから調達できるし、オフィスビルに行けば冷水機がある。それ以外に利用できる貯水場所には、ホテルやジムのプール、大きなビルの温水タンクなどがある。いずれ、通常なら見向きもしないような水の供給源に頼るようになるだろう。生存者は誰もが日々少なくとも三リットルのきれいな水を必要とするが、暑い気候下や重労働をした場合にはもっと多くいるだろう。これは水分補給のためだけの量であって、調理や入浴・洗濯に必要な水は含まれていないことを忘れてはならない。

ペットボトルなどに入っていない水は浄化しなければならない。病原体を除去するための水の確実な殺菌方法は、数分間、沸騰させつづけることだ（化学物質による汚染から身を守るにはなんの効果もないが）。しかし、これは非常に時間がかかり、たちまち手持ちの燃料を使いはたすことになるだろう。より実際的で、長期的に大量の水を殺菌するための解決策は、大惨事のあとどこかに落ち着いたら、濾過と消毒を組み合わせた方法に頼ることだ。濁った湖や川の水を濾過するための原始的ながら申し分のない方法は、プラスチックのバケツやドラム缶などの背の高い容器を利用するものだ。もしくはよく洗ったごみ箱でもよい。その底にいくつかの小さい穴を開けてから、金物店から失敬してきた木炭か、一四四～一四五ページの説明をもとに自分で焼いた炭をなかに敷き詰める。炭の上には細かい砂と砂利を交互に敷く。水を容器に注ぐと、なかに浸透してゆくあいだに、大半の粒子状物質はうまく濾過されるだろう。

濾過されたこの水から水中の病原体を除去して殺菌するには、まずはキャンプ用品店で手に入るヨウ素〔ヨード〕錠やヨウ素結晶のような専用の水の浄化処理方法を利用しよう。見つからなければ、家庭用の洗剤として調合された塩素系の漂白剤など、同じように素晴らしく功を奏する驚くべき代案がある。次亜塩素酸ナトリウムを主要な有効成分とする五％の濃度の液体漂白剤をわずか数滴垂らすだけで、一時間で一リットルの水を殺菌することができる。しかし、ラベルをよく確認して、製品内に有毒な可能性のある香料や着色剤のような添加物が含まれていないかどうか調べなければならない。台所の流しの下で見つかる漂白剤のボトル一本でも、二三〇〇リットル近い水を浄化できる。ほぼ一人当たり二年分の消費量だ。

ジムの倉庫や卸売店から調達してきたプール用の消毒に使われる製品も、希釈すれば飲料水の消毒に使用できる。この次亜塩素酸カルシウムの粉が小さじ一杯あれば、九〇〇リットルの水を消毒するのに充分だ（しかしこの場合も、抗真菌剤や清澄剤などの添加物が含まれていないか注意しなければならない）。のちに、簡単に使える塩素化剤がなくなったら、第10章で述べるように、海水と白亜を原材料にして自分で初めからつくらなければならないだろう。

ペットボトルは水を保存するだけでなく、殺菌にも使える。太陽光を利用した水の殺菌法（ＳＯＤＩＳ）は、太陽光と透明なボトルしか使わず、発展途上国における分散型の水処理方法として世界保健機関（ＷＨＯ）が推奨している。大破局後の世界でも利用できる、またとないローテクの選択肢だ。透明なペットボトル――ただし、二リットル容器より大きいものだと太陽光の肝心な波長領域が充分に射し込まないため使用しないこと――のラベルをはがしてから、殺菌する水を満たし、太陽が照りつける戸外に置いておく。太陽光の紫外線は微生物に大きな打撃を与えるので、水温が五〇度よりも上がれば、この非活性化効果は大いに高まる。理想的には、波形鉄板を太陽に向けて立てかけ、水のボトルをその溝に並べるとよい。鉄板を黒く塗ると、熱殺菌効果を高めることになる。

ただし、ガラスやポリ塩化ビニル（ＰＶＣ）のような一部のプラスチックは紫外線を遮ってしまう。プラスチック製飲料容器の底を確認しよう。いまでは大半の製品がリサイクル用の記号をつけて製造されており、必要なのはポリエチレンテレフタラート（ＰＥＴ）でつくられていることを示す♳の印のあるボトルだ。水が濁り過ぎていて太陽光が射し込まないほどであれば、まず濾過する必要がある。明るい直射日光のもとなら、この方法は六時間前後で水を殺菌できるが、曇っている場合には二日間ほど放置したほうがよい。

食糧

現代の文明が残した食べ物を、どのくらい食べつづけることができるだろうか？　現代の食品包装に記された賞味期限は目安でしかなく、安全な余裕をもって劣化する時期を早めに見積もっていることが多い。となると、それぞれの食品は実際にどのくらい食用に耐えうるのだろうか？　製品のなかには、塩や砂糖、醤油や酢〔後者二つは実際には未開栓で一〜二年〕など（乾燥した場所にある限りは）おおむね無期限に保存できるものもある。第4章ではこれらの食品がいかに食べ物を保存するうえで使えるかを見てゆこう。

僕らの食生活におけるそれ以外の食品は、放置されたスーパーの棚でさほど長くもちはしないだろう。生の果物と野菜の大半は、数週間以内にしなびるか腐るだろうが、塊茎類は冬を過ごせるだけのエネルギーを溜めるよう進化したため、もっと長くもつだろう。ジャガイモ、キャッサバ、ヤムイモはみな、涼しくて乾燥した暗所にあれば、半年以上はもつ確率が高い。

総菜売り場のカウンターにあるチーズやでき合いのものは、数週間以内にカビが生えるだろうし、数カ月もすれば、肉屋にある枝肉は腐敗して、奇妙なTボーンや肋骨だけが残っているだろう。卵は驚くほど耐久性があり、冷蔵していなくても一カ月以上は食べられる。

一般の牛乳は一週間やそこらで腐るだろうが、超高温殺菌された牛乳なら何年間ももち、粉ミルクはさらに長期保存できる。乾燥食品はたいがいその脂質成分が酸敗することでまず腐るので、無脂肪の粉ミルクがいちばん長期間飲むことができる。ラードやバターは冷えなくなった冷蔵庫内ですぐさま腐り、調理油もそのうちやはり悪臭を放つだろう（人間の食用には適さなくなっても、その脂質成分は後述するように石鹼やバイオディーゼル油をつくるのには使える）。

精製された白い小麦粉は数年間しかもたないが、全粒粉よりは長もちする。全粒粉には脂質成分がずっと多く含まれるため、早く腐る。乾燥パスタ類のような小麦製品も数年間はもつだろう。穀類がひき割られたり粉にされたりしていなければ（それによって内部の胚芽が湿気や酸素にさらされる）はるかに長もちするので、未製粉の全粒小麦なら、何十年間もそのままの状態を保つ。同様に、トウモロコシの全粒も一〇年前後、栄養価を保つだろうが、ひき割り粉になると、この保存期間はわずか二、三年に下がる。玄米は五年から一〇年は良好な状態を保つだろう。

こうしたことはいずれも、残された食糧が保存に好都合な状態、つまり乾燥した涼しい場所にあることを想定したものだ。これは温帯地域の大型スーパーの店舗内であれば、そう期待することがさほど理不尽ではないが、暑くて多湿の気候帯に暮らしていれば、電気が止まって、空調が静まり返った途端に食べ物は急速に腐り始めるだろう。冷蔵庫と冷凍庫が使えなくなったあと、腐敗する食品の刺激臭が人間以外の多くの略奪者を惹きつけるに違いない。クマネズミや昆虫だけでなく、そのころにはますます腹をすかせた犬の群れや、その他の元ペットたちをも呼び寄せるだろう。しっかりと梱包された食品ですら、歯や鉤爪の攻撃を受けて食べられてしまう可能性が高いので、生存者が利用できる食糧源は消費期限よりも獣害によって制限されるかもしれない。最古の文明の穀物倉庫も同様であった。

とはいえ、保存食品の最大の貯蔵庫は圧倒的に、スーパーの棚にずらりと並ぶ缶詰類だろう。完全防備の包装は大破局後の害獣や虫による災害に耐えうるだけでなく、缶詰加工における熱処理は内部での微生物による損害から中身を守るうえで、格別に効果を発揮する。印字された「賞味期限」はわずか二年後であることが多いが、缶詰製品の多くはそれを製造した文明が滅びたあと、一世紀以上とは言わずとも、数十年間はもつだろう。缶そのものが錆びたりへこんだりしていても、漏れたり膨らんだりしている様子がなければ、かならずしも中身が悪くなっていることを意味するわけではない。

となると、スーパーマーケットを丸ごと独り占めにできるような生存者であれば、どのくらい店内にあるもので生き延びられるだろうか？　最善策としては、最初の数週間は生鮮食品を食べて、その後、乾麺や米、およびいちばん日もちのする塊茎作物に切り替え、最後に最も頼りになる缶詰の保存食品を利用することだろう。バランスのよい食事をとるように注意して、ビタミンや植物繊維を必要なだけとるとすると（この場合は健康サプリメントの売り場が役立つ）、体格や性差、およびどれだけ活動的かにもよるが、一日当たり二〇〇〇から三〇〇〇キロカロリーを必要とする。平均的な大きさのスーパー一店舗があれば、およそ五五年間は生きられることになる。犬や猫の缶詰のペットフードも食べれば、六三年間は大丈夫だ。

この計算は当然ながら、スーパー一店舗を独り占めする場合から、大破局後の生存者の集団が近所の商店のカウンターから巨大な流通倉庫まで、一国全体の保存食糧に囲まれた場合にまで拡大されて当てはまる。イギリスの環境食糧農村地域省（ＤＥＦＲＡ）は二〇一〇年に、「売れゆきの遅い常温保存可能な食糧」（米、乾麵、缶詰のような保存の利く冷凍でない食品）が国家備蓄食糧として一一・八日分あると見積もっている。大破局で人口が大減少すれば、これは約一万人の生き残り人口の五〇年間分にも相当するだろう。したがって、技術文明を急速に復興させるのに必要な規模の共同体には、農業を回復させ自分たちの食糧を育てるのに充分な猶予期間はあるはずだ。

燃料

現代の暮らしに欠かせないもう一つの消耗品であり、輸送、農業、および再建時に発電機を動かすうえできわめて重要でありつづけるのは、燃料の有無だ。生き残った人びとには、莫大な量のガソリンやディーゼル燃料が残されるだろう。イギリスにある三〇〇〇万台ほどの車——およびオートバイやバス、トラック——の燃料タンクは、各地に点在する利用可能な貯蔵庫となる。ガソリンは乗り捨てられた車のタンクから吸いあげれば失敬できるし、もっと単純にタンクにねじ回しを打ち込んで穴を開け、待ち受ける容器に流し込むことだって可能だ。ガソリンスタンドの地下にある貯蔵タンクにも、全体で膨大な量が保存されている。動力がなければ、給油機は使えないだろうが、五メートルのパイプがあれば、ガソリンを汲みあげるポンプの代用物をつくるのはさほど難しくないだろう。ガソリンスタンドには通常、一三六キロリットル前後の燃料を貯蔵する地下の湖がある。これなら平均的な自家用車を大破局後の道路で、一六〇万キロ以上も走らせることができる。

より幅広い問題は、その燃料がどのくらい品質を保ちつづけるかである。ディーゼル油のほうがガソリンよりも適しているが、酸素と反応するだけで一年未満に、エンジン内のフィルターを詰まらせる粘着質の沈殿物が生じ始め、凝結による水滴が溜まれば、微生物が成長するようになる。よく保存されたものを、使用前に濾過すれば、貯蔵された燃料でも一〇年やそこらは使えるかもしれないが、さらに使いつづけるには再加工する方法を探し始めなければならないだろう。

自動車そのものは、部品が摩耗して破損しても、ほかの車から再利用できる部品を調達するか、間に合わせでこしらえれば、走りつづけられる。現代におけるその恰好の事例はキューバに見られる。一九六二年にアメリカが禁輸措置を講じたため、キューバは突如としてアメリカの技術や機械部品を輸入できなくなり、孤立させられた。今日まだ路上を走っている車の多くは古い型式で、この封鎖措置以前に製造された「アメ車」と呼ばれる類の車だ。こうした車両が五〇年後もまだ走りつづけているのは、ひとえにキューバの機械工の創意工夫による。彼らは間に合わせの修理部品をつくったり、「分解された」ほかの車から代わりの部品を手に入れたりしている。使える部品の量が着実に減るなかで、こうした修理工はますます工夫を凝らさなければならなくなる。文明の崩壊後の猶予期間には、間違いなく大規模に繰り返されるであろうパターンだ。

燃料の在庫と再利用した部品があれば車も飛行機も船もしばらくは動きつづけるだろうが、僕らが頼り切っている現代のGPSナビゲーション装置は、人工衛星が指令センターから定期的なデータ通信を受け取れなくなったあとは、驚くほど急速に機能しなくなる。位置精度は、大破局から二週間もたたないうちに五〇〇メートルほどの誤差に落ち、半年もすればそれが一〇キロにもなり、正確に調整された軌道から衛星がずれてゆくにつれて、ものの数年でまったく使いものにならなくなるに違いない。

医薬品

大破局後は、医薬品もまた探し回るべき重要な目的物となるだろう。鎮痛剤、抗炎症薬、下痢止め薬、抗生物質など薬剤の分類に詳しくなれば、自分や連れ合いが快適かつ健康でいるのに役立つ。放置された病院、診療所、薬局だけがなくてはならない薬の倉庫ではない。ペットショップや動物病院も探してみるべきだ。家畜やペットだけでなく、鑑賞魚向けに市販されている抗生物質ですら、人間用の薬とまったく同じなので、見逃すべきではない。

それ以外の日用品も、医療用に再利用できるので、やはり集めるだけの価値はある。瞬間接着剤（シアノアクリレート接着剤）の当初の使用方法の一つは、ベトナム戦争時に米兵の傷口を手早く閉じることだった。この応用方法は、殺菌消毒した縫合用の針と糸がすぐさま手に入らなければ、大破局後の世界において生命に危険がおよぶ感染症を防ぐうえで、再びきわめて重要になるだろう。まず傷口をよく洗い、消毒剤できれいにする。自分で蒸留し精製したエタノールなどでである（二一四～二一五ページ参照）。それから、傷口の両端を引っ張り合わせ、その合わせ目の表面部分だけに瞬間接着剤を塗り、裂け目をつなぎ合わせて閉じる。

だが、いちばんの心配ごとは、山のような医薬品が使用期限切れになる前にどれだけもつかということだろう。一九八〇年代初めに、アメリカの国防総省は、印字された使用期限を超えそうな一〇億ドル分の薬をかかえており、その在庫を二、三年おきに交換しなければならなくなることに気づいた。同省は、食品医薬品局（FDA）による研究班に、一〇〇種類以上の薬を試し、それぞれどのくらい効力が残っているかを調べてもらった。驚いたことに、試験した薬の九〇％ほどは想定された使用期限を超えてもまだ有効で、多くの場合、実際の耐久性ははるかに長かった。抗生物質のシプロフロキサシンは一〇年後でもまだ使用できた。より最近の研究では、抗ウイルス剤のアマンタジンとリマンタジンは二五年の貯蔵期間後もまだ安定しており、慢性閉塞性肺疾患や喘息のような呼吸器官の病気に処方されるテオフィリン錠剤は、三〇年後でも九〇％は安定していることが判明した。全体として、大半の医薬品は製薬会社が表示する使用期限を数年は超えても、たとえ密封包装が開けられていても、まだおおむね効力を発揮しつづけると推定される。さらに〔製品に合わせて成形された〕現代のブリスター包装は、必要となる瞬間までそれぞれの錠剤が湿気や空気中の酸素によって劣化するのを防ぐため、相当長い期間、品質は保持されるだろう。したがって、命にかかわりうる感染症に直面している場合には、使用期限をとうに超えた抗生物質入りの箱でも、まず間違いなく試してみるべきだろう。錠剤に含まれた有効成分が化学的に変質するなかで薬の効能は薄れても、それによって大きな害がおよぶことはない。

なぜ都市を離れるべきか

都市に関する最悪なことは、ほかの人間だと考える人もいるだろう。車の往来やクラクション、サイレンなどの騒々しい音風景のなかに埋没しながら通りにあふれでる、あるいは地下鉄に向かって押し合いへし合いする群衆である。大破局後に人口が大減少したあと、寂れた大都会を包む静寂は最初のうちはかなり不気味だろうが、やがてたいへん快適になるかもしれない。それでも、廃墟の都市は再建のために必要な材料をあさるうえでは驚異的な宝庫となるだろうが、そこに暮らしつづけられる可能性はまずない。

災害直後には、建物が密集した地域の最大の問題は、大破局で命を落とした人びとの大量の死体だろう。衛生的な方法で死体を撤去し、処理する組織的な公共事業がなければ、最初の数カ月間に腐敗臭が堪え難いものになるばかりか、腐敗と分解によって深刻な健康被害が生じるに違いない。どんな災害でもそうだが、汚染された飲料水によって伝染する病気は大きな問題となるはずだ。

しかし、田舎を一年あまりうろついて、ほかの生存者を探したあとは、さまざまな設備のある都市へ戻ってはいけないだろうか？　実際には、現代の都市のきらびやかな超高層ビルだけでなく、そこそこの高層マンション群ですら、文明が崩壊すれば事実上、住めなくなるだろう。こうした高層ビルは、現代のインフラに支えられなければ機能しない。空調や暖房設備を動かすための電気やガスがこなければ、室内の温度・湿度は不快なものとなり、調節は難しいだろう。水道本管の水圧がなくなれば、市内で地下水源を探し当て、アパートまで毎日数十リットルを運び、エレベーターを動かす電気もないため、階段でそれを運びあげなければならない。こうした不都合の多くは、充分な決意があれば解決することができる。たとえば、エレベーターや空調や送水ポンプを動かすために、少なくとも当面はディーゼル発電機を設置することなどだ。贅沢なマンションのペントハウスに移り住み、床から天井まである厚板ガラスの窓を通して静まり返った人のいない都市を眺め、屋上ガーデンを寸分の隙なく使って持続型の家庭菜園を営み、必要な食べ物すべてを栽培するという夢すら、つかの間楽しめるかもしれない。とはいえ、大破局後に都市で暮らす方法としてより現実味のあるのは、大きな公園に隣接したところに住み、地面を耕して作物を育てることだ。

都市によっては、技術に支えられたバブルがはじけた途端に環境がたちまち人の住めないものに変わるところもあるに違いない。ロサンゼルスやラスヴェガスのような都市は、非常に乾燥した土地や砂漠だった場所に不釣り合いな規模で建設されているので、遠隔地から水を供給する送水路の維持管理ができなくなれば、急速に干上がるだろう。一方、ワシントンＤＣはもともと沼沢地だった場所に建設されているので、その反対の問題に直面し、排水ができなくなれば元の状態に戻り始めると思われる。

そのため、都市からは永久に離れて、もっと適切な場所に移ったほうがはるかに楽になるだろうと僕は考える。肥沃な耕作地があって、自家発電による暮らしに向いた昔の建物が残っている田舎である。再定住するのに向いているのは沿岸の土地で、容易に海に釣りにでかけられ、林地もそばにある場所だ。ただし、気候が変動しつづけるために、海面が必然的に上昇することは念頭に置かなければならない。後述するように、木には薪や建材としてだけでなく、じつに多くの利用方法がある。廃墟の都市には徴発隊や救出隊を送ることはできるが、田舎に暮らすほうがずっと楽だろう。落ち着く場所を見つけたら、地元周辺の電力網をはじめ、できるかぎり多くの基本となる技術的インフラを復活させるとよい。

自家発電

食糧や燃料とは異なり、電気は備蓄することができない。電気は継続的な流れとして供給されるので、大破局後は、電力網が停止したらわずか数日で失われるだろう。生存者の共同体は自分たちで発電しなければならない。今日、自家発電によって自立した生活を送る選択をしている人びとを見ると、何が必要かは大いに学ぶことができる。

短期的に最も単純な解決策は、道路工事や建設工事の現場からもち運びできるディーゼル駆動の発電機を拾ってくることだ。燃料が乏しくなってきたら、丘の上に点在する風力タービンを拝借して、再生可能なエネルギーによる電力網を動かしつづけることも可能かもしれない。タービン一台で、現代の一〇〇〇世帯分の家庭を賄うのに充分な一メガワット以上の電力を供給することができるが、メンテナンスが必要になるまでである。そうなったら、専用の装置や予備の精密部品がなければ修理はできない。

　機械に強い生存者なら、救いだした材料から原始的な風車をこしらえるのに、さほど苦労はしないだろう。薄い鋼板を切り抜いて湾曲させ、大きなファンの放射状の翼をつくって、それを車輪のハブに取りつければ、回転力はチェーンと自転車のギアで伝えることができる。

　主要なステップはその回転エネルギーを電気に変換することで、そのためにはでき合いの手頃な発電機を手に入れたいところだ。とりわけ手軽でコンパクトな機械の調達先は、現代社会ではあまりにもありふれていて、見逃していたとしても不思議はない場所だ。現在、地球上には一〇億台の自動車がある。アメリカの保有台数はどの国にも増して多く、全体の四分の一ほどもあるが、どの車にも利用可能な交流発電機（オルタネーター）がある。車のオルタネーターは独創的な仕組みだ。軸が回転すると、完全に安定した一二ボルトの直流が、回転軸の速さには関係なくその端子間に生ずるので、大破局後の小規模な発電機としてつくり変えるにはもってこいだ。より簡易な代替品としては、コードレス型ドリルのような工具や、ジムにあるトレッドミルに使われている永久磁石電動機がある。モーター軸を強制的に回転させれば、逆に作用してその端子から電流が発生する。ただし、スピードによって出力は異なるだろう。

　ソーラーパネルも救いだすことができる。ディーゼル発電機や風力タービンとは異なり、可動部品がないため、メンテナンスをしなくても驚くほど長もちする。だが、パネルも歳月とともに湿気が内部に入り込んだり、太陽光で高純度のシリコン層が劣化したりする。一枚のソーラーパネルによる発電量は、年に約一%ずつ減るので、生存者の二、三世代後には、パネルは使い物にならないところまで劣化するだろう。

発電されたこの電気エネルギーを蓄電して利用することが、次の問題だ。じつは、大破局後に最初に向かうべき場所の一つは、ゴルフコースなのだ。世界の終末によるストレス緩和のために、のんびりと十八ホールを回るためではなく、あるきわめて重要な資源を集めるためだ。

車のバッテリーは非常に頼りになるが、始動モーターを回すために瞬間的に高電流を流すように設計されている。こうしたバッテリーは、自家発電による新生活の動力として必要な電気エネルギーを持続的に安定供給するには、あまり向いていない。実際、充電量の五%前後以上を持続的に放電させると、バッテリーはすぐに使えなくなる。ディープサイクルと呼ばれる、別の設計の鉛蓄電池ならば、もっとゆっくりの割合で放電するので、そのほぼ全容量を問題なく繰り返し放電しては充電することができる。災害の直後に確保したいのは、この種の電池だ。トレーラーハウスなどのキャンピングカーや、電動車イス、電動フォークリフトやゴルフカートで探してみよう。蓄電池の列から出力される直流電流でも、小型の冷蔵庫やランプなど、多くの電化製品は動かせるが、変換器（インバーター）という装置も探してみよう。これは直流を、その他の電化製品を動かすのに

ゴラジュデの住民は1990年代なかばにセルビア人武装勢力によって電力の供給を止められ、原始的な水力発電装置を急ごしらえして、橋につなぎ止めた

適した二四〇ボルトの交流に変換してくれる。

このような発電と蓄電の設備は、自家発電で暮らす人びとや、文明の崩壊に向けて覚悟を決め備えているプレッパーが、今日も利用している。しかし、近年の歴史にも、逆境時に電力の供給を維持するために日常の都市生活者が工夫を凝らした感動的な事例がある。たとえば、一九九〇年代なかばのボスニア紛争のさなかに、ゴラジュデ市は三年間、セルビア人武装勢力に包囲されており、おおむね自給自足を強いられた。住民は国連から空輸による食糧供給を受けていたが、同市の近代的インフラの大半は破壊され、電力網からは隔絶されていた。ゴラジュデ市民は発電するために、独自の水力発電装置を急ごしらえで建設した。ドリナ川に浮かべたプラットフォームを橋に係留し、パドル型水車を取りつけ、調達してきた車のオルタネーターを動かしたのだ。これらは、中世ヨーロッパの都市で川の中央部の最も流れの速い場所で橋に係留された船上製粉場を、奇妙にも連想させるものだった。だが、現代の革新的な装置は、宙づりのケーブルで川岸まで電力を送り返していたのである。

都市を分解し再利用する

ここまで、僕らの文明から残された物資が、生き残った社会の衰退をいかに食い止めるかを見てきた。それによって食糧や燃料などの生活必要物資という緩衝材が与えられるだけでなく、大破局後に即席の発電を可能にするオルタネーター、電池といった部品も提供されるだろう。だが、廃墟の都市からは、新たな町の再建に必要な基本的原材料もまた得られる。

ガラスや多くの金属など、いくつかのきわめて重要な素材は容易にリサイクルできる。金属部品がひどく錆びつくか、長い歳月のあいだに腐食していても、金属はまだそこにある。ただ、そこに結合したほかの元素と、大半は酸素と、分離させる必要があるだけなのだ。ひどく錆びた鋼鉄の桁（ガーダー）は、非常に鉄分の豊富な鉱石と本質的に同じであり、後述するように（一八一～一八五ページ）、かつて自然の鉱石から鉄を製錬するのに使われたのと同様の技法を使って、純粋な金属へと製錬し直せるのである。

プラスチックは合成するために高度な有機化学（および石油由来の原料）を必要とするので、復興の初期の段階では、既存のものを再利用またはリサイクルするかたちでしか、手に入らないだろう。プラスチック素材は分子構造しだいで、またそれによる熱への反応の仕方で、二つの陣営に分かれる。熱硬化性プラスチックと、熱軟化性プラスチック（もしくは単に熱可塑性プラスチック）である。熱硬化性プラスチックはまずリサイクルすることができない。このタイプのプラスチックは、熱すると有機化合物の複雑な混合物に分解し、その多くはかなり毒性がある。だが、熱軟化性プラスチックは洗浄したあとは、溶かして新しい製品に再形成することができる。原始的な方法でもいちばんリサイクルし易い熱軟化性プラスチックは、ポリエチレンテレフタラート（PET）だ。拾い集めてきたものが、どんなプラスチックでできているかを見分ける単純な方法は、そこに印字されたリサイクル識別マークを調べることだ。PETは次ページの（1）のマークで見分けられる——たとえば、プラスチック製飲料容器はほぼすべてがPETだ——し、（2）のマーク（高密度ポリエチレン、HDPE）と（3）（ポリ塩化ビニル、PVC）もある程度はリサイクル可能だ。

ところが、ガラスは無限に溶かして再形成することができるのにたいし、プラスチック製品の質は太陽光や空気中の酸素にさらされると劣化し、リサイクルされるたびに弱くなり、壊れ易くなる。*したがって、大破局後の社会は僕らの残した金属やガラスは利

用しつづけられるだろうが、プラスチックの時代は必然的に、化学が充分に再学習されない限り終わりに近づくだろう。

文明が崩壊し、遠距離通信網と空の旅がなくなれば、グローバル・ヴィレッジ、つまり地球村は分裂して、再び村が点在する地球に戻るだろう。インターネットは、もともと核攻撃を受けたり、多数の接続ポイントを失ったりすることがあっても耐え、回復力のあるコンピューターネットワークとして設計されたにもかかわらず、電力網が全面的に破綻すれば、現代のほかの技術と同様の憂き目に遭うだろう。携帯電話も電力網が停止し、コンピューターセンターの予備の発電機や電波塔が燃料切れになるまでの、わずか数日しか使えないだろう。最初に探したいものの一つは、幾手にも分かれて廃材探しをするとき、仲間どうしで連絡を取り合うための旧式トランシーバーだ。長距離の通信では、市民バンド、つまりアマチュア無線機は、生存者がいるほかの場所と連絡を取る努力をするうえでかなり重要になるだろう。

しかし、失われる前に集めなければならない何よりも重要な資源は、知識である。書物は、都市や町を焼き尽くす火災で焼けてしまうか、洪水が押し寄せて水浸しになり、判読不能な塊になるか、割れた窓から吹き込む雨や湿気によって書棚でただ腐ってしまうかもしれない。僕らの文明の紙中心の文献は、数ではるかに普及しているとはいえ、昔の文化が残した粘土板や丈夫なパピルスの巻物、あるいは羊皮紙にくらべると、恒久的な記録とは言えない。だが、生き残った人びとが文明を再建し始めるとき、図書館の蔵書がまだ手つかずの状態で残っていたら、知識を得るためにこうした素晴らしい資源を採掘できる。たとえば、本書の参考文献として挙げた本の多くには、文明を興すのに必要となる重要な実践的技能やプロセスが詳細に書かれているので、探しだすだけの価値が充分にある。同様に、古い技術の保存場所――科学博物館や産業博物館――には、大破局後の世界にふさわしい技術として研究し、分解して模倣できる紡績機械や蒸気機関のような仕組みが残されているので、試してみるだけのことはある。

＊（七三ページ）現代の包装容器や製品は、めったに一種のプラスチックから形成されていない。たとえば、練り歯磨きのチューブは同時に押しだされた五層の素材からできている。直鎖状低密度ポリエチレン、変性低密度ポリエチレン、エチルビニルアルコール、変性低密度ポリエチレン、そして最後が直鎖状低密度ポリエチレンである（このプラスチックチューブは、そこに詰められる練り歯磨きとよく似た方法でそれにふさわしく、ノズルからチューブ自体が押しだされる）。このため、多くの製品のプラスチックは事実上、回収不能であり、そのため透明なペットボトルのような単純な製品だけが、探しだす価値のあるものとなる。

復興期間に日常的に見られるだろう場面は、生存者による定住地が田舎のあちこちで拡大してゆく光景である可能性が高い。こうした集落はでたらめに形成されるわけではなく、廃墟の都市のまわりで環状になり、荒廃した高層ビルや都市のインフラがある中心地を囲むようになる。このような無人地帯には、資源回収チームだけがでかけてゆき、廃墟の都市の骨を拾い、最も有益な素材を掘りだし、おそらくは手製爆弾を使ってビルを解体し、間に合わせのアセチレン・トーチで金属部品を切断するのだろう。そうして貴重な略奪品を引きずって戻り、道具や犁の刃など、復興期に必要なあらゆるものに再加工する。

最初に遭遇する難題の一つは、農業を再開することだろう。避難場所にする空きビルはいくらでもあるし、車を走らせ、発電機を動かすための地下の燃料湖もあるが、飢え死にしたら、すべては無意味になる。

第3章　農業

「われわれは新しい世界で、フライング・スタートを切らせてもらった。何よりもまず、あらゆることを始めるのに充分な資本が与えられたが、それは永久にもつわけではない……。いずれ、耕さなければならなくなるだろう。さらにのちには、犁の刃をつくる方法を学ばなければならない。その先は、刃をつくるための鉄の製錬方法を学ばねばならない……。われわれのフライング・スタートで最も重要な部分は知識だ。これは祖先たちと同じところから始めなくても済む近道なのだ」

――『トリフィド時代』ジョン・ウィンダム

社会の崩壊を早めた出来事がなんであれ、農業をどのくらい緊急に復興させなければならないかは、そこからどれだけの人間が生き残ったかによってまったく変わる。本書の思考実験のためには、保存された食品が枯渇するまでに、息をつくだけの余裕はあると想定することにしよう。それならばまとまった収穫のあるなしが生死にかかわる問題になる前に、新しい環境に慣れ、再定住するのに適した土地を探し、畑作での失敗から徐々に学ぶ余裕があるはずだ。

崩壊のあとは、できるだけ多くの作物を回収して保存するために、大急ぎで行動する必要があるだろう。現代の作物の品種はいずれも、何千年にもわたって丹精を込めて選び、交配させてきたものなので、栽培植物を失えば、文明を手早く再建する望みは失われるかもしれない。栽培品種化の過程で、小麦やトウモロコシのような品種は栄養価が最大限になるように交配させられてきたので、いまでは人間が手間をかけなければうまく生き延びられないようになっている。多くの作物は、その機に乗じて放置された農地を取り返そうとする野生種に負け、絶滅まで追いやられるかもしれない。

草が伸び放題になった耕作放棄地や裏庭の家庭菜園などが、生き残っている食用植物を探すための場所として理にかなっている。ルバーブ、ジャガイモ、アーティチョークなどの品種であれば、耕作地が放棄されてからも長いあいだ自生しつづけるだろう。しかし、僕らの食生活における主食は穀物なので、作物が畑で枯れて腐る前に、すぐさま種子を回収するための遠征隊を組織しようと考えるとりわけ熱心な人もいるかもしれない。運がよければ、放置された納屋から何年ものちでもまだ発芽する種の袋を探しだせるに違いない。

だが問題は、現代の農業で栽培されている作物の多くがハイブリッドだということだ。これらは望ましい特徴をもつ二つの近交系を掛け合わせることで生産され、均一できわめて生産性の高い作物が収穫できるようになっている。あいにく、こうしたハイブリッド作物によって生産される種子は、同じ形質を保ちつづけることはない。これらは「純種を生む」ことはないため、毎年、新たなハイブリッドの種を植えなければならない。災害直後に本当に回収したいのは、在来作物だ。毎年かならず採種できる昔ながらの作物だ。プレッパーの多くはまさにこうした不測の事態に備えて在来作物の種を溜め込んでいるが、前もって在庫を用意していなかった場合には、どこを探すべきだろうか？

種子バンクは世界各地に数百はあり、後世のために生物の多様性を守りつづけている。その最大のバンクは、ロンドンのすぐ郊外にあるウエストサセックス州のミレニアム・シード・バンクだ。ここには何十億もの種子が、核爆弾にも耐える地下複数階の倉庫に格納されており、大破局後に不可欠となる図書館の役割をはたす。といっても、書物ではなく、作物のさまざまな品種の図書館である。乾燥した涼しい環境であれば、穀類、豆類、ジャガイモ、ナス、トマトなど多くの種類の植物で種子は、何十年も発芽可能な状態にある。しかし、こうした種も一定期間が過ぎれば死んでしまうので、引きつづき保存するには、発芽させて作物を育て、新たな種をつくらなければならない。

低温ならば、この保存期間は延長されるので、おそらく文明の崩壊後も長くもち、農業を最もよく回復させるバックアップとなるファイル保存庫は、スヴァールバル世界種子貯蔵庫だろう。この保存施設はノルウェーのスピッツベルゲン島の海抜一二五メートルの山腹に建設されている。厚さ一メートルの鉄筋コンクリートの壁に防爆扉、および

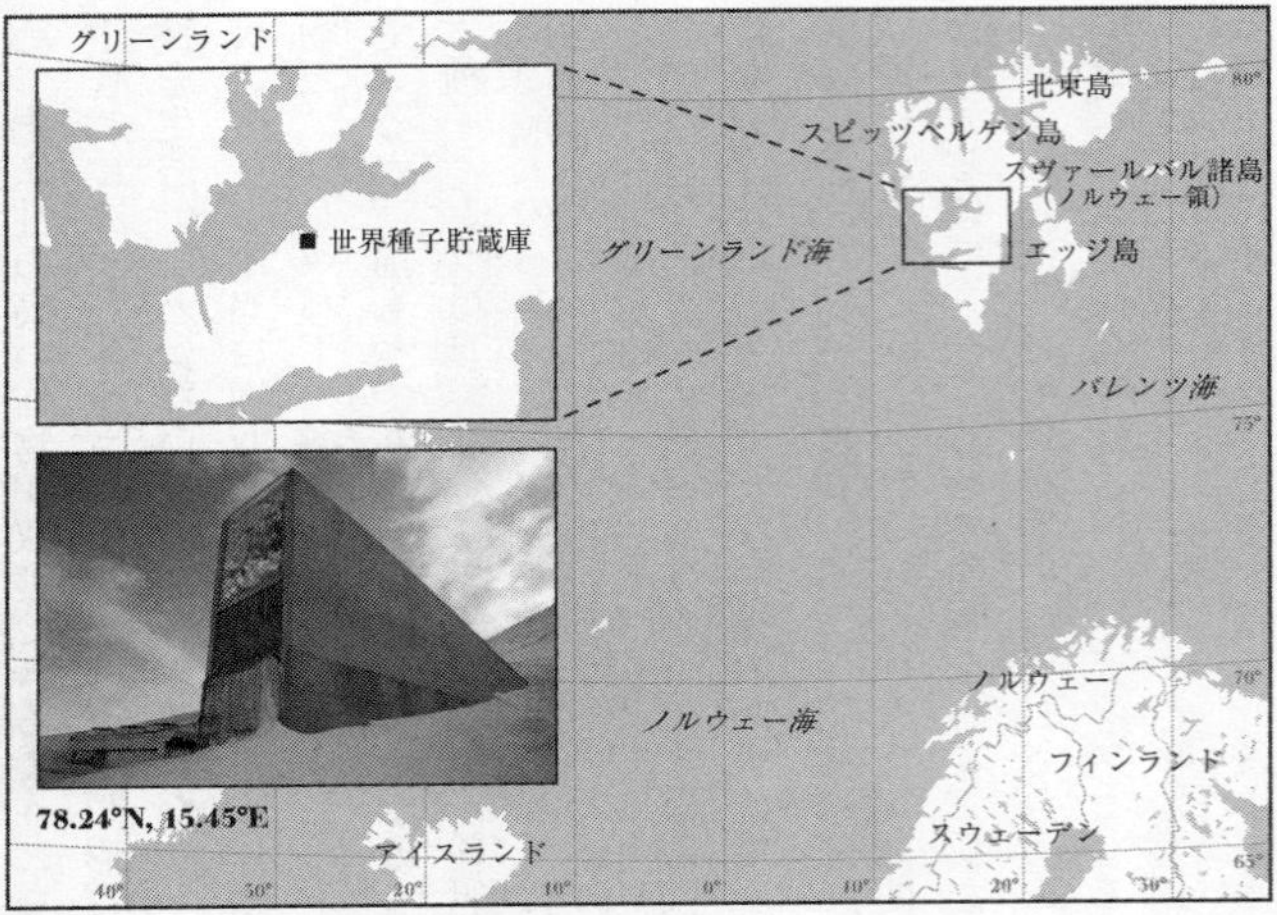

スヴァールバル世界種子貯蔵庫の地図

気密室が、地球規模で最悪の大惨事が起きても内部で種子という貯蔵物を守ることになる。しかも、電力を失っても、周囲を包む永久凍土（この場所は北極圏のかなり内側にある）が長期にわたって零下の気温を自然に保つ。発芽可能な小麦と大麦の種は、一〇〇〇年以上にわたって安全に守られることになるだろう。

農業の原理

となると、答えなければならない重要な問いは、どうやって一握りの種をもってぬかるんだ土地に入り込み、冬がくる前にどうやってそこから食糧をこしらえるのか、である。これはさほど頭を使わない問題のように思えるかもしれない。種は自然に発芽するし、植物は人類が進化する以前から何百万年もまったく順調に育ってきたのだ。しかし、だからと言って決して栽培や農業が簡単だということではない。植物は自然に生長したとしても、農業はきわめて人工的なものだ。一つの特定の植物だけを、その他すべての植物を取り除いた一角に隔離して単作で栽培し、純粋で均一な作物をつくろうとすることなのだ（農地で育ち始めるほかのすべての植物は、その名どおりに雑草なのであり、日光、水、土の養分をめぐって、育てている食用作物と競い合うものとなる）。また、作物を最大限の密度で植えようと試み、その土地からできる限り多くの収穫を得て、広い土地を耕作するために費やされる労力とエネルギーを最小限にしようと努力するものである。しかし、そのような理想的な条件（都市がヒト病原体の恰好の繁殖地となるのと同じ理由で）のもとで猛威を振るう昆虫をはじめとする害虫・害獣や真菌性の病害によって、このおいしい標的が侵略されるのを防がなければならない。これら二つの要因を考えれば、作物が栽培されている農地は非常に人工的な環境であることになり、自然はつねにそれに反発するものとなる。この不安定な状況を維持するためには、入念な管理と多大な努力が必要になる。

それだけでなく、農業においてはさらに基本的な問題も克服しなければならない。森林地帯のような自然の生態系では、樹木や下生えは太陽光からのエネルギーを浴び、空気中からの炭素を吸収し、根を通して土壌からさまざまな無機栄養素を吸いあげて生長する。これらの不可欠な物質が、植物の葉、茎、根に取り込まれ、それらは食べられることで、動物の体の一部となる。のちに動物が排泄するか、死んで腐敗すると、こうした養分は単純に元の土に染みて戻ってゆく。自然の生態系はしたがって、さまざまな取引先のあいだで無限に元素がやりとりされ、循環する健全な経済なのである。しかし、農地の本質は根本的に違う。作物の生長を促すのは、ただ収穫するためであり、生産物を人間の消費用に回収するためだけなのだ。収穫した残りの植物性部分の大半を農地に戻したとしても、実際に食べられる部分はやはりもち去ってしまうのであり、歳月を経るにつれて、土地は着実に痩せていく。したがって、農業の仕組みそのものが必然的に無機栄養素をどんどん取り除くことになり、土壌から肥沃さを失わせているのだ。また、現代の下水システムではとくに、僕らの排泄物は有害な細菌を殺すために処理されたあと、川や海に放水されてしまう。今日の農業は陸地から栄養素を奪い、それを海に流す効率のよいパイプラインなのである。植物も、人間の体と同様に、バランスの取れた栄養を必要とする。そして植物が摂取する三つの主要な養分は、窒素、リン、およびカリウムだ。リンはエネルギーを移動させるうえで欠かせないものであり、カリウムは水分の損失を減らすのに役立つが、すべてのタンパク質を形成するのに使われる窒素が、作物の生産高を最も左右する要因となる。ナイル川流域にいた古代エジプト人のように、毎年の氾濫時に肥沃な沈泥（シルト）で土地が活性化されるような、きわめて幸運な状況にない限りは、バランスシートにおけるこの根本的な問題に対処するために、行動を起こす必要がある。

現代の大規模農業は驚くほど成功しており、一〇〇年前にくらべて今日では、一エーカー当たり二倍から四倍もの食糧が生産されている。しかし、今日の農業が同じ農地で高密度の単作をつづけ、それでも毎年、高い収穫高をあげられるのは、強力な除草剤と農薬を散布して、生態系を徹底的に管理しつづけ、化学肥料を惜しみなく使用してこそなのである。こうした人工肥料で与えられる窒素に富んだ化合物は、ハーバー・ボッシュ法によって工場で製造される。これについては第11章でまた触れることにしよう。これらの除草剤や農薬、および人工肥料はいずれも化石燃料を使って合成されるのであり、その燃料は農業機械も動かしている。となるとある意味では、現代の農業は石油を食糧に——太陽光の力を若干取り入れつつ——変えるプロセスなのであり、実際に食べている食糧一カロリーのために、およそ一〇カロリー〔四一・八四ジュール〕分の化石燃料エネルギーを消費することになる。文明が崩壊し、高度な化学産業がなくなれば、伝統的な方法を学び直さなければならないだろう。今日、有機農産物は富裕層の特権だが、破局後は、それ以外の選択肢はなくなるだろう。

長い年月にわたって土壌の肥沃さをどうすれば保てるかについては、本章でこの先、再び論じることにしよう。まずは作物を栽培することの基本を、徹底的に検証することから始めよう。

土壌とは何か

農業では、自然はある程度までしか支配することはできない。農地に降り注ぐ太陽光の量を調節することは、当然ながらできない。自分の暮らす地域の気候も変えられないし、季節を選ぶこともできない。灌漑と排水のバランスを保つことで、農地の水分含量を調節することはできるが、降水量をコントロールすることもできない。最も管理できるのが、土壌なのだ。いま見てきたように、肥料によって化学的に土を肥沃にすることはできるし、犁のような道具で物理的にひっくり返すこともできる。したがって、人間が管理する農業で最も根本的な要素は土壌であり、そのためには土壌とは何かを、それがいかに植物の生長を支えるかを理解する必要がある。

歴史上のあらゆる文明は、このわずかな表土のおかげで生存している。狩猟採集民ならば、森林地帯を探しまわることで生活を維持できるが、都市と文明は莫大な量の穀物の生産性に頼っている。表土がもたらす恩恵に完全に頼っているのだ。すべての土壌の土台には、地殻を構成する崩れた岩石がある。岩は流水や吹きつける風、すりつぶしてゆく氷河によって物理的に壊されるほか、雲から降ってくるあいだに二酸化炭素をいくらか取り込む弱酸性の雨水によっても、化学的に風化する。崩壊する度合いによって、ここから砂利、砂、粘土が生みだされる。こうした粒は腐植土によってつなぎ合わされている。縦横に交差する有機物が、湿度と無機物を保つ役目をはたし、それが表土に黒っぽい色となって現われる。土壌は一般に腐植土を一%から一〇%含むが、泥炭の場合は有機物が一〇〇%に近い。しかし、何よりも重要なことに、土壌には多様かつ大量の微生物が棲んでいる。この目に見えない生態系が腐敗を進め、植物の栄養分を再循環させている。

特定の土壌の性質、およびそれぞれの作物への適性を左右するおもな要因は、大きさの異なる岩石の粒の比率である。つまりザラザラした砂なのか、中間的なシルトなのか、細かい粘土なのかだ。土壌成分を視覚的に検査するのは簡単だ。ガラス瓶に土を三分の一まで入れて（硬い塊や茎、葉などは取り去る）、縁（ふち）近くまで水を入れる。蓋を閉めてから、すべての塊が崩れて均等な泥水になるまで激しく揺さぶる。瓶を一日かそこらそのまま放置し、浮遊物を沈殿させて、水が再びほぼ透明になるまで待つ。砂粒はその大きさの順に堆積してくっきりと層になるか、帯をつくるので、土のなかでどの程度の比率で混ざり合っているのかを、視覚的に判断できるようになる。低層には土壌中にある粗い粒子の砂成分が、中間にはシルトが、いちばん上にはきめの細かい粘土粒子の層が堆積する。

耕作するのに理想的な種類の土はロームと呼ばれ、およそ四〇%の砂と四〇%のシルト、および二〇%の粘土がバランスよく混ざっている。砂質土壌（全体の三分の二以上が砂）であれば水はけがよいので、冬期の放牧に向いている。それなら牛がぬかるみに入り込まないからだ。しかし、無機質も栄養分もすぐに流れだしてしまうので、このような土には余分な肥料が必要となる。一方、重い粘土土壌（三分の一以上が粘土粒子からなり、砂が半分以下）は物理的にプラウ〔荒起こしをする耕起具、犁〕やハロー〔砕土機、代掻（しろか）き〕で耕すのが困難で、簡単に砕ける土の状態を維持するには、石灰を多くまく必要がある。

小麦、インゲン豆、ジャガイモ、菜種はいずれも、よく管理された土壌であれば順調に生長する。オート麦〔燕麦〕は、小麦や大麦に適したような土よりも重く湿った土地でよく育つ。最終氷河期に押し寄せた氷河に削られてできたスコットランドの土壌などである。歴史的にオート麦とジャガイモは、ほかの作物が育たない場所でも多くの収穫があり、そうした地に人びとを定住させてきた。大麦は小麦よりも軽い土壌を好み、ライ麦はほかの穀類よりも痩せた砂地でも育つ。サトウダイコンとニンジンもやはり砂地でよく育つ。地理的に大まかに分けると、ブリテン島南部は穀類の耕作によく適しているが、北部では耕作はより困難なので放牧に向いている。

水はけのよい地域で肥沃なローム層を見つけられるだけの幸運に恵まれることは、農業を復興させるための第一歩に過ぎない。作物が最もうまく育つようにするには、土地を物理的に改善しなければならない。耕耘（こううん）とは、硬い土壌を軟らかくして、雑草が生えないようにし、種をまくために表土をうまく均すなど、必要となるあらゆる機械的作業を指す名称である。

それなりに小規模であれば、手で扱う原始的な道具でも耕作できるだろう。鍬があれ

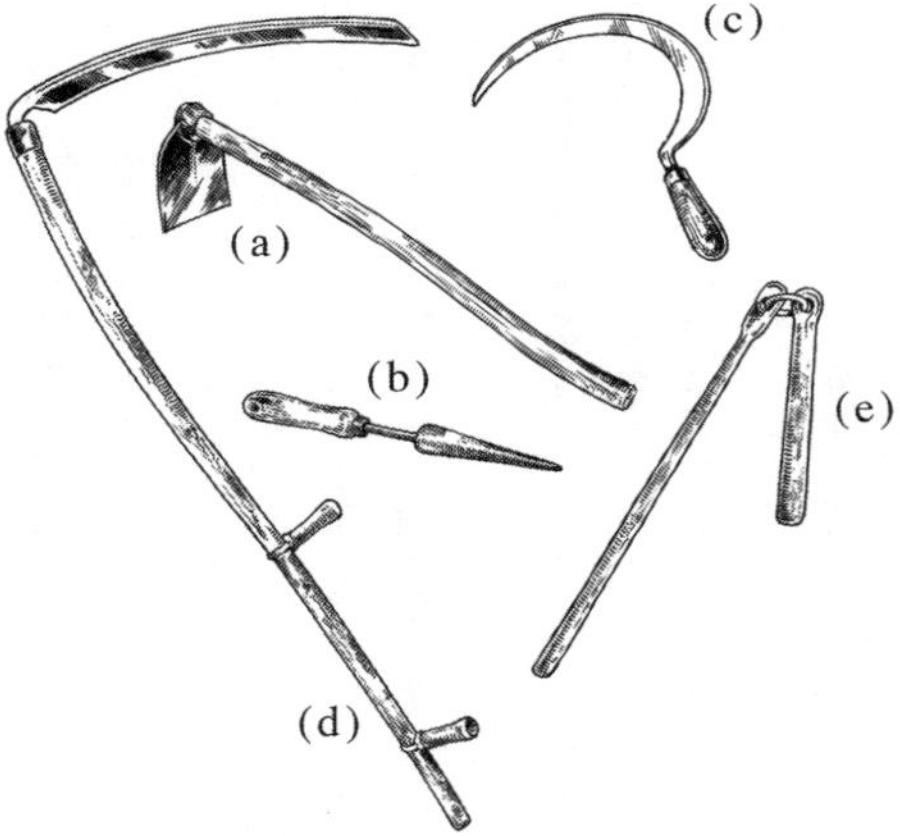

単純な農具：鍬(a)、穴掘り器(b)、鎌(c)、大鎌(d)、
くるり棒〔脱穀用の殻ざお〕(e)

ば、生育期前に表土を砕いて、肥やしや植物性肥料（腐りかけた植物）をすき込む作業を充分にこなすだろうし、種まき前や作物が育つあいだ定期的に雑草を切り刻むこともできる。単純な穴掘り器（ディバー）があれば、一定の間隔を置いて地面に浅い穴を開けて、そこに種を落とし入れ、足で埋め戻すことができる。しかし、これは時間のかかる過酷な作業であり、ほかに何かをする余裕がほとんどなくなる。何千年にもわたる農業の歴史は、こうした基本的な機能を効率よくこなし必要とされる労働を最小限にする一方で、土地からの生産性は最大限にするために、農具の設計を改良してきた歴史であった。

農業を象徴する道具は犂だが、そ

の役割は文明の黎明期からは変わってきた。農業が最初に発達した、肥沃で耕作しやすいメソポタミア、エジプト、あるいは中国の農地では、原始的な犁は、尖らせた棒を一定の角度で地面に突き刺し、牛か人間の労働者が土のなかでそれを引きずる道具でしかなかった。その目的は、浅い溝を掘って種を落として軽く埋めることだった。しかし、地球上にある耕作地の大半では、農業の生産性を高めるためには、多少の手を加える必要がある。今日ではプラウの役目は農地全体のいちばん表層にある土を丁寧にすくいあげてすき返し、いくらかほぐすことにある。この工程の主たる目的は、雑草対策だ。作物が植えられる前に、望ましくない雑草は根元から刈り取り、どっさりと土をかぶせてしまう。太陽光を遮られた雑草は萎れて枯れてしまい、その種はあまりにも深く埋まって発芽しなくなる。こうした土地の耕作方法は、肥料をすき込む場合はとくに、表土内の有機物と栄養分を混ぜるうえでも役立つし、土壌の水はけをよくすると同時に、土壌微生物のための空気も通りやすくする。

大破局の直後には、おそらく放置されたトラクターとそれを動かす燃料、および何枚もの犁刃がついたトレーラーを見つけるのは、とくに難しくはないだろう。しかし、燃料が底を突くか、予備の部品が不足するなどすればトラクターは動かなくなり、さほど集約的でない方法に頼らざるをえなくなる。それは牛を見つけてきて、現代のプラウを引かせるように単純な具合には行かないに違いない。何枚もの大きな刃がついたこれらの装置で地面を掘り返すには、猛烈な牽引力が必要となるからだ。昔ながらの犁が見つからなければ——どこか近くの廃墟の都市にある博物館に行ってみるとよいだろう——自分で製作するしかない。現代のトラクタートレーラーについているセットからもプラウの刃を取り外せるかもしれないが、これらがみな錆びついていたら、木製の犁をこしらえて鋳鉄で覆うか、鍛冶場で見つけだしてきた鋼鉄パネルを加工するとよい。犁刃は基本的に水平方向に土を切り取り、撥土板（モールドボード）沿いに迫りあがらせる鋭い刃である。撥土板はスライスされた土がうまく回転し、畑に上下さかさまになって落ちるような形状になっている。

　プラウで耕したら、そのあとにできた溝と畝をいくらかなだらかにし、種まきができるように苗床を整える。ハローもプラウと同じくらい古代から存在し、どれだけ深く掘り、土塊をどれだけ細かく破砕するかによって設計が異なる。現代のハローは一列〔または数列〕に並ぶ垂直の金属製円盤を使って地面を掘り返すか、上下に振動する湾曲した金属製の爪を牽引しながら土を粉砕し、熊手を使う動きを機械的に模倣する。菱形の木製枠から尖った爪が下方に突きだした、より単純な装置なら自分で組み立てられるし、本当にお手上げ状態であれば、重い木の枝を畑の上で引きずってもよい。作物にはそれぞれ好みの耕作地がある。たとえば、小麦には子供の拳大の塊があるような、かなり粗いまき床が向いているが、大麦はずっと滑らかな畑を好む。種まきのあとは土で覆うために軽い〔チェーン状の〕ハローを使用するが、これは雑草を刈り取るために畝のあいだでも使える。

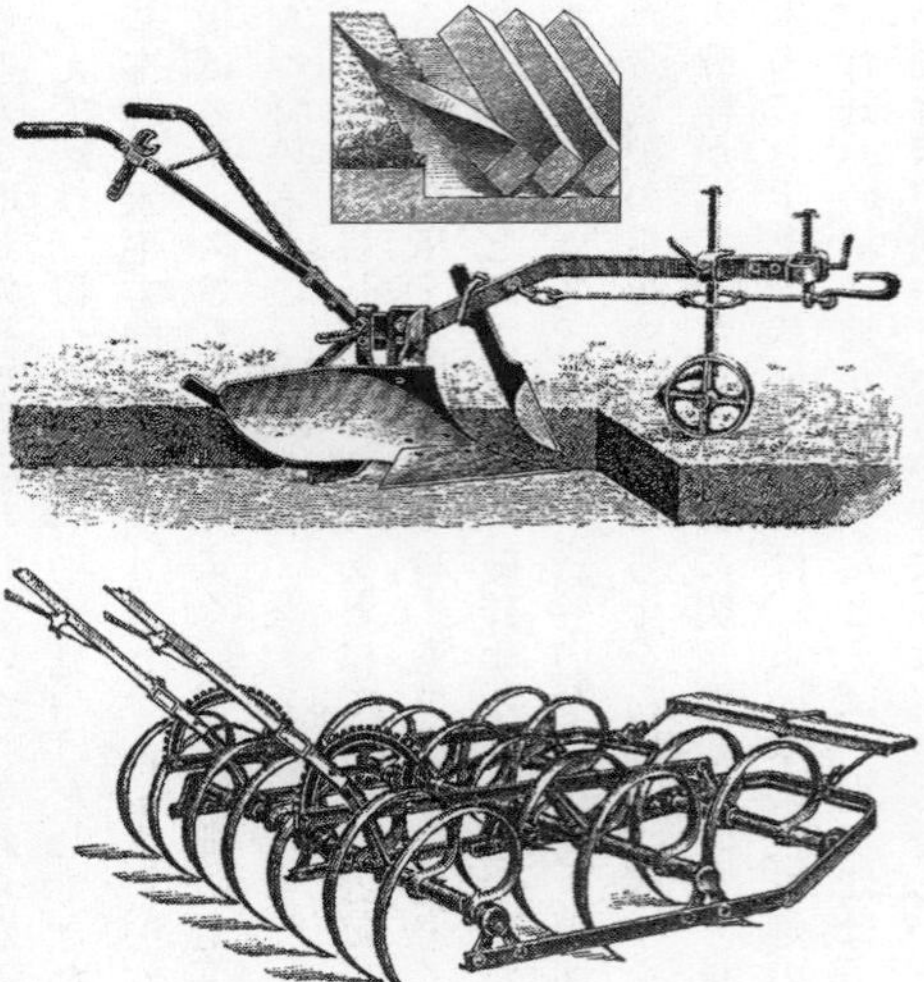

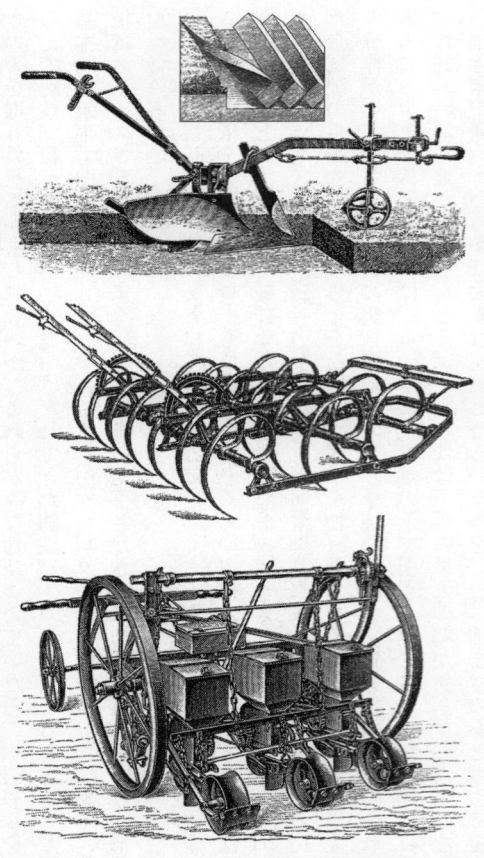

農耕機具：プラウ（犂）、ハロー（砕土機）、すじまき機。
差し込み図：犂によって切り取られた表土片がひっくり返される動き

適切な耕作地の準備ができたら、次のステップは地面に種をまくことだ。「ブロードキャスト」の当初の——ラジオやテレビが発明される何世紀も前の——意味は、種を遠く広くまくということで、農地を何度も往復しながら、袋から種をばらまく作業のことだった。この方法なら種をかなり手早くまけるが、ほとんどその位置を調整することができず、あとから雑草を取るのが困難になる。しかしここでもまた、いくらか工夫をすれば、その手間が計り知れないほど省けるようになる。すじまき機は、種をまく機械だ。最も単純な形態のものは、種を満載したじょうご形の容器がついた手押し車で、車輪の一つに取りつけられたギアチェーンがじょうごの穴の底にあるパドルをゆっくりと回転させ、種を一つずつ等間隔で落としてゆく。種はそれぞれ垂直方向の細い筒のなかを落ちていって、土のなかの適切な深さに埋められる。パドルと筒の数を並行して増やせば、一度通過するだけで複数列の種まきができるし、ギアチェーンを微調整すれば、各列の植える間隔を変えられる（経験を積むことで、作物ごとの最適条件が何であるかわかるだろう）。この方法なら、種をはるかに無駄にせずに済む。最適な間隔であれば、植物はたがいに競い合わなくなるし、隙間があり過ぎて土地を無駄にすることもなくなる。そのうえ、ブロードキャストでやみくもに散布するのではなく、きちんと列をなして並べることで、畝のあいだの雑草取りがずっと楽になる。もう少し改良すると、すじまき機でわずかな量の液体の肥やしや肥料も種穴に入れられるようになる。そうすれば、一つひとつの種がうまく発芽して根を張るようになるだろう。

人間の食べ物となる植物

農業とは、僕らが作物として選んだ植物の生活環のうち、ある一段階を利用することに過ぎない。多くの植物は、その構造の特定の部位を変化させて、取り込んだ太陽エネルギーの倉庫として機能させ、翌年に植物そのものが使うか、次の世代であるその種のための遺産にしている。これらの貯蔵物が、スーパーの棚に並んでいる、汁気が多く栄養に富んだ部分なのだ。僕らが食べる根菜および茎菜の大半は二年生植物、つまり翌年に花開くものだ。こうした植物の繁殖戦略は、特別に肥大した部分に一つの季節に蓄積されたエネルギーを溜め込み、冬は休眠してやり過ごし、翌春の初めに貯蔵分を利用して、競合相手よりも格段に早く花や実をつける。肥大した主根をもつ例としては、ニンジン、カブ、スウェーデン・カブ、コカブ、ビートなどがある。こうした品種を栽培して、膨らんだ部分を収穫することで、僕らはつまるところ生育期に植物が徐々に蓄えたエネルギー貯蔵庫を襲撃しているのである。ジャガイモは実際には根菜ではない。僕らが食べる塊茎はじつは茎の膨らんだ部分なのだ。エネルギーの貯蔵庫として、特化させた葉を利用する植物もある。タマネギ、リーキ、ニンニク、エシャロットなどはみな、厚くなった葉がぎっしりと塊になったものだ。カリフラワーとブロッコリーは実際には未熟な花で、早めに摘み取らないと、食べられなくなる。汁気の多い果肉がプラムの種を包んでいるように、果実は明らかに、植物の種の保存場所である。小麦のような穀類の粒もやはり、植物学的には一種の果実である。

人類が各地を流浪する生活様式をやめ、定住地に落ち着き、農地に囲まれた特定の場所に根を張るようになるにつれ、作物として選んだ植物からの収穫に、完全に依存するようになった。しかし人間は、単に自然選択で残された栄養価の高い植物の貯蔵庫をありがたく頂戴するだけでは満足しなかった。人間は何世代にもわたって選択的に種を育て、望ましい特徴をもつどの植物を増殖させるか選んできた。そうして僕らは植物の生態の特定の性質を強める一方で、不要な特徴は減らすように仕向けてきたのだ。こうした植物の繁殖戦略に干渉し、人間の都合に合わせてきた過程で、植物の生態は大きくねじ曲げられ、いまでは僕らの生存がこれら植物に依存するのと同じくらい、植物のほうも人間なしでは生き延びられないようになった。今日、栽培されている作物はどれも、醜いまでに肥大したトマトから、やたらに大きな穂をつける短い稲まで、それ自体が技術であり、古代の遺伝子工学の結果なのである。*

＊見慣れたニンジンの色ですら人為的なものだ。ニンジンの根は自然界では白か紫色である。オレンジ色の品種は十七世紀のオランダの農学者によって、オレンジ公ウィリアム一世〔オラニエ公ウィレム一世〕を讃えて生みだされた〔オレンジ色の種は十六世紀のオランダに端を発するものの、オレンジ公との関係はとくに立証はされていない〕。

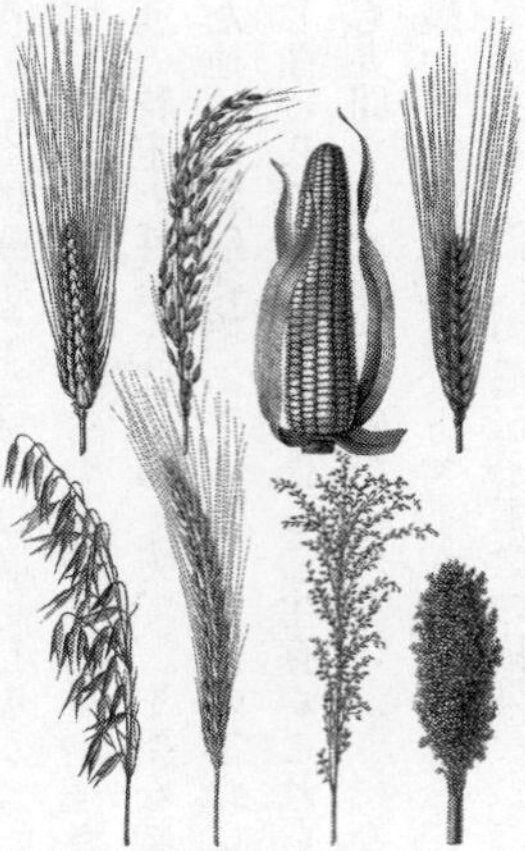

最も重要な穀類：（上左から右へ）小麦、米、トウモロコシ、大麦、（下左から右へ）オート麦、ライ麦、キビ、モロコシ〔ソルガム〕

地球上には膨大な種類の食用植物があり、そのごく一部だけが栽培用に選ばれ、さまざまな文明によって何千年ものあいだ選択的に育てられてきたが、栽培品種は推定七〇〇〇種存在する。しかし今日、世界中でつくられる農産物の八〇％以上は、十数種ほどの作物が占め、南北アメリカ、アジア、およびヨーロッパの主要な文明は、わずか三種類の主要産物のうえに築かれた。トウモロコシ、米、小麦である。これらの植物は、大破局後の復興においても、同じくらい重要なものとなるだろう。

トウモロコシ、米、小麦は、大麦、モロコシ、キビ、オート麦、ライ麦と同様に穀物、つまり草の一種である。人間の食生活にこれらが占める割合と、僕らが食べる肉の大半が牧草または穀類の飼い葉を餌とする家畜からのものであるという事実があいまって、人類のほとんどは草を食べることで直接的または間接的に生存していることになる。そして、このとてつもなく重要な種類の作物に、生存者は注意を傾けなければならない。

多くの作物では収穫はかなり単純で、直感でわかる——ジャガイモは土から掘りだせばよいし、タマネギは地面から引き抜き、りんごは枝からもぎ取る——ものだが、畑から穀物を収穫して、食卓に並ぶまでに加工するには、少々の手間がかかる。トウモロコシの収穫は背中に籠を背負って畝沿いに歩いて、茎から穂軸をもぎ取るだけの単純な作業だが、その他の穀物は粒だけを選り分けるのに手間がかかる。簡単な方法は、茎ごと全体を刈り取り、畑から離れた場所で粒を分離することだ。

刈り取りの道具は鎌と大鎌だ。鎌は湾曲した短い刃が持ち手についており、一方の手で束にしてもった茎を刈り取るのに使う。刃が鋸歯状の鎌もある。大鎌は両手で使うもっと大きな道具で、二つの握りのついた長い棒と、直角に突きだした長さ一メートル前後の緩くカーブを描く刃からなる。大鎌を振るうにはもっと練習が必要だ。両腕をまっすぐ伸ばして構え、全身を滑らかにひねることで、刃を一定のリズムで地面を掃くように動かす。倒された茎は束ねて、たがいに支え合うかたちで立たせ、畑で乾燥させてから、秋雨がくる前に納屋にしまう。

収穫物を集めたら——文字どおり自分で種をまいたものを刈り取ったあと——次のス

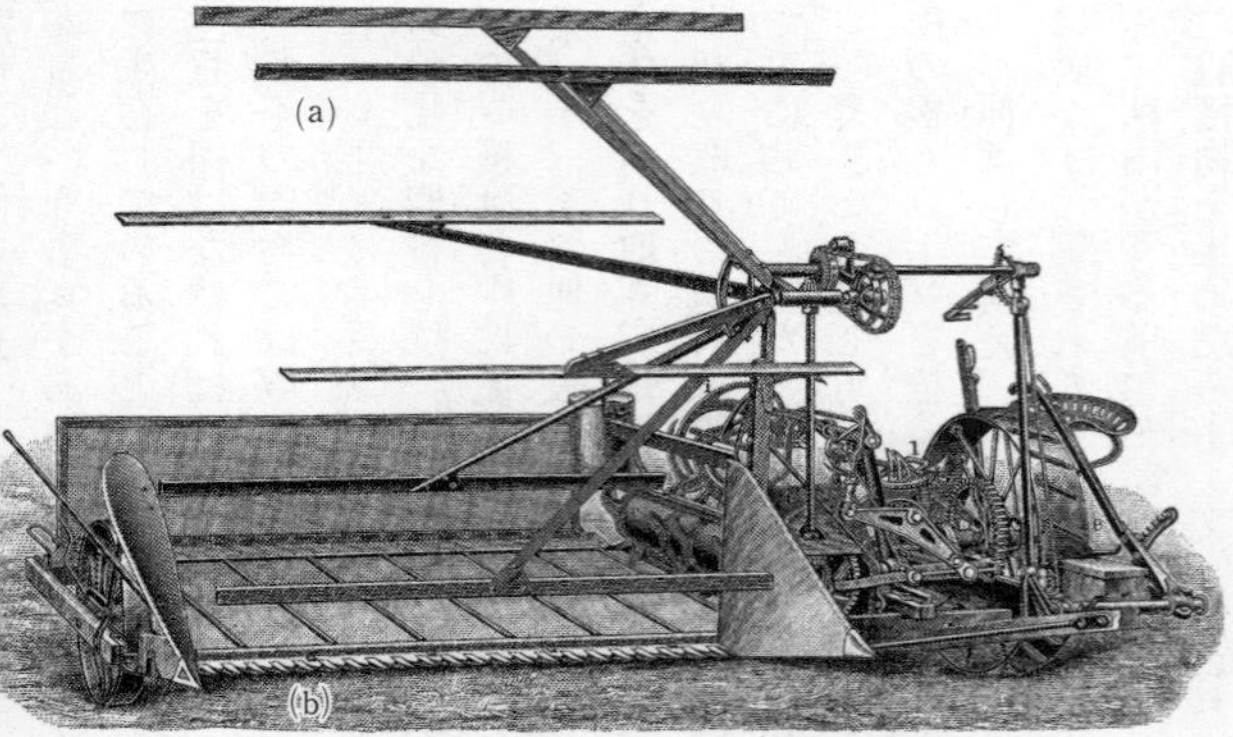

原始的な刈り取り機には左右に動くアーム(a)と鎌に似た鋸歯状の刃(b)がついていた

テップは穀物の粒をその他の部分から分けることだ。これは脱穀と呼ばれ、最も単純な方法は収穫物を清潔な床に並べて、くるり棒で叩くことだ。長い棒の先に革か鎖の蝶番（ちょうつがい）で短めの棒が取りつけられた道具だ。

小型の脱穀機はこれとまったく同じ原理にもとづき、丸い外枠のなかにぴったりと収まるペグまたは針金の輪で、穀物の粒がその隙間を通過するとき、茎や柄から切り離し、底部にある格子で穀物を篩（ふるい）にかける。

この脱穀のプロセスでは、穀物は籾殻（チャフ）と交ざったままなので、今度は小麦と籾殻を分けなければならない（日常表現がいかに多く農業に由来するかについては、驚くべきものがある。こうした表現は、土地を耕していた時代から残された結びつきの唯一の痕跡である〔チャフはつまらないものの意味で使われる〕）。この作業は籾殻の吹き分

け と呼ばれ〔日本には中国から唐箕（とうみ）という機械が江戸時代に入ってきている〕、ローテクな方法としては、単純に風のある日に脱穀した穀物を空中に放り投げればよい。軽い籾殻や藁は風に乗って付近に運ばれるが、密度の高い粒はほぼすぐさままた落下する。現代の機械では扇風機を使って人工的な風を起こすが、何千年も昔から変わらない原理に依拠するものだ。

大破局後の社会が復興し、人口が増加する際に、農業を効率化させ、人手をできるだけかけずに最大限の食糧を生産して、都市に人口が密集する文明を可能にするうえできわめて重要な発明は、こうしたさまざまなプロセスを統合することだ。現代の農業機械のコンバインは、一人で一時間当たり八ヘクタール分の小麦を処理することができる。大鎌を使って人手で刈り取るよりも一〇〇倍は速い。水平に設置された鋸歯状の刃が、人手による鎌と同じ動きを機械的に再現し、大きな円筒に取りつけられて回転するパドルが機械の前面に茎を引き寄せ、左右に刃を動かすことで茎を刈り取る。基本的な設計は二〇〇年近く変わっておらず、馬が引いていた当初の刈り取り機は、現代の後継機と驚くほど似通っている。コンバインが近年の歴史における最も重要な発明の一つであることは疑いがなく、それによって僕らの多くは農地で働かざるをえない状況から解放され、複雑な社会のなかでほかの役割を演じられるようになった。それについては後述する。

ノーフォークの四輪作法

自分用に穀物を育て、栄養のバランスをとり、食事をより楽しめるようにするために果物と野菜もいくらかつくれれば、飢え死にすることはない。もちろん、狩猟をすれば肉を手に入れられるだろうが、家畜を飼って、耕作地の一部をその飼育のために割くことは、実際には農地の生産力を衰えさせないために非常に重要となる。前述したように、化学肥料の助けがなければ、農地の肥沃度は落ちてゆくが、肥やしがあれば栄養分を土に戻すことができる。さらに、土中の窒素レベルを自然に高める特定の種類の作物もあり、それらを組み込むことが十七世紀以降の農業革命において重要なステップとなった。大破局の直後の世界では、農耕と畜産は再び切り離せないものとなり、相互に支え合う営みとなるだろう。

中世を通じて、ヨーロッパの農民は定期的に耕作地を休耕させる農業慣行を守りつづけた。農地の半分近くが、つねになんら作物を育てていないことになるので、はなはだ非効率な慣習だった。中世の農学者は、穀物を何季にもわたって植えつづけると、土地が痩せて生産性が一気に衰えることに気づいていたが、何が原因でそうなるのか理解していなかったし、一年間その土地を休ませることでしか解決策を見出せなかった。いまでは肥沃さが低下するのは植物栄養素が失われるからだとわかっており、だからこそ現代の農業は人工肥料をふんだんに使用することに、これほど頼りきっているのだ。この現代の慣習は、災害直後にはもはや手の届かないものになるため、昔の問題解決方法に頼らざるをえない。

肝心な点は、大半の植物は地中から窒素を奪うものの、生長する過程でこの重要な栄養素を土中に注入し返す植物も一部にはあるということだ。この驚くべき植物はマメ科のもので、エンドウ、インゲン、クローバー、ムラサキウマゴヤシ〔アルファルファ〕、レンズ豆、大豆、ピーナッツなどが含まれる。シーズンの終わりにこうしたマメ科の植物を土にすき込み返すか、家畜の飼料にして、その肥やしを農地の肥料にすれば、欠くことのできない窒素を固定し、土地に蓄えることになる。この豆類の肥沃度回復能力を取り込んだことが農業を改革し、イギリスを産業革命へと乗りださせた。

したがって、一つの耕作地で豆類とほかの作物を交互に生産すれば、土地の生産性は保たれるようになる。しかし、二つの作物をただ交互に栽培する──たとえば、クローバーから小麦へ──よりもはるかによい選択肢は、いくつかの段階を経る輪作を営むことだ。それによって周期的に襲う病気や害虫も防げるようになる。どんな病害に見舞われるかは、植物ごとに大きく異なることが多いので、同じ区画で同じ作物を連作せず、毎年入れ替えることは、農薬に頼らずに自然に管理できることを意味する。

ノーフォークの四輪作法は、こうした歴史上の農法のなかで最も成功した制度で、十八世紀には大いに広まり、イギリスの農業革命の先陣を切った。ノーフォーク農法では、それぞれの区画で作物が、豆類、小麦、根菜、大麦の順に次々に耕作された。

先述したように、豆類を育てることで土壌の肥沃度が高まり、周期の残りの期間は持続する。クローバーとムラサキウマゴヤシはイギリスの気候では順調に育つが、ほかの地域であれば大豆かピーナッツのほうが向いているかもしれない。一つのシーズンが終わって、人間の食用に収穫する部分がなければ、作物はすべて家畜の餌にしてもよいし、単純に緑肥として畑にすき込んでもよい。豆類を栽培したあとは、小麦を植え、土壌の肥沃度を利用して、人間の食用に主要な穀物を生産する。

その翌年には、カブ、スウェーデン・カブ、飼料ビートのような根菜を植える。中世には、春に耕耘したあと一年間、その畑を休耕させる主たる目的の一つは、次の作物の耕作期に備えて、雑草を根絶やしにするためだった。しかし、根菜であれば、作物を植えて、なおかつ畝のあいだの雑草を抜くことができる。この農法では、もう一つ作物を育てられるが、そのすべてを人間の食用とする代わりに――その作物がジャガイモであれば別だが――それを動物の飼料用に使うこともできる。こうすれば、家畜を早く太らせることができ、家畜もまたより多くの肥やしを排出するので、それを畑に再びまけば、肥沃度を保つことができる。家畜にただ自分たちで餌を探させ、食べさせるのではなく、そのために育てた飼料を与えることで、牧草地を解放することにもなり、そうなればさらに多くの作物を育てるためにその土地を使えるようになる。

手間のかからない〔大きくて硬い西洋の〕カブのような根菜を飼料に利用したことで、中世の農業に大変革が起きた。これらは夏のあいだ家畜を太らせるために牧草を食べさせるよりはるかに効果的であるだけでなく、冬のあいだずっとカロリーに富んだ餌を安定して供給できるからだ。根菜を導入する以前は、ヨーロッパでは秋の終わりには毎年、家畜を大量に処分しなければならなかった。ひとえに、春まで家畜を飢えさせないだけの充分な餌が確保できないためだった。カブだけでなく、スウェーデン・カブ、ケール、コールラビなどの飼料作物は二年生植物なので、冬のあいだ地面のなかに残しておいて、必要なときに引き抜いて家畜に与えることができるのである。こうした栄養に富む飼料作物は冬中、カロリーの少ない植物繊維の干し草や発酵させた貯蔵牧草の栄養補助に使われ、家畜の大きな群れを養えるので、生肉や生乳、その他の乳製品を供給しつづけることができる。これらは、太陽光から皮膚がビタミンDを合成できない暗い冬の季節に、このビタミンの不可欠な栄養源となる。

　この輪作における最後の第四段階は大麦の栽培だ。大麦もやはり家畜の飼料に使えるが、その一部はビールを醸造するために残しておくことを忘れてはいけない（これについては次章で述べる）。大麦が終わったら、輪作は豆類の栽培に戻り、窒素をたくさん必要とする穀物を植えられるように、土壌の肥沃度を復活させる。したがって、この輪作農法は植物と動物の両方にまたがって必要なものと生産物をうまく組み合わせていて、自然に害虫や病原菌も退治するうえに、栄養素を土に再び戻してもくれるのだ。この特定の作物による輪作は、世界のどこでも成功するわけではないので、各地の土壌と気候に適した組み合わせを探しだす必要があるだろう。*輪作の二つの主要原則は、大破局後も自分の食べるものが安定してつくれ、外部からの化学肥料なしに土壌の生産性を維持するようにすることだ。すなわち、豆類と穀類を交替でつくり、根菜を自分が食べるためだけでなく、とくに家畜のために育てることである。小規模な農法に戻れば、二ヘクタールの土地で、一〇人までの集団を充分に支えられるだろう。小麦でパンを、大麦でビールをつくり、さまざまな果物と野菜を育てるほか、牛、豚、羊、にわとりを飼って、肉、牛乳、卵をはじめとする産物を得るのである。

動物の肥やしを散布すれば農地に肥料を与えることになるが、人間の排泄物も大破局後の農業で同じように利用できるだろうか？　現代の人工肥料を使わない農業の難題は、糞便をいかに効率よく食べ物にするか（クソをミソに）である。理想的には、人間が食用にするものに関してもそのループは閉じて繰り返し利用ができ、貴重な窒素が失われなくなるだろう。

肥やし

ヨーロッパの都市の道路脇の開渠が汚水であふれ返っていたころ、中国の都市では熱心に排泄物を回収していた。それも地下の下水道を使うのではなく、桶と荷車で汚水溜めから汲みだし、周辺の農場に汚物をまいていたのだ。人間は一人当たり、年間およそ五〇キロの便をだし、尿はそのおよそ一〇倍は排出する。約二〇〇キロの穀類を生産するのに充分な窒素、リンおよびカリウムを含む排泄物である。

問題は、あとから食べる予定の作物に、未処理の汚物をいそいそとまき散らし始めるわけにはいかないことだ。そんなことをすれば、多数のヒト病原体の生活環を単純に一巡させてしまうことになり、病気を大発生させる結果になる。実際、産業革命前の中国では農業は生産的に行なわれていたが、胃腸疾患は国民のあいだで風土病となっていた。人間の排泄物の適切な処理は、健全な社会を築くうえでそれほど決定的な重要性をもつため、文明を再建し始めるに当たっては、最初からその点は熟考する必要がある（最低限、大破局後の定住地では便所用の穴を掘ることはできるし、その穴は誰かが飲料水を汲む場所として使う井戸や渓流からは、少なくとも二〇メートルは離れた場所にすべきである）。

病原となる細菌や寄生虫の卵は六五℃以上で熱することで殺せる（この問題は、食べ物の保存と健康に関連してあとでまた触れることにしよう）。ということは、人糞を肥料にして農地に利用するうえで問題となるのは、みずからの膨大な量の排泄物をいかに低温殺菌するか、である。

＊（一〇一ページ）イギリス国内でも、北部や西部の重い粘土質の土壌では、ノーフォークの四輪作はあまり効果が上がらなかったため、これらの地域は歴史的に牧畜と製造業に力を注いできた（その利益で南部から穀物を買っていた）。

小規模であれば、糞便におがくず、藁、もしくは葉以外の植物の部分（炭素と窒素の濃度のバランスを取り戻すとともに、水分を吸収するために）を混ぜ込んでから、堆肥の山にして定期的にひっくり返しながら数カ月から一年間、放置することでそうした処理はできる。堆肥のなかの有機物が細菌によって部分的に分解されるなかで、（ちょうど人間の体のメタボリズムがやるように）熱が放出される。そして、この熱が堆肥の山の温度を自然に上げて、厄介な微生物を殺してくれるのだ。尿と便は分離し――単純にトイレの前方にじょうごを取りつけることで――水浸しの泥沼にならないようにすることが望ましい。尿は無菌状態なので、薄めてじかに畑にまくことができる。

しかし、さらに工夫を凝らせば、人間および農場からの排泄物の一部は、生化学（バイオ）反応を起こす装置（リアクター）でさらに有益なものにも変換できる。たとえば堆肥の山の場合、全体をよく空気にさらせば、酸素を必要とする細菌や菌類がすぐさま汚物を分解できるようになる。しかし、代わりに排泄物を密封した容器に保存すれば、嫌気性細菌が繁殖して有機物を部分的に可燃性のメタンガスに変換する。発生したこのガスは、簡易なガス貯蔵設備までパイプで運ぶことができる。コンクリートで覆ったプールに水を張り、その内側に金属製容器を上下さかさまにぴったりと収めれば、貯蔵設備は建設できる。この貯蔵タンクにメタンが気泡になって入り込むと、水が空気を遮断して、金属製のガス収集タンクは浮かんでくる。浮いている貯蔵タンクの重さでガスには圧力がかかる。メタンガスはストーブやガス灯に利用できるほか、後述するように、乗物のエンジン用燃料にすることも可能だ。有機廃棄物が一トンあれば、少なくとも可燃性ガスが五〇立方メートルは生成できる。これは石油四〇リットル以上に相当するエネルギーだ（そのようなバイオガス発生装置が第二次世界大戦中、ナチス占領下にあって燃料の乏しかったヨーロッパで一般に見られたのは驚くべきことではない）。細菌の成長は低温だといちじるしく遅くなるので、バイオリアクターを断熱することは重要だし、この装置を温めるために、生成されたメタンガスの一部をサイフォンで吸いだして利用することもできるだろう。

大破局後の社会の人口が再び増え始めるにつれ、より大規模な廃棄物の処理方法が必要となるだろう。腸内細菌は、病原株になりうるものも含め、人の体内の温かい環境では繁殖するが、外界で急速に増えるにはあまり適してはいない。下水を処理する際の主たるコツは、糞尿の溜まり場でヒトの腸内細菌に外界の微生物と競わせることだ。生存競争によって、細菌は負けるだろう。現代の下水処理場は汚泥のなかに空気の泡を送り込み、酸素を必要とする微生物の繁殖を促すことで、このプロセスを早める。

人間の排泄物で農地を肥沃化させることは、欧米の人びとの多くにしてみれば忌まわしいことかもしれないが、いくつかの地域では非常に効果的であることが立証されている。八五〇〇万人ほどの人口をかかえるインドで三番目に大きい都市バンガロールでは、「蜂蜜吸い」と遠回しに名づけられたトラックが都市の汚水槽から汲みあげた荷を周辺の農村地帯に輸送する。排泄物は畑にまかれる前に、プールに溜めて処理される。加工した人間の汚物を含む製品は商品として販売されてすらいる。テキサス州オースティン市が販売するディロダート肥料は、排泄物が自然に低温殺菌される温度まで熱せられるようにして、病原菌を駆除する堆肥化加工を利用している。

植物は窒素だけでなく、リンとカリウムも必要とする。骨にはリンが大量に含まれる。歯とともに、骨は無機物のリン酸カルシウムが生物的に堆積したものだ。したがって、骨粉、つまりゆでて粉砕した動物の骨をまくこともまた、痩せてきた土地を元に戻すよい方法なのだ。骨粉を硫酸（この化学薬品の製造の仕方は第5章を参照）と反応させれば、リンは植物にさらによく吸収されるようになり、はるかに効果的な肥料をつくれることになる。実際、一八四一年に建てられた世界初の肥料工場は、ロンドンのガス工場からの硫酸を市内の食肉処理場からの骨粉と反応させ、「過リン酸」の顆粒を農民に売る工場だった。肥料のためのカリウムは、カリのなかにあり、これは第5章で見るように、木灰から簡単に抽出することができ、一八七〇年代にはカナダの広大な森がヨーロッパの肥料の主要な原産地となっていた。今日では、特定の岩石や鉱床から肥料用のカリウムとリンを採掘する。大破局後の世界で、これらの鉱床を見分けるとすれば、地質学と測量技術を再発見する必要があるだろう。

現代の肥料はこれら三つの必要な栄養素を最適なバランスで与える（トップクラスの運動選手用に考え抜かれた規定食にも似ている）ので、本章で述べたもっと原始的な方法では、今日の栄養分に富んだ土壌ほど高い生産高は上げられないだろう。しかし復興期間でもかなりの度合いで、土地の肥沃度は保ちつづけることができるはずだ。

一人が一〇人を養う

大破局後の社会が前進するためには、なんとしても確固たる農業基盤を築かなければならない。破壊的な大惨事によって人類の大多数がその知識と技能とともに抹消されたら、生き残った人びとはどうにか日々を暮らすだけのレベルにまで引き戻され、絶滅の崖っぷちに指先だけでつかまる状況に陥る。生存者がただ生きつづけるのに必死な事態にあれば、大破局後に産業知識や科学的好奇心がどれだけ残ったところでどうにもならない。余剰食糧がなければ、社会が以前より複雑に発達および進歩する機会はなくなる。食糧の生産はきわめて重要なので、自分の命がその成果に左右されれば、充分に試されてきたことをあまり変えようとはしなくなる。これが食糧生産の罠で、今日の多くの貧困国がそれに陥っている。したがって、大破局後の社会も、おそらく数世代にわたって停滞する可能性がある。しかし、その間に農業の効率は徐々に改善して、いずれある決定的な閾値を超えると、社会は再びゆっくりとより複雑なかたちへと戻ってゆく。

最も基本的なレベルでは、人口の増大はより多くの人間の知恵が集まることを意味し、それによって問題の解決策はいっそう早く見出せるだろう。しかし、農業の効率を上げることは、さらに重要な進歩の機会を与える。効率的な方法で基本的な食糧の安定供給が達せられると、文明はその構成員の多くを農地での労働から解放する。生産的な農法ならば、一人の人間がほかの数人を養えるのであり、養ってもらえる人びとは自由にほかの工芸や商売に専念できるようになる。* 農地で体力を求められていない人は、その頭脳や手先の器用さをほかで活用すればよい。社会は、基本的な必須条件が満たされて初めて、複雑に将来性をもって発展できるのである。余剰農産物が文明の進歩を推し進める基本的なエンジンなのである。しかし、生産的な農業によって文明の急速な復興を促すことは、余剰の食糧が安全に貯蔵できて、食べないまま腐らせるような事態がなくならない限りは実現できない。ここで、食糧の保存に目を向けることにしよう。

＊十六世紀から十九世紀のあいだにイギリスの農業革命は、本章で論じた進歩の多くを利用して食糧生産をいちじるしく増大させると同時に、労働集約的な生産を減らし、その他大勢を養うのに必要だった農場主やそこでの働き手の人口を減らし、都市化を促進させた。一八五〇年には、イギリスは世界のどの国よりも農民の人口比が低くなり、五人に一人が農地で働くだけで国民全体を養えるようになった。一八八〇年には、イギリス人七人に一人だけが農業に従事していた。一九一〇年にはその比率は一一人に一人にまで落ちた。今日の先進国では、人工肥料、殺虫剤、除草剤を利用するとともに、コンバインのようなきわめて労働力の要らない産業技術を駆使することで、農業労働者は一人当たりおよそ五〇人分を養うのに充分な食糧を生産している。

第4章　食糧と衣服

「都市は壊され、巨人たちの築いたものも粉々になった。
屋根は崩れ、塔は倒れ、
かんぬきの掛かった城門も壊され、漆喰は凍りつき、
天井には裂け目ができ、引き裂かれ、落下し、
歳月によって蝕まれた……」
——「廃墟」ローマの崩壊を嘆く八世紀の無名のサクソン人著者

料理は人間の歴史における化学の始まりだった。物質の化学的組成を意図的に変質させるように仕向けるものだ。グリル・ステーキの外側にこんがりとついた焼き目も、パンの金色の皮も、メイラード反応と呼ばれる分子の変化によるものだ。食物のなかのタンパク質と糖は相互に反応して、風味豊かな化合物をまったく新たにつくりだす。しかし、料理は単に食べ物をより食欲をそそるものに変える以上の、はるかに根源的な目的をはたしており、それが大破局後に生存者を健康でよく栄養のとれた状態に保つ秘訣と

なるだろう。

調理の熱は、食材がどんな病原菌や寄生虫で汚染されていてもそれを殺し、豚肉などからサナダムシに感染するのも、細菌による食中毒も防ぐ。調理はまた、硬く筋の多い食物を軟らかくし、複雑な分子構造を分解して単純な化合物を放出させ、消化および吸収を助ける。これは大半の食材で栄養成分を増し、食べられる部分からより多くのカロリーを人体が引きだせるようにする。そしてタロイモ、キャッサバ、および〔ナス科の〕ワイルドポテトなどの場合には、長く加熱することで有毒成分を不活性化する。キャッサバの場合などは、一度に食べる量でも致死量があるからだ。

調理は、僕らが食べる前に食物に施すさまざまな加工の一つに過ぎない。収穫したあと長期にわたって食糧を安全に保管する能力は、文明を支えるうえで基本となる前提条件だ。それによって生産物は農地や食肉処理場から都市に輸送できるようになって、密集した人口を養えるようになるほか、いざというときのために備蓄することも可能になる。食物は微生物——細菌およびカビ——の働きによって腐り、その構造を破壊され、化学的性質を変えるか、まずい排泄物や人間にとっては有害な物質まで放出する。食品を保存する目的は、こうした細菌による腐敗が起こらないようにする、もしくは少なくともできる限りそのプロセスを遅らせることにある。これは食品の状態を意図的に変えて、細菌の繁殖に適した状況外に押しやることで成し遂げられる。基本的には、食品内の微生物を管理しようと試みているのだ。微生物の繁殖を防ぐだけでなく、一部の微生物を利用してほかの、望ましくない菌株が足場を固めないようにすることすらある。場合によっては、微生物を繁殖させる発酵によって、食品の複雑な分子を分解させ、人間がより簡単に栄養素を取り込みやすくすることもある。したがって、バイオテクノロジーは現代の発明ではまったくないのだ。これは人類の最古の発明の一つなのである。

こうしたあらゆる能力――ゆでたり油で揚げたりして食品を完全に調理する、発酵を進めて長期保存するなど――を僕らに与えたのは、粘土を焼いて土器をつくる技術革新だった。このことは、生物種としての人類に深い影響をおよぼした。人間の消化器官には、たとえば牛のような反芻動物の複数の胃とは異なり、分解できないタイプの食品が多くあるので、僕らの体が自然にはできないことを技術の力で補ったのである。したがって、発酵や調理のあいだ食物を入れてさらに栄養分を引きだすために使われた土器は、外部から追加された「胃」の役目をはたしていたのだ。つまり技術による事前消化システムである。

現代の料理――マリネやコンフィ〔油脂や砂糖に漬けて保存する調理法〕にしたり、酢などを煮詰めて振りかけたりといった文明的洗練さの極み――は、食中毒を防ぎ、できる限り栄養成分を引きだすという根本的な必要性のうわべだけを飾り立てたものに過ぎない。本書は料理本ではないので、レシピや詳細な説明には踏み込まないが、保存と食品加工方法の一般原則は、大破局後の復興のために理解しておく必要がある。

食品保存

食品の保存には、微生物はもちろん、あらゆる生物が生きるのに必要な環境条件を考慮しなければならない。しかし、これから検証する伝統的な技術は、試行錯誤の末に長い歳月をかけて発展してきた。腐敗を引き起こす目に見えない微生物が発見されるよりずっと昔のことだ（食品を缶詰にする現代の慣行ですら、細菌論が証明される以前に採用された）。こうした技術が功を奏することがわかったのちも、なぜそうなるのかを説明する裏づけとなる理論はなかった。大破局後にこの知識の根幹が失われなければ（微生物の存在を明らかにできる顕微鏡の組み立て方は二一三ページを参照）、食糧を安定して供給し、感染症を防ぐうえでとてつもなく役立つだろう。大破局後に人口を増やしつづけるためには、どちらもきわめて重要だ。

地球上のあらゆる生物は成長と生殖のために液体としての水を必要とするが、それだけでなく、物理的にも化学的にも特定の範囲内の条件しか許容できない。具体的に言えば、細胞内の酵素――生物化学反応を引き起こし、生命の歩みを調整する分子レベルの機構――は特定の温度と塩分濃度およびpH（液体の酸性度、アルカリ性度）の範囲内でしか活性化しない。この三つの要因を微生物の繁殖に最適な条件から押しのければ、保存は可能になる。

食品を保存する最も簡単な方法は、単純に乾燥させることだ。水が充分になければ、細菌は繁殖が困難になる（だからこそ、収穫した穀物をサイロに保存する前に乾燥させることが不可欠なのである）。従来の方法は空気乾燥させるか日干しにするものだ。これはトマトのような野菜・果物には向いているし、切り干し肉やビーフジャーキーをつくるための肉にも応用できるが、加工に時間がかかり、大量の食物の処理には適さない。

通常は乾燥食品とは考えられていなくても、多くの食材は実際にはほとんど水のない状態で保存されている。砂糖のように溶解する化合物を大量に使うとその溶液は非常に濃縮されたものになり、微生物の細胞から水を引きだすため、よほど手強い菌株以外は繁殖を食い止められる。これがジャムの根底にある原理だ。朝食のトーストに塗った甘い果物はじつにおいしいが、砂糖煮をつくるそもそもの理由は果物を濃縮された砂糖溶液の抗菌性作用で保存することにある。砂糖は熱帯のサトウキビもしくは温帯で育つサトウダイコンの根から抽出できる。これらを押しつぶしたものに水を垂らして砂糖を溶かしだし、乾燥させることで結晶を取りだすのである。蜂蜜は同じ理由から、きわめて長期の保存が可能だ。

塩は、人体の健康を維持するために少量が必要だ――だからこそ僕らの味覚は塩分を欲しがるのだ――が、保存用にははるかに大量の塩が使われる。塩漬けした食品は砂糖漬けと同じ方法で腐敗から守られている。濃度の高い塩水は食品の細胞内の水を吸いだし、成長を止める。生肉でも数日間、乾いた塩のなかに漬けるか、塩分濃度の高い液体内に沈めておくことでうまく保存できる。約一八〇グラムの塩を一リットルの水に溶かすと、海水のおよそ五倍は濃い塩水がつくれる。塩漬けは歴史を通して欠かせない保存技術であったので、より詳細に検討する価値がある。

塩をつくることは原理上は、海岸のそばにいる人であれば、子供でもわかるくらい簡単だ。海水には約三・五％の固形分が溶解している――その大部分が食塩（塩化ナトリウム）で、水溶液を蒸発させれば抽出できる。暑い地方なら、単純に海水を浅い窪地に満たし、日中の暑さで水を蒸発させれば、あとには沈殿した塩の塊が残る。極寒の地域では、浅い海水の池を凍らせると、池の底に濃縮した塩水が残る。しかし、ヨーロッパや北米の大半の場所で、一年を通じておおむね見られるような温暖な気候条件下では、燃料を燃やして塩水を入れた大鍋を熱し、水分をなくさなければならない。そうなると、塩というこの貴重な消費材が手に入るかどうかは、物質そのものの珍しさではなく――地球の表面の四分の三は塩水が波打っている――それを大量に抽出するためのエネルギー面の代償しだい、もしくは岩塩鉱床を見つけられるかどうかにある。*

塩漬けは別の保存技術と組み合わせて利用されることが多い。毒性のある抗菌性成分を自然に生成させ、たいがいは肉か魚の産物にそれを染み込ませる方法、つまり、薫製加工だ。木を不完全燃焼させることで幅広い成分が放出される現象を次章で見てゆくが、そのうちの一つであるクレオソートが、薫製食品特有の風味と腐敗を食い止める効果を生みだす原因となる。小型の薫製場であれば、ごく簡単に代用品をつくれる。穴を掘って小さく火をおこして、金属製の蓋をする。さらに、脇へ一、二メートルほどつづく浅い溝を掘り、やはり板で覆いをしてから土をかけ煙を誘導する。煙の誘導路の末端に開いた口に、底に穴を開けた壊れた冷蔵庫を置く。金属製の格子棚にはらわたを取りだした魚や肉の切り身、チーズなどを並べて数時間燻すというものだ。

酸もまた侵入する大量の細菌に抵抗する偉大な味方である。酢は酢酸の希釈液（これについては、本章で再び触れることにしよう）で、酢漬けにすることで保存料としてきわめて効果を発揮する。その逆のアプローチ、すなわち食品をアルカリ性の物質で保存することはあまり一般的ではない。アルカリは脂肪を鹸化する——第5章の石鹸づくりを参照——ので、食品の風味や歯触りをいちじるしく損ってしまうからだ。**

外から酸を加えて酢漬けにして保存する以外にも、酸性の代謝物質を排出する細菌の繁殖を促し、食品自体の保存料を生成させることでも腐敗は防げる。ザワークラウト、味噌、キムチはみな、まず塩を使って野菜の水分を抜いてから、耐塩性の細菌によって発酵させて自然に酸性度を高め、食品を極端な環境へと変化させることで、腐敗や食中毒を起こすような細菌が定着するのを防ぐ。

ヨーグルトも同様の方法でつくる。乳酸菌を培養することで、牛乳を適度に酸っぱく

*歴史のなかで塩が重要であった痕跡は、今日の僕らの言語に残っている。たとえば、ローマの兵士には塩を買う割当（サラリウム）が与えられており、それが現代語の「サラリー」の語源となっている。

させるのである（一般的に、酸は味覚では酸っぱい味として感知される）。この場合もまた、ほかの細菌の定着に抵抗するような高い酸性度の内部環境を生みだすため、栄養素を摂取できる期間を数日間は延ばせる。牛乳は主要な栄養素を得られるきわめて有益な食糧源なので、その保存は大破局後の生存者を左右するものとなる。

ビタミンDは、食品からのカルシウムの吸収を助けるため、骨質を劣化させるくる病を防ぐうえで欠かせない。このビタミンは皮膚が太陽光にさらされたときに体内で生成されるが、北方の高緯度地域では冬に暗い日々が長くつづき、寒さを防ぐために服を着込まなければならないため、何世紀にもわたってくる病が人類を蝕んでいた。牛乳はビタミンとカルシウムの双方を摂取できる優れた食品なので、牛乳内の栄養素を安全に保存できることは、北国で健康的に暮らすためにはきわめて重要となるだろう。*

バターは牛乳から大半の水分を除去することで、カロリーに富んだ脂質を保存するよい方法である。バターづくりで肝心なのは、まず乳脂肪の多いクリームを抽出することだ。一日かそこら冷たい容器に入れて脂肪分を自然に上昇させてもよいし、遠心分離機にかけてその過程を早めてもよい（バケツを回転させれば、同じ効果がある）。攪拌の目的は単純に脂肪滴〔脂質が蓄積された球形の液滴〕同士をくっつけ、残りの液体、すなわちバターミルクを除外することにある。それには瓶に入れて床の上で前後に転がしても、振ってもよいが、より効果的な即席の方法は、ペンキ攪拌用の羽根のついた電気ドリルを使うことだろう。バターはバターミルクから絞りだし、保存のために塩を加え、よく練ってすべての水分をだし切らせて、塩が満遍なく混ざるようにする。

　ヨーグルトは数日間、バターなら一カ月ほど品質が変わらないが、チーズであれば牛乳の栄養素を何カ月も安全に保つことができる。チーズは、くる病を撃退するのにもってこいの保存食品なのだ。チーズづくりはより込み入っているが、肝心な点は牛乳の水成分を取り除いて栄養素を保存することだ。レンネットは子牛の第四胃袋からの酵素の混合物で、牛乳内のタンパク質を分解して凝固させるために使われる。凝乳は漉して圧縮すると固形の塊になるので、そのあと熟成させる。それぞれのチーズに特徴的な外観

＊＊（一一五ページ）一つの例外は、メキシコ中部から中央アメリカの先住民文化が伝統的に用いるトウモロコシの下ごしらえだ。この地域ではトウモロコシは、消石灰もしくは灰を水に入れてつくるアルカリ性水溶液で煮て、「ニシュタマリ」にする（ナワトル語で灰およびトウモロコシの練り粉を意味する）。こうすることで風味がよくなるだけでなく、トウモロコシのビタミンB_3が体に吸収されるようになる。主要作物としてトウモロコシに依存してきたヨーロッパ人や北米人は、ビタミンの欠乏によって生じる病気のペラグラに二世紀にわたって見舞われてきた。彼らはこの作物は採用したものの、トウモロコシを食べるための下ごしらえの方法をきちんと学ばなかったからだ。

＊北半球の陸塊は南半球にくらべて極地にずっと近いところまで拡大している。〔イングランド北東部の〕ニューカッスル・アポン・タインでも、南半球にあるアフリカ、オーストラリア、南アメリカのどの地域よりも極地に近いので、冬期には太陽光を浴びることが少ない。

と風味を与えるのは、さまざまな菌の作用なのだ。

穀物の処理

ここで穀物の処理方法に目を向けることにしよう。有史以前に小麦、米、トウモロコシ、大麦、キビ、ライ麦を栽培品種化したことは、人類が成し遂げた功績のうちでもきわめつけの偉業である。これらの栽培種の繁殖戦略は、収穫が容易な穀物が実るように人為的に選択することで、再プログラム化されてきた。こうした栽培種こそ、家畜である牛や羊のように、反芻による消化という生物学的な利点をもたずに草を食物にするという難題に、人間が見出した解決策なのである。

トウモロコシは穂軸についた粒のまま調理して食べられ*、米は脱穀したあと単純に炊くか蒸せば食用になる。しかし——ほとんどの栽培種の果物や野菜とは異なり——穀類の小さな硬い殻粒はたいがいそのままでは食べられない。食用にするには技術を駆使して処理しなければならないのだ。

こうした穀物の粒は細かい粉になるまで砕かなければならない。最も単純な方法は一握りの粒を滑らかで平らな石の上に置いて、前屈みになって体重を掛け、すり石の下ですり潰すことだ。しかし、これは骨の折れる、恐ろしく時間のかかる労働だ。はるかによい方法は、二個のずんぐりした円筒形の石または鋼鉄の円盤のあいだに、〔上臼の〕

真ん中に開けた孔を通して穀粒を流し込み、粉にすることだ（「グリスト・トゥ・ザ・ミル」――臼に穀物、すなわち儲けの種――という表現もまた、古来の農業に端を発する一般的な表現だ）。上にある石臼の重みで押しつぶす圧力を与え、それが回ることで粉を外へ押しだし、回収させる。こうして石臼は、僕らの臼歯の技術による延長部分となって、硬い食材をすり潰し、消化を助けるものとなった。ゆっくりと回す作業は、役畜に軛をかければ人間による労働を軽減できるし、水力または風力を利用できればなおよい（これについては第8章で論じる）。たとえそうしても、収穫した分の穀物を粉にひく作業は、復興しつつある社会にとって、途方もないエネルギーの支出となるだろう。

あまり食欲はそそらないが、ひいた粉を食べる最も簡単な方法は、少量の水と混ぜてどろどろの粥状にすることだ。しかし、それよりわずかに手間はかかるが、ずっとおいしい、多用途に使える、デンプンの摂取方法がある。パンは要するに焼いた粥でしかないが、栄養をとる効率のよい手段として、誕生した当初より文明を支えてきた。基本的なレシピはばかげているほど単純だ。なんらかの穀類の種を粉にひいて、水と混ぜて練り粉をつくり、それを伸ばしてゆっくりと焼く。火のそばに置いた熱い石の上でも構わ

＊六〇〇〇年以上前の南米の住民は、一部の品種では熱すると「ポップ」、つまりはじけることに気づいた。これがいまやアメリカだけでも映画館を中心に一〇億ドル市場を生みだす基盤となっている。

ないだろう。こうすれば、無発酵のフラットブレッドがつくれ、これはチャパティ、ナーン、トルティーヤ、ホブズ、ピタなどのかたちで、今日もなお広く一般に見られる。

しかし、西洋の世界で僕らが最も慣れ親しんできた種類のパンは、膨らませたパンであり、これにはさらにもう一つ材料が必要となる。酵母は単細胞の菌である微生物で、腐った木の幹から生えてくる毒キノコとさほどかけ離れていない。練り粉の発酵に使われると、酵母は二酸化炭素を吐きだし、それが気泡となって閉じ込められ、フワフワした軽いパンができあがる。ある特定の種の出芽酵母（*Saccharomyces cerevisiae*）が、今日のほぼすべての発酵させたパンをつくるのに使用されている。実際、大破局の混乱期にこの微生物が失われる前に、スターター〔発酵種〕の蓄えを救いだすだけの冷静さがあれば、しめたものだ。酵母は微生物ながら、牛や馬と同じくらい活動的によく働く生物だからだ。スーパーマーケットならドライ・イーストが見つかるだろうが、それでも無期限にもつわけではない。だが、パンをつくるための微生物を一から再び取りださなければならないとしたら、どうすればいいのだろうか？

パンを膨らませるのに必要な酵母は、ほかの発酵菌と同様に、穀物内に自然に存在しているので、ひいた粉のなかにもいる。肝心な点は、こうした有益な菌だけを、健康に危害をおよぼす可能性のあるほかのあらゆる菌のなかから分離させることだ。原始的な微生物学者になって、目当ての細菌に適した選択過程をつくりだしてやる必要があるのだ。以下の手引きはサワードウ、つまり古代エジプトで三五〇〇年ほど前に焼かれた、最初の発酵パンを焼くために適切な微生物を分離させる方法だ。このパンは今日でもパン職人のあいだで人気がある。

小麦粉一カップ（この最初の工程には全粒粉が最適である）と水三分の二カップを混ぜる。一二時間したら、気泡が形成されていて増殖と発酵の兆候がないか確認する。何も見られなければ、かき混ぜてあと半日待つ。発酵したら、この培養物の半分を捨てて、同じ割合で新しい小麦と水を入れ、この継ぎ足しを一日に二度繰り返す。これによって培養物には繁殖するための栄養がさらに与えられ、微生物は棲む領域を二倍にして拡大しつづける。一週間ほどたって、健康的なにおいの培養物が補充のたびに安定して増殖し発泡するようになり、まるで微生物のペットが器に残された餌を元気に食べているかのようになったら、このパン種の一部を取りだしてパンを焼く準備ができたことになる。

この反復工程を経ることで、要するに僕らは微生物学上の初歩の選択手順を決めているのだ。小麦粉のなかのデンプン栄養素を使って増殖できる野生菌株で、二〇℃から三〇℃くらいの温度で最も急速に細胞分裂するものだけに絞っているのである。その結果生まれるサワードウは一種だけを分離した純粋な培養物ではなく、均整のとれた乳酸菌群だ。サワードウは穀物の複雑な貯蔵分子を分解するうえに、乳酸菌の副産物を栄養源に生きる酵母が二酸化炭素を放出して、パンを膨らませる。異なった生物種が相互に支え合うこうした関係は、共生関係として知られ、生物学ではよく見られる特徴である。マメ科の植物の根に宿って窒素を固定する根粒菌から、人間の腸にいて消化を助ける腸内細菌までさまざまなところでこの特徴は見られる。乳酸菌はさらに乳酸（ヨーグルトをつくるときのように）を生成するので、このパンに酸味の強いおいしさを加えるうえに、培養物からほかの細菌を排除して、すばらしく安定したサワードウの共生集団を保ち、外部からの侵入に抵抗できるものにも変える。

しかし、発酵パンにはすべての穀物の粉が使えるわけではない。そのためには増殖する酵母が吐きだす二酸化炭素の気泡をとらえられるくらい、粘り気のある練り粉をつくるグルテンが存在しなければならない。小麦はグルテンを多く含むので、すばらしく軽い舌触りのパンができるが、大麦の粉にはほとんどグルテンは含まれない。とはいえ、大麦には日々のパンにするよりも、はるかに楽しめる利用方法がある。

練り粉のように、酸素の豊富な環境で増える酵母は、食物の分子を二酸化炭素にまで分解することができる（ヒトの代謝機能と同様である）。しかし、酸素の制限された嫌気状態で培養されると、酵母は部分的にしか糖を分解できず、代わりに老廃物としてエタノール（アルコール）を放出する。これが醸造の本質である。アルコールは発見されて以来、飲み騒ぐ人間を楽しませてきたが、この物質にはそれ以外にも無数の用途があり、文明復興のために精製を試みるだけの価値は充分にある。濃縮されたエタノールはきれいに燃焼する燃料として貴重である（アルコールランプやバイオ燃料の車のように）だけでなく、保存料にも消毒剤にもなる。アルコールはまた、水に溶けないさまざまな成分を溶解させるうえで多目的に使える溶剤でもある。香水をつくるために植物から化学成分を抽出する、あるいはチンキ剤〔生薬をエタノールで浸出した液剤〕をつくる、といった場合だ。アルコールは、ワインを飲む人なら誰でもボトルを開けて数日後には間違いなく気づくように、しばらく空気にさらされると酢に変わる。新たな細菌が液体内に定着し、エタノールを酢酸に変えるためだ。調理用の酢やテーブルビネガーは通常、五％から一〇％の酢酸を水で薄めたもので、酢漬けにはより濃縮された酢が使われる。

サワードウの微生物が混成集団だったのとは異なり、醸造に使われる純粋な酵母は、それ自体では穀物の複雑なデンプン分子を分解できないので、まず発酵性糖に転化しなければならない。デンプンの生物的機能は、芽生えたばかりの植物に栄養を与え、葉がでてきて穀物そのものの仕組みが活性化され、デンプンが分解できるようになるまで支えるエネルギー源となることだ。大麦（実際にはほかのどんな穀類でもよい）の粒を水に浸し、湿度の高い温かい室内で一週間ほど発芽を促し、デンプンを利用しやすい糖に分解させる（デンプン分子は糖のサブユニットがつなぎ合わさって長い鎖となっている）。それから乾燥させるか、窯で部分的に――最終的な醸造酒の色と香りを変えるために――あぶる。この麦芽（モルト）を熱湯のなかで潰し、糖分をすべて溶解させてから漉して、甘い麦汁をつくる。麦汁はまず沸騰させて、糖分を濃縮させるためにいくらか水分を蒸発させる。これで殺菌され、発酵にふさわしい微生物をあとから加えるために白紙状態をつくりだすことにもなる。最終的に麦汁は冷ましてから、以前の醸造分から取りだした酵母を加え、一週間ほど発酵させる。

なるべく早い時期にスーパーマーケットから探しだすべき有益な品は、生きた酵母の沈殿物が底に残っている缶ビールだ。それがあれば後世のためにこの便利な菌を救えることになる。しかし、醸造に適した酵母は自然環境のなかにも広く生息しており、前述したのと同様の選択技術を用いて再び分離することができる。実際、今日、商業的なパン製造に使われる純粋培養の酵母は、もともとビール醸造の発酵槽の泡から発見され、第7章で説明する寒天プレートと顕微鏡という微生物学の道具を使って取りだされたものに由来する。したがって、次にほろ酔い気分になったときには、単細胞菌類の代謝物で自分の脳がいくらか毒され、損なわれていることを思いだしてほしい。乾杯!

糖質のものであればほぼなんでも(またはデンプンが分解して糖になったものでも)発酵させてアルコール製品をつくることができる。蜂蜜、ぶどう、穀物、りんご、米はそれぞれ、蜂蜜酒、ワイン、ビール、シードル、酒に変わる。しかし、栄養源にかかわらず、発酵によるアルコールは一二%前後の濃度にまでしか達することはなく、それ以上になると酵母細胞がみずからのエタノール代謝物でいわば自家中毒になってしまう。エタノールを水やその他もろもろが入り交じった発酵物から分離し、アルコールを精製して濃度を高める工程は蒸留と呼ばれ、これもまた本当に大昔からの技術である。

海水から塩を取りだす場合と同様に、アルコールを液体状の発酵物から分離するには、二つの成分の性質の違いを利用する。この場合は、エタノールのほうが水よりも沸点が低いことだ。最もシンプルな形態では、蒸留器はモンゴルの遊牧民が安酒をつくるのに使っていた道具程度の単純なもので構わない。発酵したどろどろの液体の入った器を火にかけ、その上のほうの棚に収集容器を置き、さらにもう一つ、底部がすぼまった容器に入れた冷却水を双方の真上に設置する。それから、これら全体に覆いをかける。発酵物を火で温めると、エタノールがまず沸騰し、水を入れた容器の冷たい底部分で蒸気が凝縮して流れ落ち、真ん中の収集容器の上に落ちる。現代の実験室はこの基本的な設備を、専用のガラス器具と、発酵物から沸騰する蒸気が七八℃（エタノールの沸点）を超えないように調べる温度計、それに調節可能な吸気口のついたガスバーナーで置き換えたに過ぎない。この工程は蒸留塔、つまりガラスビーズを詰めて垂直に立てた円筒を使うことでより効率的に改善できる。発酵物からでてくる蒸気が繰り返し凝結して再蒸発するようにし、そのたびに水よりもアルコールを濃縮させ、〔コイル状の金属管に水を流す〕水冷ジャケット付きの冷却器で最終的に蒸留物を回収する。

熱さと冷たさを利用する

最後に、温度変化をうまく利用すること――極端な熱さと冷たさを利用すること――が、食品を保存するうえでいかに重要となったかを見てゆこう。

歴史を通して使われた保存技術――乾燥、塩漬け、酢漬け、薫製――はかなり効果的だが、総じて食品の味を変えてしまい、栄養成分の保持という点でも完全ではない。新しい方法は十九世紀初めにフランスの菓子職人によって考案された。食品をガラス瓶に入れて、コルク栓と蠟で密封してから、瓶を数時間、熱湯に浸しておくのである。その後まもなく、密閉できる缶詰が使われるようになった（僕らが錫の缶、もしくは少なくとも錫めっきした鋼鉄を使う理由は、食品の酸性度で錆びないようにするためだ）*。急速な復興を考えるうえでは心強いことに、これまでの歴史では、数世紀前に缶詰食品が開発された際に、必須条件となる技術に事欠くことはなかった――おそらく古代ローマの熟練したガラス職人ですら、かなり安全に密封できる容器を製造できたと思われる――ので、生存者は崩壊後すぐに缶詰食品をつくり始められるだろう。

缶詰加工の主要原理は、熱することですでに存在している微生物を不活性化させ、さらに別の微生物が食品を再び汚染して腐敗をもたらすのを防ぐために密封することだ。低温殺菌と呼ばれる関連の手法は、六五℃から七〇℃までで短時間熱して、損傷部分や病原菌を不活性化するものだ。これは牛乳を（凝固させずに）処理するのにとりわけ効果的で、人間への結核の感染や消化管疾患を防ぐことになる。もともと酸性であるか、酢漬けになっていない食品は、最も安全に保存するには、缶詰にして通常の沸点以上の温度にさらすべきである。それによって中身は完全に殺菌され、ボツリヌス中毒症を引き起こすような、耐熱性の細菌の胞子でも殺すことができる。

以上が、きわめて重要な食糧備蓄を何年間も保存するための、高温の利用方法だ。しかし、低温のほうはどうだろうか？

温度が下がると、細菌の活動と繁殖が緩やかになり、バターを傷ませたり、生の果物を軟らかくしたりする化学反応も遅くなる。低温が保存に効果があることは昔から知られていた。少なくとも三〇〇〇年前に、中国では冬期に氷を集めておいて、一年中、洞窟で食糧を保存していたし、一八〇〇年代にはノルウェーが西ヨーロッパ向けの氷の主要輸出国となっていた。しかし、人工的に低温状態をつくりだせるようになったのは、近代文明の根本的な進歩だった。これは熱を発生させるよりも、格段に実現させにくい。理想気体の法則を応用して冷蔵庫をつくるのは、生鮮食品が急速に傷むのを防ぐために、または長期保存のために冷凍するのに便利であるだけでなく、病院の血液の備蓄やワクチン輸送用の安全な保管庫としても利用できるし、建物の空調、あるいは液体酸素の製造用に空気を分溜するのにも使える。冷蔵庫の仕組みについてはかなり詳細に検討することにしよう。それによって技術がどう採用されてきたかに関する興味深い点が明らかにもなるし、復興する社会が僕らとは非常に異なる道を歩むことになる可能性も見えてくる。

冷却を生みだす主要な作動原理は、液体が蒸発して気体になるとき、その転移に必要

＊最初の缶切りは一八六〇年代まで普及しなかった。フランス軍が缶詰食品を配給し始めてから五〇年後のことだ。兵士はのみや銃剣で配給物を開けるものとされていた。一般市民のあいだに缶詰が普及してから初めて、缶切りが必要となった。

な熱を周囲から奪うことである。だからこそ人間の体は汗をかいて涼しくなる。冷蔵庫をつくるローテクの解決方法は、要は素焼きの容器に汗をかかせることだ。アフリカで普及しているジーアポットは、蓋のある陶製の壺を、それより大きな素焼きの壺のなかに置き、隙間を湿らせた砂で埋めたものだ。水分が蒸発するにつれて、内部の容器から熱が奪われ、温度が下がるので、ジーアポットは市場での青果の日もちを一週間かそこら延ばしてくれる。

機械式の冷蔵庫もみな、その仕組みは同じ基本原理による。つまり、「冷媒」の蒸発と再凝縮を利用するものだ。蒸発（沸騰）させるには熱エネルギーが必要だが、凝縮させる場合はその熱エネルギーを放出する。断熱した箱の内部にあるパイプで、冷却サイクルのうちの蒸発を引き起こせば、この閉鎖空間から熱が奪われて、内部が冷やされる。奪った熱は装置の裏側にある黒い放熱器（ラジエーター）のフィンを通じて周囲の空気中に放出できる。

現代の冷蔵庫はほぼすべて、電動の圧縮器（コンプレッサー）を使って冷媒ガスを凝縮させている。冷媒を〔圧縮して〕液体に戻し、再び蒸発させて庫内からまた熱を取り除かせるのである。しかし、これに代わる方法もある。なかでも簡単なものは吸収冷却装置として知られる（アルベルト・アインシュタインその人がこの型の一つを共同発明した）。この方式では、アンモニアなどの冷媒を圧縮するのではなく、ただ水に溶けるに任せることで、もしくは吸収されるままにすることで、凝縮させる。アンモニアと水の混合物を熱してアンモニアを分離させれば、冷媒は冷却サイクルに戻る。アンモニアは水よりも沸点がはるかに低いので（一二四〜一二五ページで述べた蒸留の原理と同様）、ガスの炎か電熱線、またはただ太陽の熱を利用するだけでも充分に蒸発させられる。吸収冷却装置はこうすることで、熱を巧みに利用して物を冷やしておけるのだ。実際、コンプレッサーを電動モーターで動かさずにすむため、この設計には可動部がなく、メンテナンスの必要も壊れる心配も格段に少ない。しかも、音が静かなのだ。

歴史がただ忌まわしいことの繰り返しであれば、技術の歴史も忌まわしい発明の繰り返しに過ぎなくなる。すなわち、目新しい装置が次々に登場しては、劣っている競合相手を蹴落としてきたことになる。だが、そうだろうか？　現実がそれほど単純であることはまずない。技術の歴史は勝者によって書かれていることを忘れてはならない。成功につながった技術革新を見ると、あたかもそれが、連続した踏み石であったかのような幻想が与えられ、その一方で敗者は名もなく消え去り、忘れられている。しかし、発明の成功を左右するのは、かならずしも機能の優劣ではない。

過去の歴史においては、コンプレッサーと吸収冷却の設計はどちらも同時代に開発されたが、コンプレッサーの機種が商業的に成功を遂げ、いまでは大多数を占めている。これはおおむね、新興の電力会社が電気の需要を伸ばそうと熱心に推進した結果なのである。したがって、今日、吸収式の冷蔵庫がほとんど見られないのは（キャンピングカーなど、電力を使わずに利用できることが最優先するRV車などに搭載されたガス利用の吸収式は例外として）、設計そのものが本質的に劣っているからというより、偶然による社会的または経済的要因に帰するところが大きい。市場にでまわる製品は、製造会社が最も高い利幅で売れると考えるものなのであり、その大半はたまたますでに存在したインフラしだいなのだ。したがって、台所にある冷蔵庫がブーンと音を立てている——電動のコンプレッサーが使われていて、静かな吸収式設計ではない——理由は、その構造が技術的に優れているからというよりは、この方式が「確立した」一九〇〇年代初めにおける社会経済環境の気まぐれゆえなのである。大破局後に復興する社会は、その発展において異なった経路をたどる可能性が大いにある。

衣服

調理と発酵は外付けの胃さながらに消化を助けるために利用され、石臼は人間の臼歯の延長となってきたことをこれまで見てきた。同様に、衣服は僕らの体が自然にもっている生物としての生存能力を高めるために、技術を応用したもう一つの例だ。体温を保つ能力を向上させることで、アフリカ東部のサバンナから遠く離れた地域まで人類が広がることを可能にしたのである。

わずか七〇年ほど前——文明の時間の尺度からすればほんの一瞬前——まで、人間は動物や植物からの自然素材を衣服にしていた。最初の合成繊維であるナイロンが登場したのは、第二次世界大戦が勃発したころであり、これらの重合体(ポリマー)を再生するのに必要となる有機化学は高度に発達したものであるため、復興する社会には当分のあいだ手の届かないものとなるだろう。つまり、僕らが伝統的に食べてきたものと衣服とのあいだには、深い結びつきがあるのだ。作物と家畜を育てる農業は安定した食糧源となるだけでなく、撚って縄にするか、織って布をつくれる繊維と、革として利用できる獣皮も提供する。そして、紡績と機織りの技術は、文明の数多くの根本的な機能を支えている。紐は縛るために、縄は建設用クレーンに、キャンバス地は帆布や風車の羽根に利用された。

過去の文明からのお下がりの衣服を着古してしまったあとは、復興する社会は再び自然界から適当な繊維を集めなければならない。利用できる植物には、アサ、ジュートおよびアマ（亜麻布用）などの強い茎や、サイザルアサやユッカなどのリュウゼツラン科の植物の葉、ワタやパンヤノキの種のまわりにあるふわふわした繊維などが含まれる。動物繊維は、毛皮で覆われた大半の哺乳類の毛から集められるが、羊とアルパカがなかでも一般的である。また、昆虫を原料とする素材で広く知られているのが、カイコガの繭、つまり絹である。このように、毛糸の帽子も上等な絹のドレスも、ステーキとさほど変わらないタンパク質からできているが、リネンのジャケットも木綿のシャツも、基本的に新聞紙と同じ素材からできている。すなわち、糖分子が寄り集まってセルロースの植物繊維となったものだ。

そうなると、ワタから摘んだ、あるいは羊から刈り取った天然繊維の束を、生き延びるための衣服に変えるには、どんな基本的技術が必要となるのだろうか？　まずはより原始的な、初級レベルの技術から始めて、その後、十八世紀後半のイギリスの産業革命を皮切りに、世界を変えた機械化によってこうした技術がいかに全面的に見直されてきたかを見てゆこう。本書が中心とするのはウールだ。ウールは大惨事が起きたあとも、綿や絹のような代替物にくらべて、地理的にはるかに広い範囲で手に入りつづけるはずだからだ。

刈り取ったウールから埃や藁くずなどを取り除いたら、温かい石鹸水で繊維についている脂の大半を洗い落とす。そのあと梳く必要がある。ピンがびっしりと打たれた板〔カーダー〕二枚のあいだで繰り返し梳いて固くなった毛の塊をほぐし、薄く伸ばして、まっすぐに揃った繊維をふわふわした柔らかい巻物にする。こうして粗紡糸（ローヴィング）が準備されると、ようやく毛糸に紡ぐ準備が整う。

紡績の目的は、ふわふわした短い繊維の塊を丈夫な長い糸に変えることだ。なんら道具を使わなくても、粗紡を緩やかに引っ張ってほぐれてきた繊維の塊を引っ張りだしてから、指先でこれを捩（よじ）って細い糸にすれば、糸を紡ぐ作業はこなすことができる。ただし、この作業は恐ろしく時間がかかるので、手だけを使ってこなすのは不可能だ。そこで理想を言えば、手間を省くために技術を利用したいところだ。紡ぎ車は二つの重要な機能をはたしてくれる。粗紡から細い紐を繰りだすことと、それに撚りをかけて丈夫な糸に紡ぐことだ。

手動または足踏み式で回転させる紡ぎ車の大きな輪、つまり弾み車を、ベルトか紐で

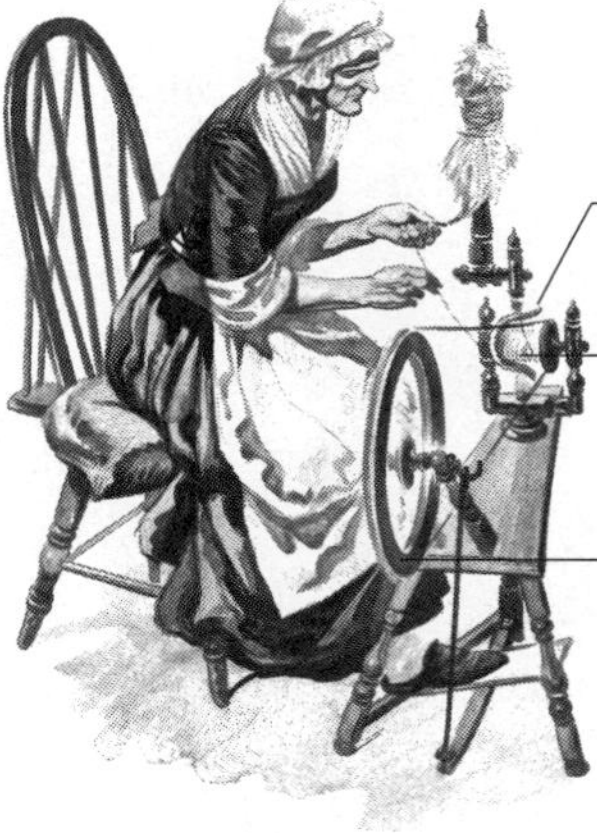

紡ぎ車の図。粗紡が回転する紡錘の上に差し込まれたフライヤー腕を伝って繰りだされ、そこで撚りをかけて糸巻きに巻かれてゆく

つなぐことで、正面の紡錘〔つむ〕の軸をより急速に回転させる。ここでの主要な構造である紡錘フライヤーは、一五〇〇年ごろにレオナルド・ダ・ヴィンチによって考案されたもので、この発明家の生涯のあいだに実際に組み立てられた数少ない発案物の一つである。〔ダブルドライブと呼ばれる機種では〕U字型のフライヤー腕は紡錘よりいくらか速く回転する。撚られる糸はU字腕の一方に沿って並ぶ鉤を通して進み、その末端で滑り落ちて中心にある紡錘に巻きつく。このすばらしく単純な設計によって、繊維に撚りをかけるのと同時に、あとで使用しやすいように毛糸を巻くことができる。たとえこうした装置があっても、紡ぎ車

で充分な毛糸をつくる作業は非常に時間がかかるため、昔は若い娘か未婚の年増女、スピンスター〔原義は糸紡ぎ女で、オールドミスの意味〕の手で行なわれていた。

一本の糸をより強くするには、もう一本の糸と撚り合わせて二本撚りにすればよい。重要なことは、当初の撚りとは反対方向に撚ることで、こうすれば捻じれ合った二本の糸は自然に絡まり、解(ほど)けなくなる。撚り合わせるこの過程を繰り返せば、腕よりも太く、何トンもの重みにも耐える縄がつくれる。いずれも一本一本は非常に弱い、数センチほどの繊維でしかなかったものからつくられている。

しかし、最も需要がある紡績糸は織物をつくるためのものだ。いま着ている服の織り目をよく見てみよう。シャツはとりわけ細かく織ってあることが多いので、ウールのジャケットやTシャツ、ジーンズなど耐久性のあるズボンのほうが、織り模様がより明確にわかるだろう。カーテン、毛布、シーツ、羽毛布団のカバー、ソファカバー、あるいは絨毯にも、さまざまな織りのパターンが使われていることに気づくはずだ。

正確なパターンについては、この場では立ち入らないことにするが、どんな布でも織物でも、たがいに直角に交わる二組の糸からつくられている。経糸(たていと)と呼ばれる縦に張る最初の一組が織物の主要な構成要素なので、平行して走る経糸と交差して、全体を一つにまとめてゆく緯糸(ぬきいと)よりも丈夫でなければならない（二本撚りまたは四本撚りの糸を使おう）。

布は織機で織る。織機のきわめて重要な機能は、経糸を平行にしてきっちりと張り、

織機。綜絖が一定の経糸をもちあげ、緯糸を隙間に通す

そのなかで一部の糸だけが上がっては下がることによって、緯糸がそのあいだを縫って通れるようにすることだ。最も原始的な機織り機は二本の棒――一方は木に、もう一方は地面に括りつけたもの――のあいだに経糸を張るものだが、水平に置かれた枠に経糸を張る織機が登場したことで、大いに性能があがった。

織機を準備するには、全長いっぱいに撚り糸を何度も往復させながらしっかりと巻きつけ、きちんと平行になった経糸の格子をつくりださなければならない。織機に欠かせない部品は綜絖(そうこう)で、これは経糸の一部だけを上げたり下げたりすることで、経糸を複数の組に分ける装置だ（これについてはすぐに詳述する）。組み分けられた経糸のあいだにできた隙間、つまり杼口（ひぐち）に緯糸を通したら、今度は上がっている経糸の組を変え、そこに緯糸を再び戻すことで、一度に一段ずつ織物の網の目ができあがってゆく。どの経糸の組み合わせを先に上げるのか、その順番を変化させることで、経糸を休ませるパターンを変え、異なったスタイルの織物にしてゆく。最も基本的なパターンである平織りでは、緯糸は単純に毎回、一本の経糸の上を通ったあと下を通り、相互に織り合わさった均等な格子ができあがる。これがリネンの標準的な織り方だ。これを可能にしている綜絖の設計は、細長い隙間と穴が交互に一列に並んだ長い板に、それぞれ経糸を一本ずつ通すという独創的なものだ。このリジッド・ヘドル〔筬綜絖（おさそうこう）〕が上下に動くと、穴に通された経糸だけがそれとともに動き、長い隙間を通った経糸は綜絖が動いても影響を受けないため、緯糸は一本置きに経糸の下をくぐっては、その上を通るようになる。

もっと複雑なパターンで織るには、リジッド・ヘドルよりも複雑な綜絖が必要になる。非常に多用途に使える一つの方法は、水平に設置した横木（シャフト）〔綜絖枠〕から一列に紐がぶら下がり、それぞれ同じ高さに輪状の結び目または金属の小穴がある綜絖で、それによってシャフトを上げたときに綜絖〔の穴〕を通る経糸だけが持ちあがるようにする仕組みだ。経糸はいくつかの組に分けられ、組ごとに上下する専用のシャフトで動かされる。織りのパターンが複雑になればなるほど、経糸を持ちあげる順番をきちんと管理する必要があるため、綜絖を動かすシャフトの本数も増える。たとえば綾織り（ツイル）では、緯糸は一回通るたびに数本の経糸の上を通り（浮きと呼ぶ）、横列のなかでジグザグする浮いた部分が斜めのパターンをつくりだす。経糸と緯糸がたがいに浮くにつれて、交差部分の数が減るため、綾織りはより柔軟で着易くなるが、糸同士はより目が詰まるので、布地はいっそう丈夫になる。たとえば、デニムは四つ綾（3／1）で、経糸と緯糸は三本分浮かせてから次の一本で交差する。

革を縫い合わせた衣服にせよ、織物からつくられた衣服にせよ、次の問題はそれをどうやって体にうまく合わせるかである。復興期の文明が製造するには複雑すぎるファスナーや面ファスナー〔マジックテープ〕は考慮しないので、簡単に復活させられる留め具の選択肢はあまりない。最善のローテクの解決方法は、ギリシャ・ローマを含め、どの古代文明も考えつかなかったものだが、いまではこれが世界中に普及している。意外なようだが、ヨーロッパでは一三〇〇年代なかばまで、ボタンという質素な用具は一般的ではなく、東洋の文化にいたっては一度もボタンを発展させたことはなかった。十六世紀にポルトガルの交易商人が身につけていたボタンを初めて見て、日本人はたいそう喜んだ。ボタンの作りはいたって簡単だが、この留め具によってもたらされた新たな可能性には変革を起こす力があった。容易に製造でき、簡単に着脱できる留め具があれば、衣服は頭の上からかぶれるようにするために、形の定まらない、体に緩くまとうだけの様式にする必要はなくなる。代わりに、着てから前をボタンで留めればよいため、服はもっと体にうまく合って着心地のよいものにデザインすることができる。これぞファッションにおける真の革命だ。

復興が始まって大破局後の人口が増え始めたら、織物をつくるための時間のかかる繰り返し作業を自動化する方向へと圧力が高まり、生産率を最大にして、必要とされる労働力を最小にするようになるだろう。しかし、製粉や木造パルプを叩いて紙にするなどの作業にくらべ、ウールを梳く作業、紡績、機織りなどのどの段階でも、自動化や機械力の応用はずっと難しいことに気づくだろう。織物製造にかかわる作業の多くはきわめて繊細で、細い糸を切らずに紡ぐなど、指の器用な動きに合ったものなのだ。機織りなどの作業は、ちょうどよいタイミングに正確にこなさなければならない複雑な動きの連続が求められる。こうしたことはいずれも、原始的な機械では、満足のゆくかたちで再現するのは難しい。

先に述べたような原始的な機織り機における主要な進歩は、飛び杼（ひ）の発明だった。緯糸を上下に分かれた経糸のあいだの杼口に通す最も単純な方法は、織機の端まで一方の手からもう一方の手へ巻いた糸を渡すことだ。しかし、これでは時間がかかるし、左右から腕が楽に届くだけの幅の布地しかつくれなくなる。飛び杼は重い塊の内側に糸巻きを入れた舟形のものだ。紐を引くことで〔左右の箱から打ちだされ〕これに勢いがつき、滑らかなレール沿いに織機の端から端まで滑りながら、緯糸を配してゆく。この新技術によって織工は経糸を張る横幅をずっと広くすることができただけでなく、織りの工程を大幅に早められた。機織りは完全に機械化することが可能になり、水車、蒸気機関、もしくは電動モーターを動力にして、一人の織工が同時に何台もの機械を動かせるようになった。初期の力織機は毎秒一段を織ることができたが、現代の機械は時速一〇〇キロ以上の速度で織機に緯糸を通せる。

自分のための食糧と衣服をつくることと同じくらい、最優先しなければならないのは、文明を支えるために欠かせないあらゆる自然素材および自然由来の物質の供給を復活させることだろう。この場合も、大破局後の生存者が目標とすべきことは、僕らの滅びた社会の屍をあさる代わりに、どうやって自分たちで物をつくりだすかを学ぶことだ。では、化学産業をどのようにゼロから復興させるかを検討することにしよう。

第5章 物質

「そこに巣をつくる鳥の甲高い鳴き声と遠くの海鳴りが、人造の岩礁をなす錆びついた自動車部品やレンガの山、寄せ集められたごみに打ち寄せる波音が、あたかも休日の往来の騒音のように聞こえる」

――『オリクスとクレイク』マーガレット・アトウッド

現代社会では、化学物質はかなり評判が悪い。これこれしかじかの食べ物は、人工的な化学物質が含まれていないので健康的だなどと、僕らはつねづね言われているし、「化学物質不使用」の水であることが謳い文句のペットボトルも見たことがある。しかし、実際には真水そのものが化学物質なのであり、人間の体を構成するすべての物質もまたしかりだ。人類が定住し、メソポタミアで最初の都市が築かれる以前から、僕らの暮らしは自然の化学物質を意図的に抽出し、操作し、利用することに依存してきた。長い歳月のあいだに、人間は異なった物質同士を変質させる新しい方法を学び、周囲から最も簡単に手に入る物質を、僕らが最も必要とするものに変えて原材料を製造し、人間の文明を築いてきた。生物種としての人類の成功は、農耕や畜産を習得したことや、道具を利用し、労働を軽減するための機械装置をつくることだけで得られたわけではない。成功はまた、望ましい品質の物質や材料を提供できる、人間の熟練度にもよるのである。

基本構造の違いによる化合物の分類は大工道具の一式のようなもので、それぞれ特定の作業を行なうのに適している。原材料を必要な製品に変えるために僕らはそれを使い、仕事ごとに異なった道具を利用する。長い連鎖のような炭化水素の化合物は、よいエネルギー源になると同時に水をはじく効果もあり、それゆえ防水加工には欠かせないことなどをこれから見てゆこう。抽出や浄化に使う異なった溶液も検討して、アルカリ〔水に溶ける最も一般的な塩基〕と化学的にその対極にある酸が、歴史を通していかに多数の重要な作業に利用されてきたかを見てみよう。一部の化学物質がいかに酸素を奪うことでほかの物質を「還元」できるか――純金属を製錬するための根本的な能力――を、またその一方で、別の物質が酸化剤として知られ、その反対の働きをする――たとえば、燃焼を加速する――かを見てゆく。本書の後半では、電気を起こし、写真撮影のための光をとらえ、爆発物のエネルギーの炸裂を引き起こす化学を検証しよう。

ここではすぐさま役に立つ物質とプロセスをいくつかだけ、全体のなかのごく一部ではあるが集中的に見ることにする。化学の豊かさは、異なった化合物同士が結びついて、変容し転換する可能性をもつことだ。大破局後には遅れを取り戻すために、この分野の多くの側面を再び探究して最も効率のよい方法を探り、反応物質同士を引き合わせる際の理想的な割合を再発見し、正しい化学式と分子構造を見極める作業が多々あるだろう。

熱エネルギーを供給する

長い年月を経るなかで、人類は燃焼を思いどおりに扱うことに、つまり火の利用に熟達していった。文明の基本となる機能の多くは、熱によって引き起こされた化学的または物理的変容にもとづくものだ。金属の製錬、鍛造、鋳造、ガラス製造、塩の精製、石鹼づくり、石灰焼成、レンガ、瓦、陶製水道管などの焼成、布地の漂白、パン焼き、ビール醸造、蒸留酒の製造などがその典型例だ。別の章で再び取りあげるが、高度なソルベー法とハーバー・ボッシュ法でも火は利用される。僕らの車やトラックは内燃機関のピストン内に封じ込められた火を一時的に爆発させることで動いているし、家で電灯のスイッチを入れるたびに、まだたいがいは火が使われている。それはどこか遠隔地で閉じ込められた火であり、そこからエネルギーが抽出され、転換され、電線によって各家庭の電球にまで送られてくるわけだが。現代の技術文明は、僕らの祖先が最も初期の人間の定住地で炉を囲んで調理していたように、火の基本的な利用にやはり依存しているのである。

今日、僕らが利用する熱エネルギーの大半は、化石燃料、すなわち石油、石炭、天然ガスの燃焼から直接的にも間接的にも（電気を通して）提供される。実際、産業革命を可能にした主要な技術の一つは、石炭からコークスを製造したことであり、前述した多くの用途、なかでも鉄の製錬と鉄鋼の製造にこの燃料を用いたことであった。それ以来、僕らの文明の進歩は持続可能な、消費した分を再生できる方法ではなく、埋蔵された化石燃料を略奪することによって、動力を得てきたのである。すなわち、何百万年もかけて変成し、蓄積されてきた動植物の残骸に閉じ込められていたエネルギーである。

大破局によって初歩的な段階にまで押し戻された社会では、ガソリンスタンドやガスタンクの在庫がなくなったあと、熱エネルギーの需要に見合うだけのものを供給するのは困難になるかもしれない。容易に手に入る高品質の化石燃料はすでにほぼ枯渇している。これまで僕らに易々と快適な暮らしを送らせてくれた、すぐに使える蓄積された膨大な量のエネルギーは、もはや存在しない。石油はいまや浅い油田では見つからないし、炭鉱はますます地球の奥深くまで探さなければ見つからず、排水、換気、および落盤しないための補強に高度な技術が必要となる。*石炭は確かに膨大な埋蔵量が世界各地に残っている。アメリカ、ロシア、中国を合わせると、五〇〇〇億トンにもなるが、簡単に手に入る石炭の大半はすでに掘り尽くされている。大破局後の生存者のなかには、露天掘りできる地表に近い石炭の鉱脈を見つけられる集団もあるだろうが、それでも再出発する文明は環境に優しい復興を余儀なくされるかもしれない。

第1章で見たように、大惨事後の最初の数十年間は、田舎だけでなく、廃墟になった都市にすら森林がすぐに再び進出してくるだろう。復興する生存者の小集団は、生長の早い木からなる雑木林を維持していれば、とくに薪には不足しないだろう。いったん切り倒されても、セイヨウトネリコやヤナギはみずからの切り株から再び芽をだし、五年から一〇年も経てばまた薪を取れるようになる。管理された森林からは、平均すると一ヘクタール当たり毎年、五トンから一〇トンの薪が得られる。薪は家屋を温める暖炉には適しているが、長い復興期における実用的な用途としては、薪よりもよく燃える燃料が必要になるだろう。そして、これには古くからの慣習を復活させる必要がある。炭焼きである。

空気の流入を調節して、使われる酸素の量を制限すれば、木材は完全には燃焼できないものの、代わりに炭化する。水などの気化しやすい軽く小さい分子からなる揮発性物質は木材から取り除かれ、木材を構成する複雑な成分そのものは、熱によって分解され――木材は熱分解される――ほぼ純粋な炭素でできた黒い塊が残る。この木炭は元の木材よりもはるかに高温で燃えるだけでなく――すでに水分がすべて失われ、炭素燃料だけが残っているため――当初の重量を半分近く減らせる。ということは、ずっと小型化され運びやすくなることを意味する。

この木材の嫌気的変容に使用された伝統的手法――炭焼きの専門のわざ――は、中心を空洞にして薪を積み重ね、その山全体に粘土か芝土を覆いかぶせるものだ。薪の山にてっぺんの穴から火をつけ、くすぶりつづける薪の山を数日間、注意深く見守る。あるいは、大きな溝を掘って薪で埋め、火を盛大に焚きつけたあと、拾ってきた波形鉄板で溝に蓋をし、土を盛って酸素を遮断する方法でも、同様の成果がもっと簡単に得られる。くすぶらせてから、冷ます。木炭はきれいに燃焼する燃料としてきわめて重要な産業を復興させるために、不可欠なものとなるだろう。たとえば、次章で検討する陶磁器、レンガ、ガラス、金属の生産などにおいてだ。容易に掘れる炭鉱がある地域にたまたま暮らしていれば、石炭もまた抗し難い魅力のある熱エネルギー源となるはずだ。石炭が一トンあれば、〇・四ヘクタールの雑木林から年間に得られる薪に匹敵する熱エネルギーを供給できる。石炭の問題点は、木炭ほど熱く燃えない点だ。石炭はかなり汚い燃料でもある。石炭の煙は、パンなりガラスなり、その熱を利用してつくる製造物を汚すほか、硫黄系不純物は鋼鉄を脆くして、鍛造しにくくさせる。* 石炭を使用するうえでのコツは、

＊（一四三ページ）経済学者はエネルギー収支比を計算することで、燃料の埋蔵量の質を評価する。これによって、採鉱、製錬、加工に使われるすべてのエネルギーと比較して、特定の鉱脈から得られる使用可能なエネルギーがどれだけあるかがわかる。たとえば、一九〇〇年代初期にテキサスで最初に商業的に利用された油田は、きわめて簡単に石油を確保できたので、エネルギー収支比は一〇〇に近い数値になる。採掘に使われたエネルギーの一〇〇倍のエネルギーを産出したのだ。今日、供給量が減るにつれて、残ったわずかな燃料を吸いだし（沖合の掘削装置の困難を含め）加工するにはますます多くの労力を費やさなければならず、エネルギー収支比は一〇前後にまで落ちている。

薪を木炭にする慣習を真似て、まずこれをコークスにすることだ。酸素を制限したオーブンで石炭を焼いて、不純物と揮発性物質を取り除く。木材乾留（一五八～一六二ページ参照）の製品のように、そうした物質には独自のさまざまな用途があるので、濃縮して回収すべきである。

　燃焼からは明かりも得られる。復興する社会が電力網を復旧させて電球を再発明するあいだ、生存者はオイルランプや蠟燭に依存する必要があるだろう。* 植物油や獣脂はその化学成分ゆえに、調節可能な燃焼に使える濃縮されたエネルギー源としてとりわけ適している。これらの化合物のおもな特徴は、その長い炭化水素の連鎖である。水素原子を脇から突きだし、側面を毛虫の短い脚のように飾りながら、炭素原子が長く数珠つなぎになったものだ。エネルギーは異なった原子間の化学結合のなかに含まれているので、長い炭化水素は解放されるのを待つ、密度の濃いエネルギー貯蔵庫となっている。燃焼すると、この大きな化合物はばらばらになり、すべての原子が酸素と結びつく。水素は結合するとH_2O、つまり水になり、炭素の主鎖は分断されて、二酸化炭素のガスとなって逃げてゆく。酸化の過程で長い脂肪の分子は大量のエネルギーを放出する。それが蠟燭の炎の温かい輝きだ。

　オイルランプは粘土でつくった小鉢をつまんで注ぎ口にするか、筒口をつけた程度の簡素なものでよく、大きな貝殻でも充分だ。アマのような植物繊維からつくった芯か、単純にイグサ〔灯心草〕を使って、溜まっている液体燃料を吸いあげ、炎の熱でそれを蒸発させてから燃焼させる。灯油（ケロシン）は一八五〇年代からガラス製ランプに一般的に使われてきた（今日では雲の上を飛ぶジェット旅客機の燃料にも使われる）が、これは原油を分溜してつくられるので、現代の技術文明が崩壊したあとでは製造が難しくなるだろう。だが、脂肪分の多い液体ならなんでも構わない。菜種油やオリーブ油、精製バターのギーですら利用できる。

蠟燭は容器などまったくなくても大丈夫だ。燃料そのものは、炎の周囲で溶けていく

＊（一四五ページ）したがって多くの点で、木炭は石炭よりも優れた燃料であり、決してただの過去の遺物として考えるべきものではない。たとえば、ブラジルは豊富な木材資源に恵まれているが炭鉱は少なく――大破局後に森林が再び生長する世界で幅広く出合う可能性の高い状況である――世界最大の木炭製造国である。その一部はアメリカをはじめとする国々へ輸出され、車や台所用品用の鋼鉄となる銑鉄（せんてつ）を生産するための高炉に使われている。この木炭の多くは管理された森林から切りだされているので、これは「環境に優しい鋼鉄」を製造する機会にもなる。

＊今日、風防付きランプや蠟燭は予備の技術と考えられている。高度な技術が使えなくなった場合に備えて保存しておく、メンテナンスの容易な信頼できる技術だ。しかし、初歩的な技術はまた、葬儀用の馬車や蠟燭を灯したロマンチックな夕食のように、特別な雰囲気も醸しだす。その意味で、古い技術も決して本当に忘れ去られはしない。技術は残るが、主要な機能が変わるのだ。生存者にとって、これらは大破局後に万一の手段として有望なものとなる。

らか液体になるまで固形のままだからだ。したがって、蠟燭というのは、真ん中に芯がある円柱形の固形燃料に過ぎない。定期的に芯を切り取らない限り、燃えるにつれてさらに多くの芯がでてきて、より大きな、煙の多い炎となる。その手間を省く発明で、一八二五年まで誰も考えつかなかった方法は、芯の繊維を平たい紐状に編むことだった。そうすれば芯は、自然に丸まって垂れ下がるので、余分な先端部分は炎で燃え切って短くなる。

現代の蠟燭は原油由来の蠟からつくられているので、蜜蠟〔ミツバチの巣をつくる蠟を精製したもの〕はなかなか手に入らないだろうが、獣脂を精製しても問題なく使える蠟燭をつくることができる。食塩水で肉の切り落としをゆでて、表面に浮いてくる固くなった脂肪の層をすくえばよい。豚のラードは煙のでる臭い蠟燭になるが、牛脂か羊の脂肪ならば悪くない。溶けた牛脂を型に流し込むか、ただ熱い牛脂のなかに芯を垂らして浸したあと、空気中で冷やして固めてもよい。これを繰り返し、それなりの大きさの蠟燭になるまで何重もの層を形成させる。

石灰

大破局後の復興する社会が採掘し、自分たちのために加工し始めなければならない最初の物質は、炭酸カルシウムだろう。どんな文明にとっても土台となる事業に絶対に欠かせない多様な機能があるからだ。この単純な化合物と、そこから簡単に製造できる派生物は、農業の生産性を再びあげるためにも、飲料水を衛生的に保ち浄化するためにも、金属を製錬し、ガラスを製造するためにも使える。これはまた再建のために不可欠な建築素材を提供するほか、化学産業を再興させるための主要な試薬にもなる。

珊瑚と貝殻はどちらも炭酸カルシウムのきわめて純粋な供給源となるし、白亜（チョーク）も同様だ。それどころか、白亜は生物からできた石でもある。ドーヴァーの白い崖は、つまるところ古代の海底で圧縮された貝殻が一〇〇メートルも堆積したものなのだ。しかし、最も広範囲に存在する炭酸カルシウムの供給源は石灰岩だ。幸い、石灰岩は比較的軟らかく、ハンマー、のみ、つるはしを使えば、さほど苦労せずに採掘現場から切りだせる。代案としては、自動車の鋼鉄製の車軸を探しだしてきて先端を尖らせてドリルにし、岩肌に繰り返し落とすか打ち込んで、一列に穴を開けてもよい。その穴に木栓を詰めて湿らせつづけ、膨張させて最終的に岩に亀裂を走らせるのである。しかし、早晩、爆発物を再発明して、こうした骨の折れる作業の代わりに発破を利用したくなるだろう。

炭酸カルシウムそのものは、農地の状態を整え、作物の生産性を最大限にするために、「農業用石灰」として利用されている。砕いた白亜もしくは石灰岩は、酸性土壌にまいてpHを中性に押し戻してくれるので散布するだけの価値がある。植物には第3章で触れたように欠かせない栄養成分があるが、酸性土壌はとりわけリンを減らし、作物の栄養状態を悪くする。畑に石灰をまくことは、散布した腐葉土や肥やし、もしくは化学肥料の効果を高めるうえで役に立つのである。

しかし、石灰岩を温めたときに生じる化学的変容こそが、文明の幅広いニーズにとりわけ有益となる。炭酸カルシウムを充分に高温のオーブン――少なくとも九〇〇℃で燃やせる炉――で熱すると、無機物が分解して二酸化炭素のガスが放出され、酸化カルシウムになる。これは一般に生石灰（きせっかい）またはクイックライムと呼ばれるものだ。クイックライムは非常に強い苛性の物質で、集団埋葬地で病気の蔓延を防ぎ、腐敗臭を抑えるために使われる。大破局後にはこれはかなり必要になるかもしれない。もう一つの万能の物質はこの生石灰を水とともに注意深く反応させてつくる。「クイックライム」の名称は、古英語で「活発」、もしくは「生きている」を意味したcwic（クイック）に由来する。生石灰は水と非常に激しく反応して沸騰熱を発生させ、それが生きているように見えるからだ。化学的に言えば、この酸化カルシウムが水の分子を半分に分裂させることで水酸化カルシウム、もしくは消石灰とも呼ばれる物質をつくるのである。

消石灰は強アルカリ性で苛性なので、たくさんの用途がある。熱い地方で建物を涼しくするために真っ白く塗りたければ、消石灰を白亜と混ぜて石灰塗料（ホワイトウオッシュ）をつくればよい。消石灰は廃水の処理にも使え、細かい懸濁粒子をまとめて沈殿させて澄んだ水を残し、さらなる水処理ができるようにする。これはまた、次章で検討するように、建設工事でも重要な材料となる。消石灰がなければ、僕らが考えるような町や都市はとにかく存在しなかっただろうと言っても差し支えない。しかしまずは、実際にどうすれば石を生石灰に変えられるだろうか？

現代の石灰産業では、回転する鋼鉄製の窯を使って油で高温の炎を噴射して生石灰を焼くが、大破局後の世界ではもっと原始的な方法によらざるをえないだろう。自力で本腰を入れてやる場合は、穴のなかで大きな焚き火をし、その真ん中で石灰岩を焼いてから砕いて、できあがった少量の生石灰を水で消和〔不活性化〕し、それを使ってモルタルをつくればよい。石灰を効率よく生産できるレンガの炉を建設するのに適したモルタルである。

石灰を焼くのに最適のローテクの方法は、交互送り式の竪窯（シャフトキルン）だ。要するに高い煙突に燃料と煆焼（かしょう）する石灰岩を交互に積んでいったものだ。こうした窯は構造を支えるためにも、耐熱効果を高めるためにも、急斜面に沿うように建てられることが多い。石灰岩が竪窯のなかに詰められると、上昇してくる熱風でまず予熱され、乾燥させられ、その後、燃焼ゾーンで煆焼されてから底部で冷やされる。崩れて細かくなったクイックライムは下部の取出口からかき集められる。燃料が燃えて灰になり、クイックライムが底からあふれでてきたら、また新たな燃料と石灰岩を上部から詰め込みさえすれば、竪窯はいつまでも稼働しつづける。

クイックライムを消和するには、浅く水を張った容器が必要となるので、バスタブを探しだしてくればそれを利用できるだろう。コツは、クイックライムと水を加えつづけ、混合物が沸騰寸前になるようにし、放出された熱で化学反応が急速に進むようにすることだ。生成された細かい粒子で風呂の水はミルクのようになるが、粒子はそれから徐々に底に沈んでゆき、水を吸うにつれて凝集するだろう。石灰水を排水すると、ねばねばした消石灰のパテが残る。第11章で、この石灰水から火薬を製造する方法を検討するが、ここでは消石灰のとりわけ役立つある応用法を見ることにしよう。襲いかかってくる微生物群に対抗する化学兵器の製造だ。

石鹼

石鹼は身の回りにある自然界の基本的な素材から簡単につくれるので、予防可能な病気が再流行するのを防ぐうえで欠かせない物質となるだろう。発展途上国における保健教育から、胃腸および呼吸器系の感染症の半分近くは、手を定期的に洗うだけで防げることがわかっている。

油と脂があらゆる石鹼の原材料だ。したがって、何やら皮肉だが、朝食をつくっていてベーコンの脂がシャツに跳ねてしまったら、それを取り除くために使う物質そのものが、ラードからつくられている可能性もあるわけだ。石鹼は脂肪酸化合物とも水ともうまく混ざるので、衣服から油汚れを除き、細菌を含む脂を体から洗い流す。水と油脂自体は混ざらない。〔双方を引き合わせる〕この社交家的な振る舞いを発揮するには、特殊な分子が必要になる。油脂と混ざる長い炭化水素の尾と、水にうまく溶ける電荷を帯びた頭部をもつ分子だ。油脂の分子はそれ自体が、三つの「脂肪酸」炭化水素の鎖が一つの結合物質と結びついたもので構成されている。鹸化反応と呼ばれる、石鹸をつくるうえで鍵となるステップは、三つの脂肪酸を結びつけている化学結合を断ち切ることだ。アルカリとして知られる化学物質であればすべてこれを成し遂げられ、結合を「加水分解」できる。アルカリは酸と対極にあり、両者が出合った場合にはたがいを中和し、あとには水と塩ができる。たとえば食塩、つまり塩化ナトリウムは、アルカリ性の水酸化ナトリウムを塩酸で中和してつくられる。

したがって、石鹸をつくるには、アルカリでラードを加水分解して脂肪酸塩をつくる必要がある。水と油は確かに混ざらないが、この脂肪酸塩はその長い炭化水素の尾を油のなかに埋め込み、頭は突きだして周囲の水に溶け込むことができる。これらの長い分子の毛皮に覆われて、小さい油脂の一滴はそれを撥ねつける水の真っ只中で安定する。だから、皮膚または織物から油脂の汚れを浮かし、洗い流すことができるのだ。うちの浴室にある「爽快感とともに、元気を取り戻し、潤いを与え、しっかりと洗い落とす海のしぶき」である男性用シャワージェルの瓶には、三〇種類近くの成分が並べられている。しかし、発泡剤、安定剤、防腐剤、ゲル化剤、増粘剤、香料、着色料といった成分を除くと、有効成分はやはり石鹸に似た穏やかな界面活性剤であり、これはココナッツ、オリーブ、パームヤシの油、またはひまし油〔トウゴマの油〕などからつくられている。

となると、差し迫った問題は、試薬を製造する会社もない大破局後の世界で、どこでいのである。

アルカリを手に入れるか、ということになる。幸いなことに、生存者は大昔からの化学物質の抽出技術と、最も思いもよらないアルカリの供給源、すなわち灰に立ち戻ればよいのである。

薪を燃やしたあとの乾燥した燃えかすは、燃焼しない無機化合物からほぼできている。灰が白いのはそのためだ。初歩的な化学産業を再興するための最初のステップは、うれしいほど単純だ。水を入れた容器にこうした灰を投げ込めばよい。燃えなかった黒い木炭の粉は表面に浮くが、木材の無機質の多くは不溶性なので、容器の底に沈んで堆積する。しかし、抽出したいのは、そのなかで水に溶ける無機質なのだ。

浮いている木炭の粉はすくいとって捨て、溶けずに残った沈殿物はそのまま残るように注意しながら、水溶液〔灰汁〕を別の器に移す。新しい容器内の水を沸騰させて煮詰めるか、暑い地方であれば浅めの広い器に入れて太陽の熱で乾燥させる。あとには白い結晶のかすが残っているのが見えるだろう。ほとんど塩か砂糖のように見える、カリと呼ばれるものだ（じつは、カリに含まれる主要な金属元素にたいする現代の化学名、カリウムは、この物質の名前に由来する）。カリを抽出するときは、自然に燃えた薪の残りかすの利用を試みることが肝心で、放水でずぶ濡れになったり、雨のなかに残されたりしていた木材は使えない。その場合、僕らが求めている水溶性の無機質はすでに洗い流されてしまっているからだ。

あとに残った白い結晶は実際には多様な化合物の集まりだが、木灰から得られる主要な成分は炭酸カリウムである。代わりに乾燥した海藻の山を燃やして、同じ抽出工程を踏むと、ソーダ灰、つまり炭酸ナトリウム〔炭酸ソーダ〕を回収できる。スコットランドの西海岸沿いおよびアイルランドでは、海藻を集めて燃やすことが、何百年ものあいだ地元の主要産業だった。海藻にはヨウ素も含まれている。傷の消毒剤としても、写真撮影の化学においても、きわめて役に立つ濃い紫色を帯びた物質で、それについてはまたあとで述べることにしよう。

前述した工程を経ることで、薪なり海藻なりを焼くと、一キロ当たり約一グラムの炭酸カリウム〔カリ〕ないしは炭酸ナトリウムがそれぞれ得られる。つまり、わずか〇・一％である。しかし、カリとソーダ灰はそれほど有益な化合物であるため、抽出して精製する努力をするだけの価値がある。それに、忘れてはいけない。火をおこした熱は、まずほかの用途に使えるのだ。木材がこうした化合物を簡単に揃えられるでき合いの宝庫となる理由は、根を張ることで木は、何十年にもわたって膨大な量の土壌から水とそこに溶けた無機質を吸収しており、それらが火によって濃縮されるからなのだ。

カリもソーダ灰もアルカリである。それどころか、アルカリという言葉そのものが、灰を意味するアラビア語、アル・カリーに由来する。抽出物を、煮えたぎった油脂のなかに混ぜて鹼化させると、洗浄用の石鹼ができあがる。大破局後の世界は、ラードや灰のような基本的な物質と、わずかな化学の知識だけで疫病に抵抗力のある清潔な場所に保てるのである。

この加水分解反応は、より強いアルカリ溶液、苛性アルカリ溶液を使えばさらに強まる。ここで消石灰、つまり水酸化カルシウムに話を戻そう。

消石灰そのものを鹼化に使ってはいけない。カルシウム石鹼は水に溶けず、すばらしく泡立つ代わりに、水に浮きかすができてしまうからだ。しかし、水酸化カルシウムをカリまたはソーダ灰と反応させれば、水酸化物がパートナーを変えて、それぞれ水酸化カリウムか水酸化ナトリウムが生成される。つまり、苛性カリまたは苛性ソーダであり、どちらも英語では「ライ」と呼ばれる。苛性ソーダは非常に強いアルカリ性（皮膚にある油分をすぐさま加水分解して人間の石鹼にしてしまうため、扱いは非常に注意しなければならない）なので、この重要な鹼化加工には最適であり、固い石鹼の塊がつくれる。*

もう一つ、非常に簡単につくれるアルカリは、アンモニアだ。人体は、すべての哺乳類の体と同様に、余分な窒素を尿素と呼ばれる水溶性化合物として処分する。僕らが尿のなかで排泄するものだ。特定の細菌が繁殖して、尿素はアンモニア――あまり掃除されていない公衆トイレで誰もがお馴染みの独特な臭気――に変わるので、きわめて重要なアルカリであるアンモニアは、特別にローテクな方法からも生成できる。尿を容器に入れて発酵させるのである。これは歴史上においては藍染めをする衣服（伝統的には、ジーンズの青）の製造に欠かせない工程であった。アンモニアのさまざまな用途については、あとでまた触れることにしよう。

脂肪分子を鹼化すると、もう一つ役に立つ副産物ができる。ラードが石鹼に変わったあとに三つの脂肪酸の尾をつかむ結合物質の役目をはたしている脂質の化学成分、グリセロールが残されるのだ。グリセロールはそれ自体がすばらしく手軽な物質で、泡立つ石鹼の溶液から簡単に抽出できる。石鹼の脂肪酸塩そのものは、淡水にくらべ塩水ならあまり溶けてしまわないので、塩を加えることで固形の粒子として沈殿するようになり、溶液のなかにはグリセロールが残される。グリセロールはプラスチックと発破剤をつくるうえで重要な原材料である（これについては第11章で述べることにする）。

獣脂を石鹼に変える加水分解反応は、接着剤をつくるうえでも利用できる。接着剤は皮、腱、角、蹄をゆでることでつくれる。コラーゲンでできた丈夫な結合組織を含むもので、分解してゼラチンになるものであればなんでもよい。ゼラチンは水に溶け、粘着質でベタベタした練り物状になり、乾燥すると固く堅固になる。必要となるコラーゲンの加水分解は強アルカリの条件下——これも苛性アルカリ溶液の応用方法となる——では、酸性の場合にくらべてずっと急速に生じる（これについてはすぐあとで述べる）。

＊要注意——石鹼づくりでは、決してアルミの鍋や用具を使ってはいけない。アルミは強アルカリと激しく反応して、爆発性の水素ガスを発生させる。

木材の熱分解

木はただ炭素燃料となったり、その灰からアルカリを提供したりするだけではない。実際、木材はかつて有機化合物のおもな供給源——多種多様な加工および活動のための化学原料と前駆体を提供することで——となっていた。木材は十九世紀末になって初めてその役割をコールタールに取って代わられ、その後は原油からの石油化学製品が発達するようになった。したがって、おそらく容易に手に入る石炭がなく、石油の持続的な供給がないことに気づくであろう大破局後の世界では、こうした昔ながらの技術が化学産業の復興を支えるようになるに違いない。

炭焼きの目的は、木材から揮発性物質を取り除いて、ほぼ純粋に炭素からなる高温で燃える燃料を残すことにあるが、そこからでる廃棄物は実際にはきわめて役に立つ。木炭の生産にいくらか手を加えれば、発散する蒸気も集めることができる。十七世紀後半には、密閉された容器で木を燃やすと、可燃性ガスが発生し、その蒸気は凝縮させて水のような液体に変えられることに化学者は気づいていた。これらの産物は乾留液（パイロリグニアス）（火と木を意味するギリシャ語とラテン語の合成語）として知られ、多くの化合物が複雑に入り交じったものだ。理想的には、復興する社会は一足飛びに木材を金属製の密封容器のなかで焼く工程にまで、まっすぐに到達させたい。放出される煙霧を脇に延ばしたパイプで引いて、冷水入りの容器内を螺旋状に通過させ、蒸気を凝縮させるのだ。放出さ

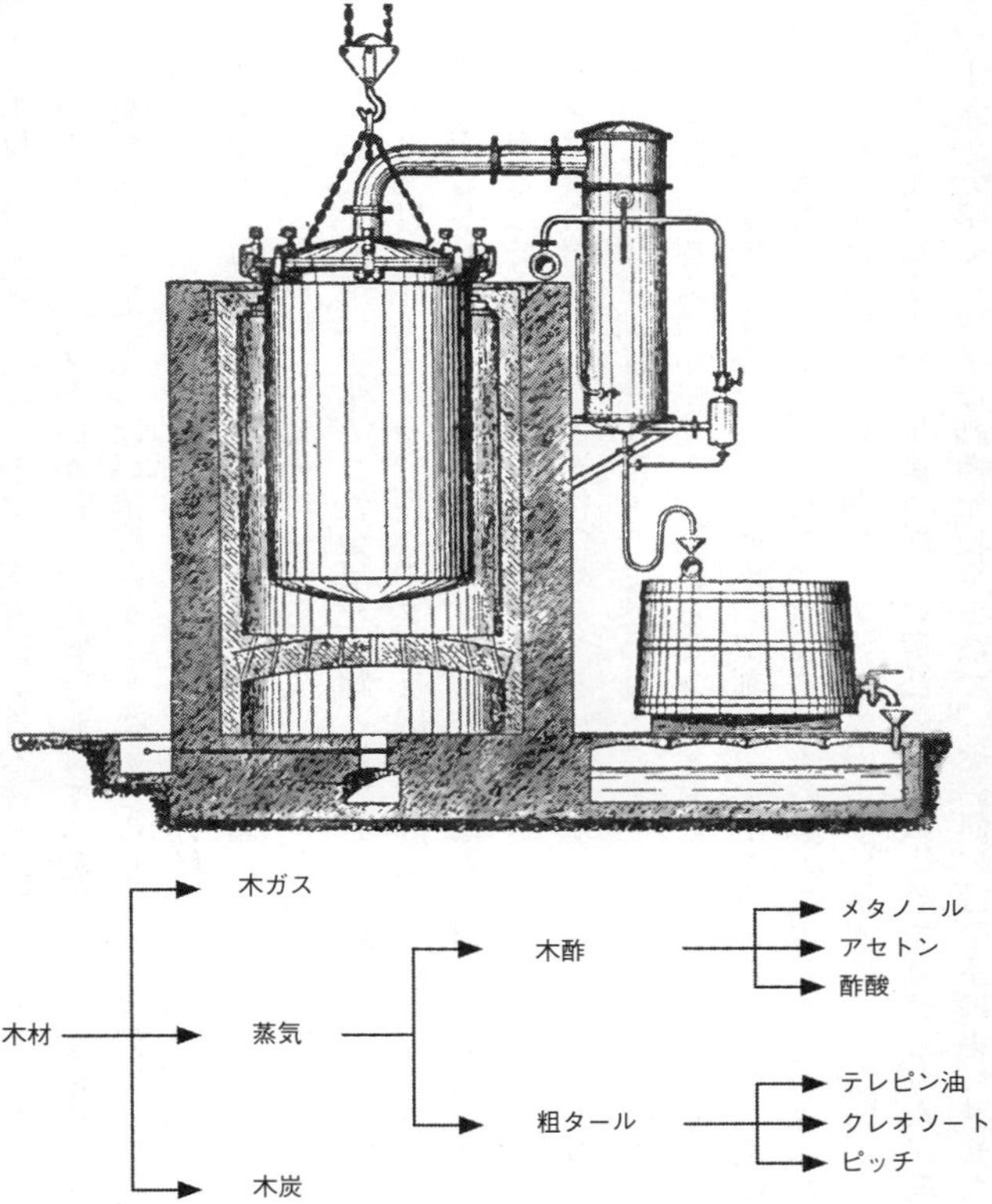

木材の熱分解用と放出された蒸気回収のための単純な装置（上）と、
この方法で製造できるさまざまな重要な物質の図（下）

れた気体のほうは凝縮されないので、下方にある木材消却炉のバーナーの燃料に使える。第9章で、これらの木ガスがいかに車の燃料としてすら利用できるかを見てゆく。

集めた凝縮物はすぐに水っぽい溶液とタール状のどろりとした残留物に分離する。いずれも複雑な混合物で、前述したように、分溜すれば分離できる。水っぽい部分は、もともと木酢と呼ばれており、おもに酢酸、アセトン、およびメタノールでできている。

酢酸は食べ物を酢漬けにするのに使える。先に述べたとおり、酢は基本的に酢酸を薄めた溶液なのだ。酢酸はアルカリ性金属化合物と反応して、役に立つさまざまな塩を生成する。たとえば、ソーダ灰や苛性ソーダと反応して酢酸ナトリウムをつくる。これは染料を布に定着させる媒染剤として役に立つ。酢酸銅は殺菌剤として役に立ち、塗料の青緑色の顔料として古代より使われてきた。

アセトンはよい溶液になり、塗料のベースとして――これがマニキュアの特徴的なにおいである――および油性洗浄剤として使われる。アセトンはプラスチックの製造にも重要で、第一次世界大戦中に薬莢に詰める弾丸の発射火薬であるコルダイトを製造するのに使われた。実際、イギリスは一時期、深刻なアセトン不足のせいで、戦争に負けるのではないかと心配したことがあった。コルダイトの莫大な需要は、木材の乾留によって生産される量をはるかに凌いでおり、アメリカのように材木の豊富な国からアセトンを輸入しても足りなかった。生産は新しい製法の発明によって維持された。発酵の過程でアセトンを分泌する特別な細菌を使う方法で、その餌には学童に集めさせた大量のトチの実が使われた。

メタノールはもともと木精と呼ばれており、木材乾留によって大量に生産されるものだ。材木一トンから約一〇リットルが採れる。メタノールは最も単純なアルコール分子で、炭素原子は一つしか含まれないが、エタノール、あるいは飲料用アルコールは、二つの炭素原子からなる主鎖を中心に構成されている。メタノールは燃料および溶剤として使える。不凍液となるほか、バイオ燃料の合成にも欠かせない成分で、これについては第9章で再び触れることにしよう。

あぶった木材から滲(にじ)みださせた粗タールは、分溜によって主要成分に分離させることができる。流動的な薄いテレピン油（水に浮く）、濃厚なクレオソート（水に沈む）、および黒っぽく粘性のあるピッチだ。テレピン油は昔から顔料に使われてきた重要な溶剤であり、これについては第10章で再び論じることにする。クレオソートはすばらしい防腐剤で、木材に塗ったり、そのなかに浸したりすると、風雨からも腐食からも木材を守ってくれる。これはまた消毒剤にもなり、細菌の繁殖を防ぎ、肉を保存する。クレオソートは薫製の肉や魚の独特な風味のもとである。ピッチは抽出物のなかで最もネバネバした、長鎖の分子からなる粘着性の混合物で、可燃性であるため、木の棒をなかに浸してたいまつをつくるには理想的である。このタール状の物質は防水効果もあり、バケツや樽の水漏れを防ぐうえでも役立つ。ピッチは船体の板と板のつなぎ目を塞ぐために、何千年ものあいだ使われてきた。

どんな木の材木からも、量は異なるとはいえ、乾留すればこうした非常に重要な化学物質が得られるが、マツ、トウヒ、モミなどの針葉樹のように、樹脂の多い硬材からは多くのピッチが回収できる。カバノキの樹皮からはとりわけよくピッチが採れたので、石器時代から矢に羽根をつけるために使われてきた。実際、ピッチだけが必要であれば、樹脂の多い木材を窯で焼いて、もしくはただブリキ缶に入れて火の上であぶり、染みでてくるものを集めてもよい。

分溜は、液体の混合物を分離するために広く一般的に利用できる技術だ。液体はそれぞれ特定の温度で沸騰するという事実を利用しているので、復興期の社会はできる限り早くこの技術を習得するとよい。分溜は熱分解した木材からのさまざまな産物を細分化し、前述したように、発酵した液体から濃縮されたアルコールを抽出するほか、原油を成分ごとに、粘度の高いアスファルトから、ガソリンのような軽くて揮発性に富んだ成分まで、多様なものにも分離させる。ある程度の産業能力がついてきたら、空気そのものですら分溜できるだろう。膨張と冷却を繰り返す方法を利用して、空気をまずマイナス二〇〇℃程度まで冷やしてから、真空の耐熱カプセルに、つまりハイキングにお茶を入れてゆく魔法瓶の巨大版のようなものに入れる。それから液体になった空気が暖まるに任せ、それぞれの気体が沸点に達するたびに回収する。たとえば、純粋な酸素は病院の酸素マスクで利用される。

酸

本書ではこれまでおもにアルカリについて検討してきた。強アルカリの物質は比較的つくりやすいからだ。化学的に対照物である酸は、自然界に同じくらい一般的に存在するが、強力な酸は、〔強アルカリの〕苛性カリや苛性ソーダにくらべて手に入りにくいし、歴史上ではずっと近年になってから多く利用されるようになってきた。多様な植物性の産物を発酵させてアルコールが生成できることは先に見てきたし、このエタノールを空気に晒して酸化させれば、今度は酢ができることも述べた。酢酸は人類が最も早くから手にすることができた酸で、歴史の大部分を通して酢酸だけが僕らの唯一の選択肢だった。文明はアルカリに関してはいくつもの物質――カリ、ソーダ灰、消石灰、アンモニア――から選ぶことができたが、何千年ものあいだ人類の化学の知識では一つの弱い酸を除いて、多様な種類の酸には手が届かなかった。

人類が次に利用するようになった酸は硫酸だった。これは当初、礬類（はんるい）と呼ばれるガラス状の希少鉱物を焼いてつくられていたが、のちに鉛張りして蒸気を満たした容器で純粋な黄色い硫黄を硝石とともに焼く方法で大量生産されるようになった。今日では洗浄油と天然ガスから硫黄汚染物質を除く際の派生物として、硫酸は生産されている。したがって、大破局後の世界の生存者にはどちらも手の届かないものとなるかもしれない。自然の硫黄は火山性堆積物の表土からはとうに取り尽くされてしまっているので、伝統的な方法を使ってこのきわめて重要な強酸をつくることもできず、それを必要とする特別の誘因がなければ、より高度な技術によっても引きだせないからだ。

ここでの秘訣は、従来の産業の発展過程では利用されることのなかった化学の小道を利用することだ。二酸化硫黄のガスは、ふんだんにある黄鉄鉱（黄鉄鉱は愚者の金としてよく知られるほか鉱石のなかで鉛や錫と混在している）を焼いて塩素ガスと反応させることで得られる。塩素ガスは、活性炭（非常に多孔質な木炭）を触媒に使って、海水を電気分解すれば手に入る（三〇三ページ参照）。こうして得られた産物は塩化スルフリルと呼ばれる液体で、蒸留することで濃縮できる。この化合物が水のなかで分解すると硫酸と塩化水素ガスが発生する。塩化水素ガス自体も回収して、さらに多くの水に溶解させると、塩酸が得られる。幸い、岩石が黄鉄鉱（金属硫化物）かどうかを調べる簡単な化学テストもある。石の上にいくらか希釈した酸を垂らしたときに、シュ－ッと音を立てて腐った卵臭がすれば、探していたものが見つかったことになる（しかし、硫化水素は有毒ガスなので、あまり嗅いではいけない！）。

今日では、どんな化合物よりも硫酸は大量に製造されている。これは現代の化学産業の要石なのであり、復興を加速するうえでも欠かせないものになるだろう。硫酸は数種類の化学的機能をうまくはたすため、きわめて重要だ。これは強酸であるだけでなく、脱水効果も非常にあり、強力な酸化剤でもある。今日、合成されている酸の大半は、人工肥料を生産するために使用されている。それによってリン鉱石（または骨）を分解して、植物の栄養素として不可欠なリンを取りだすためだ。しかし、その用途はほとんど無制限にある。没食子（もっしょくし）インク〔酸化鉄とタンニンからなるインク〕をつくる、綿や亜麻布を漂白する、洗剤をつくる、鉄や鋼鉄の表面をきれいに整えさらなる加工の準備をする、潤滑剤と合成繊維をつくる、バッテリー液として使うなどである。

硫酸が再び手に入れられるようになれば、そこからほかの酸も生産できるようになる。塩酸は硫酸を普通の食卓塩（塩化ナトリウム）と反応させることで生成され、硝酸は硝石と反応させることで生じる。硝酸もきわめて強力な酸化剤で、硫酸では酸化できないものを酸化できるため、とりわけ役に立つ。そのため、硝酸は発破剤の製造においてすこぶる重要なものとなるほか、写真撮影の銀化合物を準備するのにも使える。あとで再び触れる二つの重要なプロセスである。

第6章　材料

「この大陸には、いまここにある文明よりも進んだ文明があった。それは否定できない。がれきや錆びた金属を見れば、それがわかる。吹きつけた砂の帯を掘れば、彼らの崩れた道路が見つかるだろう。しかし、当時、彼らがもっていたと歴史家たちが言うような機械の証拠は、どこにあるんだ？　自動で動く荷車や、空飛ぶ機械の残骸はどこにあるんだ？」

——『黙示録3174年』ウォルター・M・ミラー・ジュニア

前章からも明らかなように、木材の純然たる有益さはいくら誇張しても足りない。その化学面の可能性を別にしても、木材は大昔からの建築材料の一つであり、建設工事のために梁、厚板、柱を提供してきた。木の種類ごとに特性があって幅広い用途があるほか、新興の文明が再発見するべき蓄積された知識が山ほどある。たとえば、ニレの木は丈夫で木目が絡まり合っているため割れにくく、荷馬車の車輪をつくるには理想的だ。

ヒッコリーはとりわけ堅く、風車や水車の動力装置の歯車に向いている。マツとモミの木は格別にまっすぐ高く伸びるので、船のマストにはもってこいだ。

　これらの機械や構造物としての特性のほかに、薪はセントラルヒーティングの設備が廃れたあと、寒さを防いでくれるだろうし、食べ物を調理すれば、汚染源となる細菌を不活性化し、栄養素を分解して放出しやすくする。前章では木材を嫌気的に熱して蒸気を集め、多様な主要物質を生成する方法を見てきた。化学産業を再興させるための原料だ。水道が使えなくなり、スーパーの棚からペットボトルの水が消えたのち、あとに残った木炭が飲料水を濾過するのにいかに適しているかも述べた。木材は陶器やレンガを焼くための窯に、高温で燃える燃料も提供するほか、ガラス、鉄や鋼鉄の製錬にも使える。

　大破局後から間もない時期であれば、ただ既存の建物を占拠して、それらをできる限り修理・修復すればよいだろう。しかし、人が住まなくなり、手入れがされなくなった建物は、その後の数十年間に容赦なく腐り、崩れてゆく。生き残った集団の人口が増えて、新たな家が必要となるにつれて、古い文明の腐りかけた抜け殻の修理を試みるよりは、新たに建設したほうがずっと容易だと思うようになるだろう。レンガ、ガラス、コンクリート、鋼鉄は、文字どおり僕らの文明を築いた構成要素（ビルディングブロック）だ。しかし、これらはみな黎明期からのごくありふれた材料から生まれたものだ。地面から掘りだしてきた汚い土や、軟らかい石灰岩、砂や岩の塊を、火を使って歴史上で最も役立つ材料につくり変えたものなのだ。この過程は粘土で最も容易に見てとることができる。粘土は軟らかくて打ち延ばせるうちに形をつくり、整えてから、窯で焼いて硬い陶磁器にする。僕らは物質の特性を意図的に変えて、用途に合わせてきたのだ。

粘土

現代の暮らしのなかでは粘土の重要性は容易に見過ごされる。おそらく学校の図工や美術の授業としか関連しないものなのかもしれない。しかし、現実には、土器や陶磁器は文明そのものを築くための前提条件を生みだすうえで、中心的役割を演じていたのである。粘土から形成された蓋付きの容器は、食糧を保存できるようにし、病原菌や害虫から守り、調理、保存、発酵を可能にし、旅行にも交易の際にもずっと楽に食糧をもち運べるようにした。ブロックに形成されてレンガとして焼かれた粘土は、すばらしい建築材料も提供する。町や作業場、工場を織り成す基礎構造だ。

粘土層は各地にあり、世界の多くの地域で表土の下に存在する。粘土はアルミノケイ酸塩鉱物――アルミニウムとケイ素がそれぞれ酸素と結合したシート状のもの――の非常に細かい粒子からできている。岩石から風化し、たいがいは川や氷河によって遠くまで運ばれ、そこに堆積したものだ。そのため、いろいろな種類の粘土が、単純に地中から掘りだせ、手で成形できる。最も原始的な器ならば、湿った粘土を丸めて、中央を両方の親指で押してゆきながら、丸い器に形を整えればよい。しかし、この工程をさらにうまく調整するには、轆轤を再び開発する必要があるだろう。最も初期のタイプは、単に陶工が作業する際に作品を回転させられる、くるくる回る円盤に過ぎなかった。「現代」の轆轤は少なくとも五〇〇〇年は前に開発されたもので、それ以上に古い可能性すらある。これは重い丸い石のような回転する弾み車を使って回転の推進力を蓄え、陶工が作業するあいだ、作品を滑らかに回しつづけるものだ。轆轤は手で押したり蹴ったりして、ときおり勢いをつけるが、電動モーターを探しだせれば、電気でも動かせる。

粘土は乾燥させればかなり耐久性があるが、火で焼いて焼き物にすればより丈夫になる。三〇〇℃から八〇〇℃の温度になると、粘土構造から水分が不可逆的に除去され、無機質の板状のもの同士はくっつくが、まだ多孔性のままである。これを九〇〇℃よりさらに高温で焼くと、粘土粒子そのものが融合しだし、粘土内にわずかにある〔ガラス質の〕不純物が溶ける。こうしたガラス状の化合物が器全体に溢れだしてから冷やすと、ガラス状の基質になって、粘土の結晶をしっかりと融合し、あらゆる隙間を埋めて水漏れしない堅固な材料になる。そのような〔ガラス質の〕物質のなかに器をわざと浸けてから高温で焼き、表面を覆う技術が、釉薬をかけるわざ、施釉である。それどころか、窯のなかにいくらか塩を投げ入れるだけでもよい。水分を奪う熱が化合物を解離し、ナトリウム蒸気が粘土中のシリコンと混じって、ガラス状の皮膜ができる（その過程で有毒な塩素ガスが発生するが）。この方法は大昔から、上水道の配水または下水システムに使われる素焼きの水道管を防水加工する手軽な方法として利用されてきた。

焼いた粘土は硬いだけでなく水漏れもしなくなるほか、きわめて熱にも強い「耐火性」の材料である。アルミノケイ酸塩の融点は非常に高いうえに、成分はすでに酸素と結合しているので、この無機質は熱せられても燃焼しない。そのような耐火レンガは窯や炉を内張りするための最適な材料となる。火を封じ込め、それによって火を技術に利用できるようにするには、内部に熱を籠らせることができて、高温そのものにも耐えられる物質が必要となる。これは復興する文明が自助努力でそれを成し遂げる恰好の例である。大きな火を焚いて粘土を焼き、耐火性の材料をつくれば、生存者はさらに窯を建設して、もっと多くのレンガを焼けるようになるのだ。文明の歴史そのものは火をどんどん巧みに封じ込め、利用することで、さらに高温を手に入れた叙事詩だったのである。調理のための焚き火から土器の窯や、青銅器時代の製錬所、鉄器時代の炉、それに産業革命の高炉まで、これらすべてを可能にしたのが耐火レンガなのだ。

焼いた粘土は、建築材料としてもごく一般的に使われている。乾燥した気候ならば、泥を日干しにする——日干しレンガ——だけで原始的な壁をつくれるが、これは豪雨に見舞われると押し流されてしまう危険がある。より耐久性のあるレンガは、両手で寄せ集めた程度の粘土を型に詰めて四角い形に押しつぶし、それを窯で焼いて化学的変容を引き起こし、耐久性のある硬い素焼きの塊にして製造する。しかし、文明を再建するには、少しばかりの粘土以上のものが必要になるだろう。堅固な壁をつくるには、数列に積んだレンガ同士をつなぎ合わせなければならない。そしてそのために、ここで石灰に戻ることにしよう。

石灰モルタル

前章では、現在の社会が残した消費材が枯渇したあと、最初に採掘を始めなければならないであろう材料は石灰岩だということを述べた。文明が必要とする多くの物質の合成に、石灰岩がいかに中心的役割をはたすかをこれまで見てきた。ここで、その同じ奇跡の材料が、いかに破局後の再建の土台をつくるかを検討しよう。石灰岩のブロックは建築材料として役に立つ――石灰岩が地下の奥深くで圧力をかけられ形成された変成岩の大理石も同様だ――が、再建においてきわめて重要となるのは、この岩からつくられるものゆえだ。

消石灰〔水酸化カルシウム〕は薄く延ばせる糊状の物質だが、石のように硬い材料に変容しうるものだ。少量の砂と水と混ぜると、消石灰はモルタルになって、レンガをしっかりとつなぎ合わせ、何千年ものあいだもつ頑丈な耐力壁となる。混ぜる砂の量を減らし、馬の毛のような繊維質の材料をいくらか混ぜ込めば、壁に塗る滑らかな仕上げ剤としての漆喰も手に入る。

石灰モルタルは何千年ものあいだ使われてきたが、建築の本質を変えたのはローマ人が最初に大量生産した新しい物質だった。消石灰をポッツォラーナとして知られる火山灰と混ぜてつくるカエメンティキウムが、石灰モルタルよりも早く固まるうえに、数倍も強度があることにローマ人は気づいた。混ぜ合わせるのは細かく砕いたレンガや陶片でも構わない。このすばらしく強力な無機質の接着剤、すなわちセメントがあれば、ただ順番に並べたレンガをつなぎ合わせるよりはるかに多くのことができる。石や瓦礫を寄せ集めたものを固めることもできる。つまり、コンクリートがつくれるのだ。建設技術におけるこの革命のおかげで、ローマ人はローマにあるコロッセオやパンテオンの巨大ドーム屋根のような畏怖の念をいだかせる構造物を建てることができた。ローマのパンテオンは、一つなぎの〔鉄筋のない〕コンクリート・ドームとしてはいまなお世界最大である。

しかし、ローマ帝国の交易力および海軍力を築くのに本当に役立ったのは、セメントのもう一つの、ほとんど魔法のような特性だった。それは、ポッツォラーナもしくは砕いた焼き物でできたコンクリートが、完全に水没しても固まっていることだ。石灰モルタルとは異なり、セメントは水中で硬化すると言われ、別の化学的経緯をたどって固まる。火山灰はアルミニウムとケイ素を含んでおり——粘土の成分として前述したもの——これらは消石灰と化学反応を起こして、水和するなかで格別に強力な材料となる。

水硬性材料は技術面で重要な進歩を導いた。ポッツォラーナのセメントは、ローマの海洋土木および港湾施設の建設を勢いづけた。やみくもに大きな石の塊を水中に沈める代わりに、ローマ人は自立式構造物を建設するために海にじかにコンクリートを流し込み、桟橋、防波堤、護岸、灯台の土台などを建設できるようになったのだ。この技術によって彼らは、アフリカの北海岸のように、自然の港がほとんどない地域でも、軍事上または経済上の理由から必要になれば、港の建設が可能になった。こうして、ローマの船は地中海を支配するようになったのである。

強力なセメント、万能なコンクリート、防水効果のある漆喰に関するこのきわめて重要な知識は、ローマ帝国の崩壊とともに歴史のなかにほとんど埋もれてしまった。中世の文献にはセメントに関する記述は皆無で、ゴシックの大聖堂も石灰モルタルのみを使って建設されている。もっとも、知識はどこかには保存されていたようだ。水硬性セメントは中世を通して、各地の要塞や港湾で使われていたからだ。

しかし、近代のセメントの製造方法が発明されたのは一七九四年になってからだった。「普通ポルトランドセメント」はローマのポッツォラーナのセメントのように火山の熱を利用する代わりに、石灰岩と粘土の混合物を特別の窯で一四五〇℃前後で焼いて製造する。こうしてつくられた硬い焼塊（クリンカー）は、少量の軟らかく白っぽい粉末石膏——焼き石膏や、骨折した手足をギプスで固定するときにも使われるもの——と一緒にすりつぶされる。それによって硬化過程が遅くなり、湿ったセメントで作業できる時間が長くなる。

現在では、コンクリートはぞっとするほど冴えない灰色の建築材料でしかなく、これを使った建築物への強い嫌悪感があることは僕も承知している。しかし、一歩下がって、これが実際にはいかに本当の意味で驚異的なものであるかしばし考えてみよう。コンクリートはいわば、人造の岩なのだ。そしてその利用方法は、拍子抜けするほど単純だ。バケツ一杯分のポルトランドセメントをバケツ二杯分の砂か砂利と、充分な水と合わせて混ぜ、どろどろの状態にする。この液体の石を思いつくままの形にこしらえた木製の型枠に流し込み、それが固まって、驚くほど硬く耐久性のある材料になるまで待つだけだ。第二次世界大戦で荒廃したあと、なぜコンクリートが都市を急速に復興させることができたか、そして今日でもまだいかに都市建設の主要な要素であるかを見てとるのは難しくない。基本的な製造過程は二〇〇〇年以上前に発明されたとはいえ、コンクリートは現代の象徴なのだ。

だが、コンクリートの問題点は、土台や柱として圧縮された場合には驚くほどの強度があるものの、張力を受けると非常に弱いことにある。コンクリートを伸ばす力が働くと、大惨事を招くような亀裂が走るので、梁、橋、あるいは高層ビルの床のような大きな構造物には利用されなくなっている。解決策は、コンクリート内に鋼鉄の棒を埋め込むことだ。この二つの材料の特性はたがいに完璧に補い合う。コンクリートの圧縮強度が鋼鉄の抗張力と結びつくのだ。この鉄筋コンクリートは一八五三年にある左官が考案した。コンクリートの床版を固める際に、金属製の樽のたがを延ばしたものを埋め込んだのである。そして、この最終的な発明が、大破局後の再建を助けるうえで、コンクリートの潜在能力を本当に解き放つものとなる。

コンクリートはこのようにすばらしく万能の建築材料だが、ものの性質の転換を起こすような高温にも耐え、冶金学の技術を習得するために必要なのは、耐火性をもつレンガなのである。

金属

金属にはほかのどんな材料にもない一連の特性がある。一部の金属は特別に硬くて強度があり、道具、武器、あるいは釘のような構造用部品、または桁(ガーダー)を丸ごとつくるのにふさわしい素材となっている。しかも、砕けやすい焼き物とは異なり、金属には可塑性もある。圧力がかかっても粉々になる代わりに変形するので、引き伸ばして縛ったり、囲いをつくったり、あるいは電気を伝えたりするのに都合のよい細い針金にすることもできる。多くの金属は相当な高温にも耐えるので、高性能の機械をつくるのにも適している。

大崩壊後にできる限り早く取り戻したいものは、鉄だけでなく、その炭素合金である鋼鉄をつくる専門技能だ。鋼鉄は鉄と炭素の原子が入り混じったものからなり、単なる部分の総和以上のものである。炭素を含有することで、金属の特性は大きく変わり、合金に注入する炭素の比率を変えることで、鋼鉄の強度と硬度を調節して、用途にふさわしいものにすることができる。

　鉄と鋼鉄を一から製造する方法はあとから見ることにしよう。大災害の直後は、どちらも廃墟から容易に探しだせるからだ。拾ってきた鉄や鋼鉄は、鍛冶屋の伝統技術を学び直せば、違う目的のためにつくり変えられる。オープン炉のそばで、つまり鍛冶場で作業をし、工作物を真っ赤に熱せられた状態にして、鉄床（かなとこ）とハンマーでその形を変える。人類が文明史を通して硬化鉄を利用することができた理由は、それが熱いうちには一時的にその物理的特性を変え、軟らかくなって充分な可鍛性ができるからであり、叩いて成形したり、シート状に延ばしたり、パイプや針金に引き伸ばせるからだった。これは肝心な点だ。それはつまり、鉄の道具を使って鉄で作業し、さらなる道具をつくりだせることを意味するからだ。

　鉄を道具づくりに充分に利用するために不可欠な知識は、焼入れ鋼の原理、すなわち焼入れと焼戻しに関するものだ。鋼鉄は真っ赤になるまで熱せられると硬化し、鉄と炭素の結晶からなる内部構造は固定した配置に変わる（よって非磁性になり、これは熱するあいだに確かめることができる）。だが、その後、ゆっくりと冷却させるとこの結晶はもとの形状に戻ってしまうため、急速に冷却する必要がある。要するに、望ましい構造で冷凍する。工作物を水か油のなかにジューッと浸けて焼入れするのである。しかし、硬い物質は脆くもある――鋼鉄のハンマーも剣もバネも折れたら使い物にならない――ので、焼入れしたあと、焼戻しをしなければならない。それには、低温でしばらくのあいだ再加熱し、結晶構造のバランスを緩める。わざと強度をいくらか犠牲にして、この素材にいくらか柔軟性を戻すのである。焼戻しすることで、鋼鉄の材料特性を調整するのであって、これは意図する作業に見合った金属を用意する際には欠かせないことである。

　もっと後世になってから利用できるようになったもう一つの主要な技術は、溶接である。溶解した金属で金属同士を接合する技術だ。燃料ガスで最も高温の炎となるのはアセチレンで、酸素を流入させて燃やすと三二〇〇℃以上にも達する。溶接機は、酸素とアセチレンガスをそれぞれに圧力を調節しながら、火のついたノズルから送りだせるようにすれば製作できる。純酸素を生成するには、水を電気分解する（三〇三〜三〇四ページ）か、のちに復興期に入ったら、液体化した空気を分溜すればよい（一六二ページ）。アセチレンは炭化カルシウムの塊を水と反応させると放出される。炭化カルシウム自体は生石灰と木炭（またはコークス）を炉で一緒に熱することでつくれる。いずれもすでに本書で取りあげてきた物質だ。酸素アセチレンの炎は金属をつなぎ合わせるのに役立つだけでなく、鋼鉄の溶断トーチにも利用できる。噴射する酸素がきれいな線を描いて金属を熱く燃焼させるものだ。

　六〇〇〇℃前後というさらに高温すら、電動のアーク溶接機によって発生させることができる。稲妻の力を振りかざすものだ。電池を並べるか発電機を利用すれば、対象の金属と炭素電極棒〔溶接棒〕のあいだで持続してスパークが、つまり電弧（アーク）が放電するだけの充分な電圧が得られるので、電極棒を作業面で移動させれば、溶接または切断できるだろう。そのような間に合わせの酸素アセチレン溶接機またはアーク溶断機は、廃墟の都市に送り込まれる捜索隊が、廃墟を解体し、最も重要な材料をあさる際にはなくてはならない装備となる。リサイクルするくず鉄を溶かす非常に効率のよい方法としては、アーク式電気炉がある。これは要するに巨大なアーク溶接機である。大きな炭素電極棒で金属に強力な電圧を流してこれを溶かし、石灰岩の融剤（フラックス）を用いてスラグとなる不純物を浮かせて取り除き、溶けた鋼鉄をやかんから湯を注ぐように注ぎだす仕組みだ。大破局後の世界で熱エネルギーのための燃料需要を軽減するには、再生エネルギーを使ってアーク炉を稼働させることは、習得しなければならない重要な技術である。

しかし、材料として再び金属を利用できるようにすることは、やるべきことの半分でしかない。望みどおりの形状に、それをうまく整えられる必要もあるからだ。これを成し遂げるために不可欠な現役の工作機械を探しだせなければ、どうやってそれを初めから組み立てればいいのだろうか？

ある粋な例を、一九八〇年代に一人の機械製作工が提示している。彼は完全装備の——旋盤、金属の形削り盤、ボール盤、フライス盤まで揃った——金属加工の作業場をつくった人で、粘土、砂、木炭、それに少しばかりの金属のくずに過ぎないものだけを使ってこれをつくり始めた。アルミニウムは融点が低く、鋳造が容易であるうえ、錆にも強いため、大破局から多年を経たあとも見つかると思われるので、〔手始めに選ぶ金属としては〕よい選択となるだろう。

原始的な鋳造場：拾ってきたアルミニウムを小規模な炉（左）で溶かし、砂型（右）で鋳造している

この画期的なプロジェクトの中心となるのは、小規模な鋳造場である。探しだしてきた金属製のバケツを粘土で内張りして耐火性にし、そこに木炭を詰めて熱し、バケツの側面から空気を送り込んで、火の勢いを強めたものだ。裏庭につくったような炉でも、拾ってきたアルミニウムを溶かす程度なら充分過ぎるほどで、溶かした金属を注げば機械のさまざまな部品を鋳造できる。鋳型は、上下二つに分かれた木型に彫った原形を細かい砂と、結合剤としての粘土および水を混ぜたものと一緒に詰めればつくれる〔砂型鋳造という〕。

最初につくるべき工作機械は旋盤だ。単純な旋盤は、ベッドと呼ばれる長い平らな梁と、その一端に位置する主軸台、および反対側にある心押し台からできており、後者は緩めてレール沿いに左右に移動できる。工作物は主軸台に取りつけて——たとえば面板にボルトで固定するか、可動ジョーのあるチャック〔万力〕で締めつけて——か

旋盤の左側には、工作物を固定する主軸台と回転する軸があり、右側には心押し台があって、そのあいだに切削工具をつけて移動できる横送り台がある

ら、主軸を中心に全体を回転させる。動力は滑車や歯車装置など、利用できるものならなんでもよい（水車、蒸気機関、もしくは電動モーター）。心押し台は、工作物の末端を支えるために使え、ベッド沿いに移動して、長さを調節することができる。もしくはドリルのような工具を取りつけて、回転する工作物の中心をくりぬくこともできる。ベッドには移動できる往復台もあり、切削工具〔バイト〕を載せた横送り台がその上に置かれているので、工作物の周囲に正確に位置させ、回転させながら好みの形状に削ることができる。驚くべきことに、旋盤はそれ自体のすべての部品を複製して、さらに多くの旋盤をつくれるだけでなく、まったくの一から始めても、自分の第一号の旋盤を製造する初歩的な段階で、それを完成させるのに必要な残りの部品をつくりだすことすらできる。

工作物に螺旋状のねじ山を正確につけるため

には、ベッドの脇に横送り台を滑らかに動かすための長い親ねじを取りつけ、理想を言えばさらに主軸台には歯車を取りつけて、動きを完全に調和させる必要がある。一定の間隔でねじ山をつけることは、恐ろしく困難な作業なので、大破局後の世界では、でき合いの長いねじ釘を探しだせることを真剣に願うようになるだろう。これまでの歴史においては、金属で最初に精密なねじ山を刻めるようになるには、長い試行錯誤の道があり、そこからその他多くのものが製造されてきたのだが、この過程を繰り返すことは避けたい。

旋盤が手に入ったら、これを使ってほかの道具、つまりフライス盤のようなはるかに複雑な機械の部品もつくれるようになる。旋盤は回転する工作物にたいして工具を押し当てるが、フライス盤は回転する工具を〔固定された〕工作物に当てるもので、きわめて万能である。いったんフライス盤を手に入れたら、ほぼすべてのものをつくれるだろう。したがって、この道具の実現は、技術の歴史そのもののミクロコスモスと言える。簡単な道具が、同じ道具のより精密なタイプを含め、さらに複雑な道具を生みだし、この周期が繰り返されて徐々に進歩を遂げていったのである。

しかし、鍛造や鋳造に利用できるような、すでに製錬された金属が見つからないか、拾い集めたものはもうすべて使い尽くしてしまったとしたら、どうすればよいだろうか？　そもそも岩石からどうやって金属を取りだせるのだろうか？　製錬の基本原理は、酸素、硫黄など、鉱石のなかで金属が化合しているほかの元素を取り除くことだ。これには高温をつくりだすための燃料と、還元剤、および融剤が必要になる。木炭（またはコークス）が最初の二つの機能を見事にはたす。木炭は激しく燃え、製錬所で燃焼するあいだに一酸化炭素を放出する。これは強力な還元剤で、酸素を奪い取るため、あとには純粋な金属が残される。鉄を製錬する原始的な溶鉱炉は、石灰を焼くための窯と似ている。溶鉱炉には木炭燃料と砕いた鉄鉱石を何層にも詰める。鉄鉱石に石灰岩をいくらか交ぜれば、それが融剤の役目をはたし、融解しにくい脈石（価値のない岩石部分）の融点を下げてくれるので、これらが溶鉱炉のなかで液体になり、金属から不純物を吸収する。融剤はスラグとなって排出されるので、溶鉱炉から目的の金属が取りだせるのである。

溶鉱炉が充分に高温にならず、できあがった鉄を完全に溶かせない場合は、多孔質の塊としての固体の金属を取りだして、鉄床の上で連打し叩きつけて鉄同士をくっつけ、残っているスラグを押しださなければならない。道具として役立つくらい硬いものにするには、この純鉄を木炭で再び高温で熱して炭素を吸収させ、鋼鉄を形成させてから、もう一度、鉄床で叩かなければならない。折りたたみ、再び平らに延ばす作業を繰り返すことで、いわば固形の材料をかき混ぜて均一な鋼鉄をつくることになり、そうなって初めて最終的な形状にまで鍛造できるようになる。これは鍛冶屋にとって骨の折れる作業であり、鋼鉄の生産率は大きく制限される。近代文明の鍵は鋼鉄を大量に効率よく生産する能力だ。そのやり方は以下のとおりである。

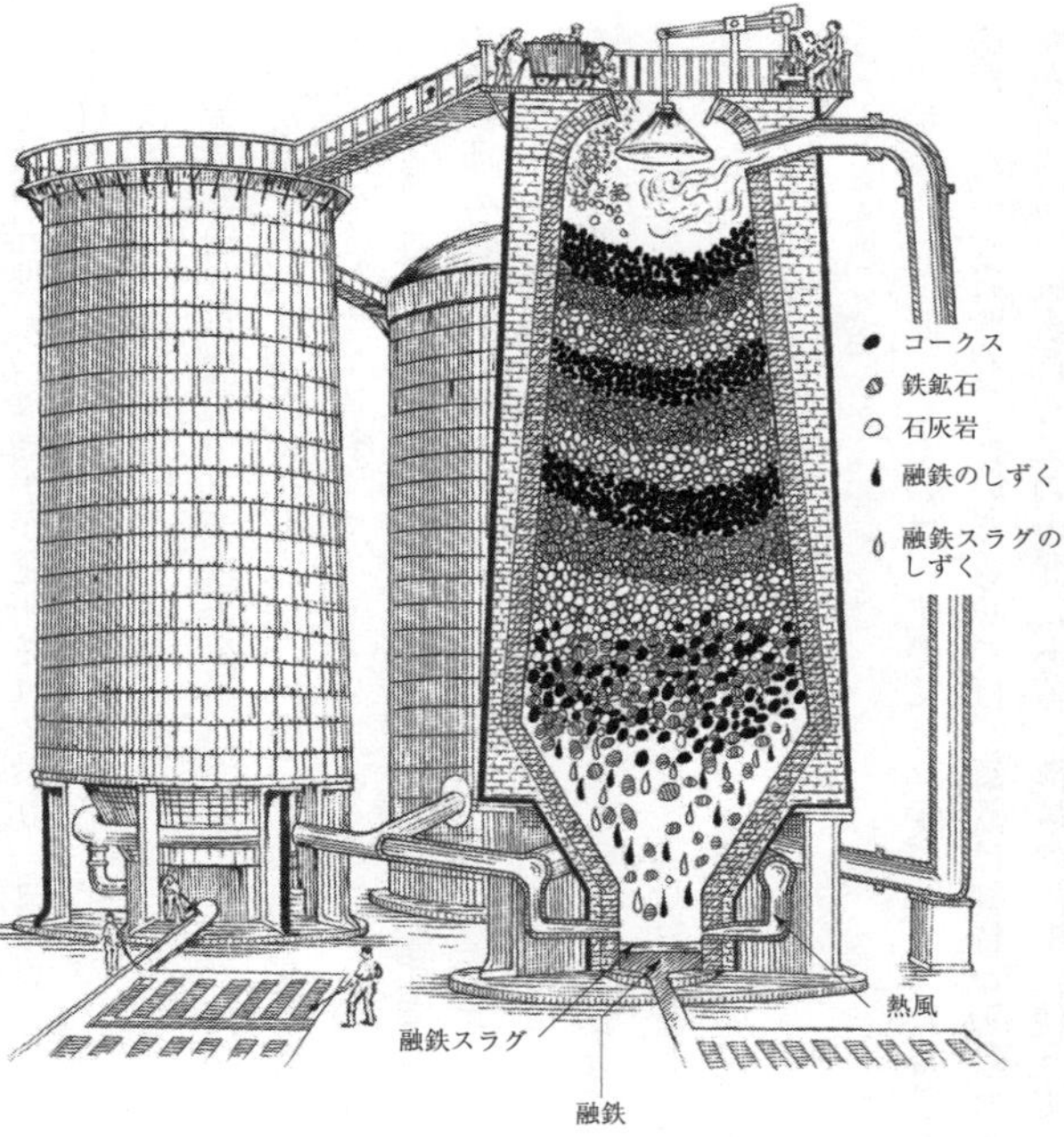

鉄の製錬用の高炉。鉄鉱石、燃料および融剤は上部から入れ、下部からこの層を突き抜けるように強い熱風を吹きあげさせる

とだ。解決策は、溶鉱炉の煙突に空気を猛烈な勢いで上昇させ、燃焼温度を大幅に上げることだ。中国では紀元前五世紀には高炉が発明されており（ヨーロッパに最初に登場するより一五〇〇年以上前だ）、その後、手が加えられて水車駆動のピストン式ふいごを使用する設計に改良された。さらに効率よく高温にするには、炉の煙道から排出される可燃性の排ガスを使って送り込むエアブラストを予熱するとよい。高炉で製錬されたばかりの鉄は多くの炭素を吸収するため、融点は一二〇〇℃前後に下がる。金属は液体化し、高炉の底から床へ導管を伝って流れでて、一列に並ぶインゴットの鋳型のなかで冷やされる。その結果が銑鉄（ビッグアイアン）である。この鋳型が雌豚の乳を飲む生まれたての子豚に似ていると中世の製錬所の作業員が思ったため、その名称がついた。

融点の低いこの高炭素鉄は再び溶かして、熱い蠟のように鋳型に流し込める。したがって、鋳鉄は料理用の鍋やパイプ、機械部品などの製品を手早く製造するにはじつに便利であり、ヴィクトリア朝時代の人びとは鋳鉄の桁（ガーダー）を大量に生産した。しかし、鋳鉄には大きな欠点が一つある。炭素含有量が多いために金属が脆いのだ。たとえば鋳鉄製の橋はその構造部品が曲げられたり伸ばされたりすると崩れるという、困った癖があるのだ。

産業革命の後半段階を可能にしたのは、実際には高炉でつくった銑鉄を容易に鋼鉄に変換する方法だった。炭素含有量という意味では、鋼鉄は純粋な錬鉄と脆い銑鉄もしくは鋳鉄（三％から四％の炭素含有）の中間にある。機械の歯車に使う丈夫な鋼鉄なら炭素が約〇・二％、ボールベアリングや旋盤の切削工具のような、とりわけ硬い鋼鉄であれば約一・二％となる。では、銑鉄からどうやって炭素を取り除くのだろうか？

ベッセマー転炉は、耐火レンガで内張りされた洋梨形の巨大なバケツで、回転軸上に設置されているため、傾けることができる。この容器に溶かした銑鉄が詰められたあと、底に開いた穴から空気が送り込まれる。水槽に空気を送り込むエアポンプに似ていなくもない。余分な炭素は酸素と反応して、二酸化炭素として抜けだし、その他の不純物も酸化してスラグのなかに取り除かれてゆく。幸いなことに、その結果、炭素が燃えるときに熱が放出され、鉄は溶けたままの状態で保たれる。

難題は、炭素をほぼすべて除去しつつも、一％未満程度は残しておかなければならず、作業中にそれを正確に判断することが困難な点だ。最終的に一定の成分にするコツは、あとから思えば明白だが、すべての炭素が完全に除去されたと確信がもてるまで転換をつづけ、そのあと単純に最終的な割合の炭素を正確に純鉄に戻すことだ。このベッセマー法は歴史上で鋼鉄を安価に大量生産した最初の方法なので、この時点までできる限り早く一足飛びにたどり着きたいものである。

ガラス

鉄と鋼鉄は現代の産業化社会でもてはやされた建築材料だが、じつに容易に見過ごされて（もしくは少なくとも見通されて）しまう質素なガラスもまた、僕らの発展において欠かせないものだ。人類によって最初につくられた合成材料の一つであるガラスは、紀元前三千年紀のあいだに都市誕生の地であるメソポタミアで発明された。基本的な特性を独特な方法で組み合わせたガラスがいかに、科学の要をなしているかを、あとで見ることにしよう。しかし、まずはそのつくり方の基本から始めよう。

　ガラスが溶けた砂からできていること、より正確に言えば純粋なケイ砂（シリカ）（二酸化ケイ素）からできていることは、おそらくご存じだろう。しかし、ただ砂を数つかみ火のなかに放り投げたところで、その火を消してしまう以外に、なんら効果は得られないだろう。問題はケイ素の融点が格別に高く、一六五〇℃ほどであることだ。これは単純な窯の能力をはるかに超えており、ガラスの主要成分がわかるだけでは、それを実際につくるうえでは役に立たない。ガラスはときには自然に形成される。運がよければ、砂漠で砂を掘ると、融合したケイ素が細長い管状になったものが見つかるかもしれない。その多くは複雑に枝分かれした木の根系に似た形状をしている。このような構造物は「フルグライト」または「閃電岩（せんでんがん）」〔稲妻の化石〕と呼ばれ、雷が乾燥した砂に落ちたときに形成される。電流が地下に勢いよく流れ、ケイ素の粒子を融合させてガラス管に変えるほど高温となるのだ。

　雷の力はそのまま利用できないため、ガラスを製造するにはケイ素の融点を、適当な融剤を添加して窯で到達できる温度内に下げなければならない。カリとソーダ灰はガラス製造における融剤として申し分なくうまく作用するが、第11章で述べるように、化学を少々応用すれば、ソーダ灰のほうがずっと大量に生産し易くなる。そのため、今日、窓ガラスや瓶のためにつくられるガラスの大多数はソーダ石灰ガラスとなっている。ソーダと石灰の溶液を砂のなかで溶かしたもので、常温で固化する。

粘土を焼いてつくった陶製のるつぼをケイ砂で満たす。窯の熱で炭酸ナトリウムが分解され（二酸化炭素を発生させ）ケイ素のなかに溶け込むと、その融点が充分に下がるため、窯の温度でもうまくガラスが製造できるようになる。排出された二酸化炭素は、当初の混合物に含まれていた酸素と窒素と結合して、ふつふつと泡立った溶融物になる。そのため、溶融ガラスを緩い液状に保てる非常に高温の窯を使うべきであり、なかのるつぼはこれらの泡が消えて透明なガラスができあがるまで、そのままの状態にしておかなければならない。あいにく、ケイ砂と融剤だけで製造されたガラスは水に溶けるため、その用途がいちじるしく限られる。解決策は、もう一つ添加剤を使って、るつぼのなかでガラスを不溶性にすることだ。生石灰——前章で検討した酸化カルシウム——がこの点でよく役立つ。

ガラスの基本的材料であるケイ砂は、地球のマントルと地殻の四〇％以上を占める。これは地球にある岩石のなかで、何よりも格段に豊富な化合物なのである。ところが、ケイ砂はしばしばその他もろもろの物質（なかには金属も含まれ、ケイ素は製錬のあと廃棄されるスラグの主要な成分である）と混ざっているのに、ガラスを無色透明にするには、できる限り純粋なケイ砂にしなければならない。たとえば、多くの砂に見られる茶色がかった色は酸化鉄によるもので、これはできあがったガラスを緑がかった色にする。ワインの瓶なら構わないが、窓や望遠鏡ならば煩わしい。透明なガラスをつくるための最良の素材は、真っ白な砂か、有名なベネチアン〈クリスタル〉ガラスに使われる白い石英礫のような、不純物を含まないケイ岩か、イギリスの「鉛クリスタル」ガラスのために白亜から選別されるフリント〔石英の一種。火打石にも使われた〕などである（どちらも厳密に言えば、誤称である。ガラスはすべてその原子が、完全に無秩序な、非結晶（ノン・クリスタル）の寄せ集めの形状になっているからだ）。

もちろん、膨大な量のガラスが僕らの旧文明によって残されるだろう。そのままの形で残されたものはいずれも再利用できるし、割れたガラスは洗浄して再び溶かすことができる。それどころか、ガラスは今日、最も簡単にリサイクルできる材料の一つなのだ。ガラスは炉のなかでただ溶かせば、再形成できる。この工程は材質を劣化させることなく、何度でも繰り返せる（たとえばプラスチックとは異なる）。しかし、のちに文明の復興過程では、もしくは難破して無人島にたどり着いたら、一からガラスをつくるやり方を知る必要がある。実際、熱帯の海岸は透明で高品質のガラスをつくるのに必要な三つの原材料を集めるには、かなり理想的な場所かもしれない。鉄分を含まない真っ白い砂、ソーダ灰を抽出するための海藻、それに煅焼（かしょう）して生石灰をつくる貝殻かサンゴだ。

溶融した状態のガラスは、るつぼから鋳型へそのまま注いでも構わない。しかし、それよりはるかに役立つ製造方法は、ガラスの奇妙な特質を利用するものだ。ガラスは融点が一つだけではないという意味で特異な材料である。ガラスの粘度（つまり流れ易さ）はその代わりに、ある温度幅で大きく変動するので、曲げ伸ばしは可能だが、流れだしてしまうほどではなく、手頃な状態にあるときに作業することができる。そのため、吹きガラスが可能になる。陶製または長い金属製のパイプの端にガラスの塊をなすり付け、そのなかに空気を送り込んでガラスを膨らませる。空中でそれを回転させて望みどおりの形に変えてゆくか、鋳型のなかへ吹き込んで、瓶のようなものを手早く製造する技法である。

今日、家庭や高層ビルでは採光のために窓は欠かせない。窓は僕らの人工洞窟のなかに陽光を射し込ませつつ、雨風は吹き込ませない障壁を提供しているのだ。ローマ人は一世紀ごろ、小さい鋳造ガラスを使って最初に窓にガラスを入れたが、中国では十世紀になってもまだ窓を油で透明にした油紙で覆っていた。何百年ものあいだ、窓ガラスはまず吹いてから、軟らかいうちに回転させて平らに延ばしてつくられていた。古い田舎家やパブの窓には、中央にそれとわかる窪みがある。そこでガラス吹き工のパイプが外された跡だ。今日、完璧に滑らかな大型の窓ガラスは、溶融した錫を入れた槽のなかに注ぎ込んで製造する。この槽のなかでガラスは浮いて滑らかに均一な厚みになるので、それを冷やして固める。しかし、大破局後の世界の復興期に、ガラスには窓だけでなくほかにも根本的な用途がある。

ガラスをこれほど手軽な窓用材料にしているその主要な特質は、もちろんこれが透明であることだ。そのこと自体が材料の特性としては珍しい。しかし、ガラスは実際のところほかのどんな物質にも見られない重大な特質をさまざまに兼ね備えている。つまり、ガラスは科学にとって不可欠なのだ。自然現象の影響はガラスのおかげで測定し、研究することが可能になり、それによってさらに有益な技術が発達できるのである。たとえば、気圧計と温度計は最初に開発された科学的機器であり、円柱状の液体の高さの変化を示すかたちで測定する。ガラスという透明で硬い材料がなければ、こうした変動を見ることは不可能であっただろう。

顕微鏡もまた、光を透過する基板〔プレパラート〕に薄い標本が張りつけられるという事実にもとづくものだ。ガラスはまたかなりの強度もあり、真空状態を維持した気密カプセルをつくることもできる。真空管はX線を発生させるうえで必要となり（第7章参照）、電子や原子以下の粒子を発見するうえでも欠かせない。気密ガラスを膨らませたものはフィラメントを使う電球や蛍光灯をつくるうえでも、きわめて重要だ。特定の内部の気体状況〔真空〕を維持しつつ、生みだした光は外へ輝かせるものだ。

透明であるだけでなく、熱にも強く、薄手の容器がつくれるくらい丈夫なガラスは、総じて不活性でもある。この特性こそ、化学研究のあらゆる側面において重要となってきた。ガラスは鋳造するか吹きガラスの製法で、あらゆる形状の実験器具をつくることができる。試験管、フラスコ、ビーカー、ビュレット〔滴下した液の量を測定する器具〕、ピペット〔計量できるスポイト〕、管、冷却器、分溜塔、ガス採取器、メスシリンダー、時計皿などである。不活性であるうえに透明で、汚染することなく、反応中に何が起きているのか観察できるこの材料が手に入らなければ、化学がいったいどのように発達できたか想像するのは難しい。

しかし、ガラスがもたらした最大の利点はおそらく、光そのものを管理し操作するために利用できることだろう。それによって僕らは自然の片隅の一部を閉じ込めて、隔離した状態で研究できるだけでなく、僕らの五感そのものも拡大できるようになる。

ローマ人はガラス製造の熟練者として、ガラスの球体がその向こうにある物体を拡大して見せることに気づいていた。しかし、彼らはガラスの塊を湾曲した形状に研磨して、レンズをつくりだすための次の概念的ステップを踏みだすことはなかった。レンズは屈折の原理にもとづくものだ。レンズでは、光線の経路は一つの透明な媒体から別の媒体を通過する際に曲げられる。池にまっすぐな棒を突っ込めば、この原理がよくわかる。棒は水面の下で曲がっているように見える。これは池の表面、つまり水と空気の境目で屈折する光線によって引き起こされている。特定の形状、すなわち両側とも膨らんだボウル型（凸）曲面をしたレンズ状になるようにつくられたガラスは、そこを通過する光線の屈折度を変える。レンズの外縁付近に到達した光は、広角で表面に当たるため、急激に内側にそらされる。一方、中心近くを通過する光は、さほど曲げられることはない。そしてレンズの中央を突き抜けた光線は湾曲した表面に真っ向からぶつかるので、そのまま直進しつづける。すべての光の経路は一つの点、焦点で集まる。これが拡大鏡の原理だ。

最初の光学技術は眼鏡で、一二八五年ごろにイタリアで登場した。こうした眼鏡には凸レンズがついていて、老年になって遠視になり、近くの物に目の焦点を絞るのに苦労する人びとを助けるものだった。近眼を矯正するには凹レンズが必要となり、レンズを正確に逆向きに研磨しなければならず——両面を中央に向かって内側に湾曲させ光線を分岐させる——やや難しい。

本格的な突破口は、レンズを通して物を見て、それが拡大されて見えるのであれば、レンズを入念に組み合わせることにより、はるか遠くが見えるようになると気づいたことでもたらされた。つまり、望遠鏡の基本原理である。この装置は初め、船長たちによって使われたが、まもなく天体に向けられるようになり、宇宙とそのなかでの地球の位置に関する人間の理解に大革命を起こした。しかし、ガラスのレンズはごく小さいものを拡大することも可能にした。顕微鏡は微生物学と細菌理論を理解し、結晶や鉱物の構造を調べ、冶金学を発達させるうえで絶対に必須の存在である。

五五〇〇年以上前に人類が合成した最初の人工物質の一つであるガラスのおかげで、僕らは最初の老眼鏡からハッブル宇宙望遠鏡にいたるまで、自然を調査し、新たな技術を生みだすことが可能になったのである。十七世紀に近代科学事業の発展にとって大きな重要性をもっていた六つの機器——振り子時計、温度計、気圧計、望遠鏡、顕微鏡、および真空ポンプ付きの真空管――は、いずれも大破局後の世界で再発見する際に肝要となるものだが、そのうちの一つ、振り子時計を除けばいずれも、ガラスがもつ特性を独自に組み合わせることに完全に依存するものだ。

僕らの視力を拡大して宇宙を覗かせてくれる望遠鏡と、材料の微細構造を探究させる顕微鏡がいずれも、突き詰めれば単純な湾曲した砂の塊になることを考えると、驚愕させられる。ガラスはまさに文字どおり、僕らの世界の見方を変えたのだ。ガラスは建築材料としても、科学を導くために欠かせない出発点の技術としても、文明の復興を成功させるためになくてはならない。温度計、気圧計、顕微鏡はみな、人体の健康状態を検査するうえでもきわめて重要である。そして、本書はこれから医薬品に目を向けることにしよう。

第7章　医薬品

「その都市は荒涼としていた。廃墟のどこにも、父から息子へ、世代を超えて譲り渡されてきた伝統をもつこの人種の生き残りはいない……。そこにあるのは教養を身につけ、洗練された、特異な人びとの遺構なのだ。民族の盛衰に伴うあらゆる段階をくぐり抜け、栄華を極め、やがて消滅した人びとの……。世界史の冒険譚のなかで、かつては美しかったこの大都市が、倒れ、見捨てられ、失われていった光景ほど、私を強く揺さぶったものはない……周囲は一面、木々が生い茂り、どこの都市か見分けようにも名前すらわからない」

——ジョン・ロイド・スティーヴンズ、マヤ文明の遺跡を発見した探検家

技術文明が崩壊すると、現代の医療がなしえてきたことがほぼ完全に瓦解することになるだろう。電話一本で救急車が呼べる先進国に暮らすことに慣れた人びとにとって、

医療制度の消滅とそれとともにもたらされていた心の平安の喪失は、かなり恐ろしい事態となる。少しでも怪我をすれば、崩壊後は致命傷となる可能性があるのだ。放置された市内でがれきにつまずいて脚を複雑骨折でもすれば、充分な治療を受けられない場合には命の危険がある。些細な出来事でも、死刑宣告に等しくなるのだ。たとえば、指の刺し傷から感染し、血液に毒素が回るといった具合に。そのため、大破局の直後は、人口はまだ減りつづけるかもしれない。それはひとえに、怪我や病気による死亡率が出生率を上回るためだ。抗生物質が手に入らず、外科手術が受けられなければ、あるいは老化によって衰える体を長生きさせるための投薬治療ができなければ、生存者の寿命は、今日の先進国で一般的な七十五歳から八十歳という水準から急激に落ち込むことが予測される。多くの看護師や医師が生き残ったとしても、彼らの詳細におよぶ知識と技術は診断用の設備や血液検査、あるいは現代の調剤が利用できなければ、急速に役に立たないものになるだろう。そして、この高度に専門化した医療訓練そのものがやがて行なわれなくなった場合には、どうなるだろうか？　何百年ものあいだ培ってきたノウハウを、どうすれば急速に復旧させられるのか？

本書が取り扱うほかの大半の問題と同様に、現代の医学知識はそのほんの断片ですら意味のあるかたちで説明することができないだろう。健康な体を動かしている器官や組織、分子構造の複雑なシステム。特定の病気や怪我によってそれらにどんな障害がおよぶのか。現在、僕らが利用する豊富な調剤、あるいは無数の複雑な手術手順、といったものである。むしろ、僕がやろうとすることは、大破局の直後に多少なりとも生き延びる可能性を与えてくれる、ごく根本的な知識を伝えることだ。そして、その他もろもろを初歩から再発見する過程を加速するのに欠かせない道具と技術を説明することだ。

今日、欧米諸国にいる僕らの大半は、体の機能が老化とともに衰えてくるにつれて、心臓病や癌といった慢性病にいずれ見舞われるだろうが、僕らの歴史を通して、また発展途上国ではいまなお現実になるように、大破局後の世界で人類に惨事をもたらすのは感染症である。

こうした疾病の多くは文明そのものがもたらす直接の結果である。とりわけ、動物を家畜化し、そのすぐそばで暮らすことによって、病気は異種間の障壁を越えて人間に感染するようになった。牛はヒトの病原体のなかに結核と天然痘を加え、馬はライノウイルス（風邪）を人間に与え、はしかは犬と牛からやってきた。そして豚と家禽はいまなおインフルエンザを僕らに感染させる。そのうえ、都市の暮らしは病気を大いに拡大させる。人口密集地は接触感染または空気感染を急速に広めるし、衛生状態の悪さや不潔な環境は飲料水媒介の病気を大流行させる結果になる。比較的近年まで、都市部では死亡率があまりにも高かったため、都市人口は田舎からつねに移住者が流入してくることでのみ維持されていた。しかし、そのリスクにもかかわらず、共同で暮らすことによって交易が促進されるだけでなく、売買されるさらに重要なものも急速に伝播する。つまりアイデアだ。大破局後に人口が回復するにつれ、異なった技術や専門技能をもつ人びとのあいだで、都市化は再び協力と感化を促進するようになり、高度な技術を大いに再発展させるだろう。

というわけで、まずは生き残った社会をいかに健康に保って病気から守ればよいかを検討するほか、出産を安全なものにして、人口をできる限り急速に増加させるのに役立つ方法を見ることにしよう。

感染症

僕らが知っていた世界の終焉を思いがけず生き延びたとして、その数カ月後に容易に防げるはずの感染症で死ぬはめになるとしたら、皮肉なことだろう。抗生物質や抗ウイルス剤のない世界では、病気への感染だけは何がなんでも避けたい。感染は侵入した細菌に体の防衛機能が圧倒されることによって引き起こされるので、基本的な公衆衛生の理解は大破局の直後にはどんな情報よりも命を救ううえで役立つはずだ。

いまではコレラの仕組みはよくわかっている。ビブリオ属の細菌は小腸の栄養分に富んだ液のなかで急速に増殖し、腸壁に狙いを定めて毒素で攻撃する。それによって下痢が引き起こされ、この細菌が新たな宿主へと拡散し易くなる。多くの腸管感染症も似たような手口を利用しており、医者が糞口感染と喜んで名づけるものによって即座に拡散される。簡単な予防策は、このサイクルを崩すことである。

個人レベルでは、生命に危険がおよぶ可能性のある病気や寄生生物から、自分を守るためにできる最も効果的な方法は、定期的に手を洗うことだ（第5章でつくり方を学んだ石鹸を使って）。手洗いは、現代の文明からの儀式的な名残であるわけではなく、手をきれいに見せておくための上品なマナーの問題でもない。基本的なサバイバル技術、つまり自分でやる健康管理なのだ。これと並行して、飲料水が排泄物で汚染されないように社会で確実に対応しなければならない。こうしたことは現代の公衆衛生の中心的信条であり、最も基本的な細菌論の原理（多くの病気は微生物によって引き起こされ、人から人へうつるということ）を忘れなければ、大破局後の社会でも、一八五〇年代くらいの僕らの祖先よりも社会を健康的に維持できるだろう。

腸管感染症に罹ってしまったとしても、幸い、こうした事態は往々にして完全に切り抜けられるものだ。過去に大被害をもたらしたコレラのような病気でも、すぐさま人を死にいたらしめるわけではない。患者は激しい下痢によって一日に体液から二〇リットルもの水分を失い、急速な脱水症で死ぬのだ。治療方法は、一九七〇年代まで広く採用されていなかったものだが、驚くほど単純明快なものだ。経口補水療法（ＯＲＴ）は一リットルのきれいな水に塩を大さじ一杯と、砂糖大さじ三杯を入れてかき混ぜ、病気中に失った水分を、適切なバランスの溶解物質とともに補うだけである。コレラを生き延びるために高度な調剤は必要なく、ただ用心深い看護をすればよいのだ。

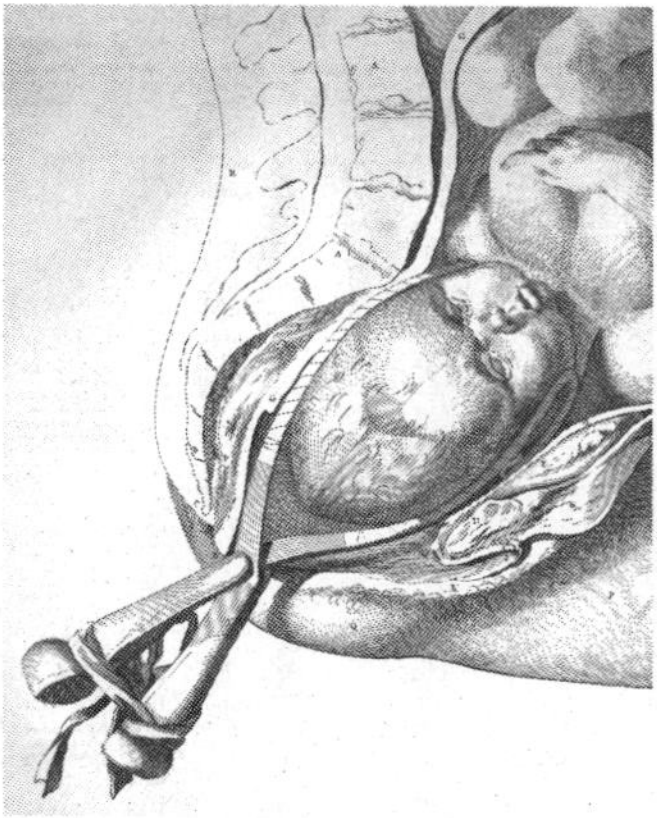

産科鉗子

出産と新生児医療

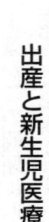

現代の医療介入がなくなれば、出産は再び母子いずれにとっても危険なひと時となるだろう。分娩中に起こる深刻な合併症は、今日しばしば帝王切開によって解決されている。筋肉質の腹壁を外科医が子宮まで切り開き、赤ん坊を取りだすのである。いまでは日常茶飯事になっており、医療上の必要性がなくても母親からの要望があることすらある。しかし、帝王切開は何百年ものあいだ母親が死亡したか、助かる見込みのない場合に、赤ん坊を救おうとする最後の手段としてのみ試みられてきた。この手術で母親が実際に生き延びたことがわかっている最初の事例は、一七九〇年代になってからであり、一八六〇年代でも手術による死亡

率はまだ八〇％を超えていた。帝王切開はいまでも非常に複雑で外傷の残る医療行為であり、大破局後は自然分娩に代わる安全な代替案とはならないだろう。

難産のときに赤ん坊を取りだす手術によらない方法は、一六〇〇年代初めに開発された。産科鉗子は産科学におけるいちじるしい進歩を示すものだ。助産師または医師が産道までさし入れて、胎児の頭蓋骨をしっかりと、ただし注意深くつかんで頭の位置を直すか、静かに赤ん坊を引っ張りだすのである。*二本のアームが旋回軸で取り外せて、それぞれ元の位置にするりと戻せる鉗子が開発されたことがこの道具の重要な進歩だった。やがて、この設計が徐々に改良されて、鉗子のアームが母親の骨盤の湾曲した構造に沿って〔陣痛で筋肉が収縮する動きに連動させつつ〕、締め具の末端で赤ん坊の頭蓋骨を包み込めるようになった。

未熟児や低体重児は、自分の体温を調節できるようになるまで病院の保育器で暖かくしてやらないと死ぬ確率が高い。現代の保育器は高機能を備えた高額の機械であり、その他多くの医療機器と同様に、今日でも発展途上国の病院に寄贈されると、〔瞬間的な高電圧で〕サージ電流が発生したり、予備の部品や修理する専門の技術者が確保できなかったりして、故障して放置されることが多い。ある研究によれば、複数の病院に寄贈された医療機器の九五％が、五年以内に使えなくなっていた。デザイン・ザット・マターズ〔意味のあるデザイン〕という名の非営利企業がこの問題に取り組んでいる。彼らの独創的な解決方法は、大破局後のシナリオにおいて出現が望まれる適切な技術の恰好の例だ。同社の保育器の設計には、一般的な自動車部品が使われている。発熱体には通常のシールドビーム・ヘッドライトが使われ、ダッシュボードに取りつける小型扇風機でフィルターを通した空気を循環させる。ドア・チャイムは警告音を鳴らし、バイクのバッテリーは停電時や保育器の輸送中に予備の電源となる。こうした部品はすべて大破局後にもすぐに手に入り、町の機械工のノウハウで修繕が可能だ。

医療検査と診断

医者の主要な技能は診断である。患者がなんの病気に罹っているのか、あるいはどんな症状にあるのかを突き止め、それによって適切な治療の方向性を決められることである。医者は患者にいつその症状が始まったのか説明させ、その状況について詳細に語るように求める。この情報は、診察の際に発見された兆候と合わせて、病状の原因と思われるものを医師が判断し、追加でどんな検査が必要かを決めるうえで役立つ。たとえば、

＊産科鉗子はこれを発明した医師の一族によって、一世紀以上も極秘にされていた。ほかの産科医よりも便宜を図れるので、非常に多くの金を稼ぐことができたためだった。その秘密を守るために、鉗子は内張りされた箱のなかに入れて産室にもち込まれ、立会者は追いだされ、産婦に目隠しをしてから、医師は箱を開けていた。

血液検査、体から採取したサンプルの顕微鏡検査、レントゲンやCTスキャンのような内部画像を撮影する技術などだ。こうした検査の結果が、診断を下すための手がかりを与える。

大破局後には、高度な検査やスキャン装置が使えなくなるだけでなく、医療の専門知識そのものも大半は失われるだろう。医療は、本書で扱ったほかの多くの分野以上に、言葉にならない暗黙の知識に大きく依存する。やり方を学んだ人でも、ただ言葉や図を用いるだけで誰かにそれをうまく伝えるのはきわめて難しいことがわかるに違いない。イギリスでは、一〇年にもわたって医大および病院での実習を経なければ、研修医としての能力を身につけることはできず、そのすべてが、すでに熟練した人から訓練を受けて実践現場に立ち会う研修である。この知識伝達のサイクルが文明の崩壊によって断絶すれば、必要な実用技術を独習し、教科書だけから解釈を要する専門知識を学びとることは不可能だろう。そこで、医療のごく基本を見てゆくことにしよう。あらゆる専門的な理解と装置が消滅したら、必要不可欠な知識と技能をどのように復活すればよいのだろうか？

情報にもとづく診断は、さまざまな検査に依拠するものだが、十九世紀初めまで、医療界も体内の状態を医師が見極められるようにする機器は何一つもっていなかった。彼らは目に見える外部の兆候に頼らざるをえず、肥大した臓器や塊がないか指先で探るか、腹部や胸部を軽く叩いて、その下にある空気や液体から異音がないか調べた（この打診技術を発明したのは居酒屋の息子で、樽に残るワインの残量を判断するのにこの方法を使っていた人物だった)。

医療診断を変貌させた道具は、驚くほど単純なものだ。聴診器は、中空の木管を耳に当てたものに過ぎず、ただそれを患者の体に押し当てればよい。もしくは、紙の束を丸めたものでも構わず、それこそ一八一六年にこの道具が発明されたときにやったことだった。ルネ・ラエネクは自分の耳や頬が、とりわけ豊満な女性の胸部に触れるのはどうかと心配になり、その場で一工夫を凝らした。心臓音は間に合わせの管があればなんら問題なく伝わり、音を増幅しさえすることに彼は気づいたのだ。聴診器は体の内部の音を明らかにすることができる。心拍音の異常から、肺の病気を示すゼイゼイまたはパチパチ、ブクブクいう音や、腸の閉塞部分が無音であることや、胎児のかすかな心音までわかるのだ。

十九世紀末までには、聴診器だけでなく、体温を測るための簡便な体温計や、膨らませられるカフを目盛りに接続して血圧を測る器具が、医者の診療鞄に常備される器具になった。医療用体温計は感染を示す発熱を明らかにするし、体温表に定期的に書き込んだ測定値が示すパターンから、特定の病気が示唆されることとすらある。とはいえ、大破局後の文明が高エネルギー形態の光を発生させる方法を再び学習するまでは、聴診器が人体の内部状況を把握するための主要な道具でありつづけるだろう。その光の発生の仕組みは以下のとおりだ。

た。十九世紀の末期に、二つの奇妙なエマネーション〔放射線を表わす旧称〕が発見された。そのうちの最初の放射線は、二枚の金属板のあいだに高圧電流を流したときに、陰極から発生することがわかった。これらの放射は陰極線と名づけられ、いまではそれが電子であることが突き止められている。電線を流れる電流の担い手であり、電圧によって生みだされた急激な電場でどんどん加速されるものだ。飛んでいる電子は、空気のような希薄な物質によっても急速に吸収されてしまうため、こうした陰極線は真空状態にした容器のなかでしか、応用可能な距離を移動できない。したがって、陰極線が発見されたのは、科学者が効率のよい真空ポンプをつくって、密封したガラス容器のなかの空気を実質上すべて吸いだせるようになってからのことだった。

こうした初期の真空管に残っていたわずかな気体は、高速で移動する電子にぶつかると不気味な光を発した（ネオンの光で利用される効果である）。ドイツの物理学者ヴィルヘルム・レントゲンは真空管の壁を貫く陰極線を調べるために、このネオン光を除去したいと考え、試験管を黒いボール紙で包み込んだ。このとき、彼は実験台の反対側にある蛍光物質を塗った紙がかすかに緑色に輝いていることに気づいた。これは陰極線が届くには遠すぎる距離であり、レントゲンはこの見えない新しい放射を、その謎めいた性質にちなんでX線と名づけた。これらのX線は、真空管で加速された電子が陽極にぶつかるときに発せられる超高エネルギー電磁波であることが、いまではわかっている。

蓋の閉まった木箱のような固形の物体のなかまでX線によって見通せることに気づい

て、レントゲンは唖然とした。そして一八九五年には、何よりも不気味なことに、彼はX線を使って妻の手の骨まで撮影することができた。X線は軟らかい組織よりも骨のような密度の高い内部構造に容易に吸収されるため、画像はつまるところ、体をまっすぐ突き抜ける強い光によって照らされた妻の骨の影を映しだしていたのである。X線は変異を引き起こして癌を誘発するほどの威力をもち危険なので、患者は写真用フィルムを使ってスナップショットが撮れる一瞬だけこれにさらされるべきであり、医者は鉛の衝立の後ろで保護される必要がある。こうした健康上のリスクを考慮しても、X線は生体の内部をのぞかせ、生命を左右する臓器を検査させ、骨折状態を判断し、腫瘍の場所を突き止める機会を与えるため、最初の診療器具である聴診器よりも、診断を下すうえではるかに大きな判断力を与えてくれる。

しかし、体の内部の状況を外側から検査できることは、大破局後に直面する問題の半分しか解決しない。患者の検査は、僕らの体が実際どのような仕組みになっているのかに関する正確な理解とも結びつかなければならないからだ。文字どおり、自分たちを隅々まで知る必要があるのだ。そこで、人間の複雑な内部構造の詳細にわたる知識が失われたら、それをどのように取り戻せばよいのだろうか。何が健康で何が異常であるかわかるようになるにはどうすればよいのか？

動物の内部のつくりは食肉用に解体することから馴染みがあっても、人体には構造上で動物とは重要な相違点があるため、人体解剖を通して得られた解剖学の知識を再び学ぶことが必要不可欠となるだろう。解剖学と検視解剖は病理学の再復興において中心的なものとなる。それは、病気の根本的原因を理解することだ。検視の際は、生きていたときに患者に見られた外部兆候や症状と、内部の解剖学的な障害や欠陥に相関性が見られるが、これは死後にのみ判断できる。特定の疾患が全身におよぶ問題——近代以前は四つの体液、すなわち、血液、粘液、黒胆汁、黄胆汁の不均衡に起因するとされた——よりも、特定の臓器の問題によってしばしば起きている事実に気づくことが、病理学においてきわめて重要である。そして、ただ単に症状を治療しようとするより、病気の根底にある原因に対処しようとするのであれば、こう理解することが不可欠なのである。根本原因が突き止められたら、次のステップは医薬品の処方もしくは外科的介入を実施することだ。

医薬品

病気にたいする正確な診断を下せたとしても、特定の疾病に効果があることがわかっている調剤の処方の仕方がすでに開発されていなければ役には立たない。人類史の大半において、これは本格的な障害であり、二十世紀になるまで医師の診療鞄は総じて役に立たないものだった。自分の患者を死にいたらしめている病気がわかっているのに、それを止める手段のない不甲斐なさを想像してみよう。

現代の医薬品の多くは植物由来であり、生薬に関する伝統と言い伝えは文明そのものと同じくらい古くからある。ほぼ二五〇〇年前にヒポクラテス――医師の倫理に関する〈ヒポクラテスの誓い〉で知られる――は、痛みを和らげるために柳を嚙むことを勧めており、昔からの漢方でも同様に柳の樹皮を解熱剤に処方する。ラベンダーから抽出する精油には消毒剤および消炎剤としての特性があるため、切り傷や打ち身にたいする外用軟膏として役に立ち、一方、ティーツリー〔フトモモ科メラルーカ属〕の油は昔から消毒剤および抗真菌剤として使われてきた。ジギタリンはジギタリスから抽出され、頻脈性の不整脈を患う人びとの心拍を遅くすることができるし、キナの木の樹皮には抗マラリア薬のキニーネが含まれ、これがトニックウォーター〔キニーネ入り炭酸水〕に独特の苦みを加えている（そしてジン・トニックをすするイギリス人の植民地好きの傾向へとつながった）。

ここでしばし時間を割くべき薬物の種類は、鎮痛、もしくは無痛覚に使われる薬だ。これらの調剤は一時的な苦痛緩和剤で、原因よりも症状の緩和を目的とするものであり、頭痛からより深刻な怪我まで、世界中であらゆる症状に最も一般的に使用されている薬である。無痛覚は外科手術を再び発展させるうえで、なくてはならないものだ。限定的な鎮痛であれば、柳の樹皮を嚙めば効果があるし、表面的な怪我やおできの切開などの簡単な外科的処置にふさわしい局所的な無痛覚には、トウガラシが使える。トウガラシを食べたときに口内が燃えているような錯覚を起こさせるカプサイシンの分子は、鎮静剤として知られ、ミントの草から得られる対照的なメントールの冷却効果と同様に、痛み信号を覆い隠すために皮膚に擦り込むことができる（カプサイシンもメントールも筋肉痛緩和の湿布やタイガーバームのような軟膏に使われている）。

しかし、古くより使われてきた万能の鎮痛剤はケシ〔アヘンケシ〕から得られる。阿片はケシが開花したあとに採取できる淡いピンク色の樹液で、これには相当な鎮痛効果がある。阿片は昔から、ケシの膨らんだゴルフボール大の未熟果に毎日いくつかの浅い切り込みをつけて、液体が滲みでてくるままにし、翌朝その乳液が乾いて黒い付着物になったものを掻きとって採取してきた。モルヒネとコデインが阿片に含まれる主要な麻薬剤である。乾燥した樹液にはモルヒネが一〇％近く含まれる。こうした「オピエート」は水よりもエタノールにはるかによく溶ける。阿片の強力な（だが中毒性の）チンキ剤であるアヘンチンキは、アルコールに粉末状の阿片を溶かしてつくる。一九三〇年代に開発された省力方法では、ケシを収穫したあとで、穀物と同様の方法で脱穀してから、何度か水を替えて洗い（溶解度を上げるために、やや酸性にすることが多い）、オピエートを抽出する。ケシの種は食用もしくは再びまくために保存しておく。実際、今日の医療用オピエートの九〇％はまだ、ケシガラ〔ケシの種を収穫したあとの残り部分〕から抽出する。

だが、植物の抽出物からつくった粗雑な煮出し汁やチンキ剤に伴うリスクは、化学分析の力を借りないことには、有効性分の濃度がわからず、大量に摂取すれば危険なものになりうる点にある（ジギタリスのように、心拍数を減らす作用がある場合はなおさらだ）。効果があがるだけの適量を探りつつ、致死量にいたるほど多すぎないようにすることを考えると、適切な投薬量は非常に限定されているのかもしれない。

大流行する感染症から敗血症や癌にいたるまで、深刻で最終的に命取りとなるような症状の大多数は、単純な生薬の調合物では治療効果は望めない。第二次世界大戦後に驚異的な革命を起こした実現技術は、有機化学の発達によって医薬品だけを取りだして利用できるようになったことだった。今日の調剤は必要とされる正確な濃度で手に入れられる。人工的に合成する場合もあれば、有機化学を利用して効能を高めるか、化合物の副作用を減らすなどして植物の抽出物を改良することもある。たとえば、柳の樹皮の有効成分であるサリチル酸では比較的単純な化学面での改良が行なわれ、解熱効果のある鎮痛剤としての効能を保ったまま、調剤は胃炎の副作用を減らせるようになった。その結果が歴史上で最も広く使われている薬、アスピリンである。

再び取り戻すべき「根拠にもとづいた医療」の主要な慣習は、公正な試験の実施である。* 特定の化合物や治療が実際に功を奏しているのかどうか、それとも呪術医の薬である無益の蛇の油や、ホメオパシーの調合薬とともに捨て去るべきものかを見極める試験

＊史上初の臨床試験の一つは一七四七年に行なわれ、柑橘系の果物に壊血病を防止する成分が実際にいくらか含まれていることを示したものだった。

だ。理想的には、臨床試験で効果を客観的に調べるには、二つのグループに分けた大勢の患者が必要となる。一方は推定される治療を受けるグループで、もう一方――比較するための基準値をなす対照群――は偽薬または現在の最良の薬を投与される。臨床試験を成功させる二本の柱は、被験者を無作為にグループ分けして偏りをなくすことと、「二重盲検法」を利用することだ。患者も医療関係者も結果が分析されるまで、誰がどちらのグループに割り当てられたかを知らないようにするのである。医学の再発展の過程では、秩序だった緻密な研究を省く近道はないだろうし、人間の苦しみを緩和するためには動物実験のような望ましくないことも実践しなければならないだろう。

手術

取るべき最善の行動が手術である症状もある。体の組織の欠陥や不具合の生じた部分を、物理的に修整または切除することだ。しかし、患者が生き延びる確率が充分にあっても、手術を試みようなどと――体を故意に切り開いて傷をこしらえ、なかを覗いて、車の修理工のようにその仕組みをいじろうなどと――考えすらする前に、大破局後の社会が確立させなければならないいくつかの前提条件がある。三つのA、アナトミー（生体構造）、エイセプシス（無菌）、アネスシージア（麻酔）である。

健康な体と病んだ器官の区別をつけるには、人体がどんな構造になっているのか知る必要があることは、すでに述べたとおりだ。そして、細部まで生体構造を把握していなければ、医師は文字どおり手探りで突き回すことになるだろう。体の内部の造りに関する完全な設計図が必要となるし、それぞれの構成要素の正常な形態と構造がわからなければならない。それらの機能を理解し、主要な血管と神経の通り道を知り、偶然に切断してしまうことのないようにする必要がある。

無菌状態は、ヨウ素やエタノール溶液などの消毒剤で術後にきれいにしようとするのではなく、手術中に体内に細菌が入り込むのを防ぐ原則である（事故によって膿んだ傷の場合は、消毒するしか選択肢はない）。無菌状態を維持するには、手術室を徹底的に清潔にし、給気口にはフィルターをつける。手術台は切開前に七〇％のエタノール溶液で清潔にすることができるし、患者の体は殺菌した布で覆うとよい。外科医は清潔な手術衣と顔面マスクを身に着け、手と上腕をゴシゴシ洗って消毒し、高温殺菌した手術器具で手術を行なわなければならない。

三つ目の重要な要素は麻酔だ。麻酔薬は病気を治すわけではないが、同じくらい貴重な役目をはたす。一時的にあらゆる痛みの感覚を止めるだけでなく、完全に意識を消失させることすらできる。これができなければ、手術は恐ろしく痛みを伴う体験となるので、最後の手段としてしか試みるべきではない。外科医は手早く作業をし、患者が苦しみでもだえるなかで、緊張し痙攣する筋肉を切り進まなければならない。したがって、ごく単純な処置しか講じることはできない。胆石を取り除くとか、肉屋の鋸で壊疽にかかった手足を強引に切断するなどの処置である。だが、意識のない患者であれば、外科医はずっとゆっくり慎重に作業に取りかかることができ、胸や腹部の侵襲的な手術も試みられるだけでなく、不具合の根底にどんな原因があるか見極めるために、試験開腹することも可能だ。

麻酔の特性をもつ物質としてまず目につく気体は、亜酸化窒素、もしくは「笑気ガス」だ。これを高い濃度で吸い込むと、爽快な気分が引き起こされ、手術に適した本格的な意識消失状態になる。亜酸化窒素は硝酸アンモニウムが温められると、分解して発生する。だが、この化合物は不安定で二四〇℃よりもはるかに高温になると爆発する可能性があるので、注意が必要だ。この麻酔ガスはそのあと冷却し、水のなかで泡立たせて不純物を取り除く。硝酸アンモニウムそのものはアンモニアと硝酸を反応させることで生成できる（第11章参照）。亜酸化窒素だけでも痛みの感覚を緩和する効果があるが、麻酔薬としてはあまり強力でない。しかし、ジエチルエーテル（しばしばエーテルと省略される）などほかの麻酔薬とともに投与すると、その薬効を高めて、効き目をよくする働きがある。エーテルはエタノールを硫酸のような強酸と混ぜてから、反応化合物から分溜すれば生成できる。エーテルは信頼性のある吸入麻酔薬であり、効き目は比較的遅く、吐き気を催させることもあるが、医学的には安全である（ただし、気体は爆発しやすい）。エーテルの利点は、これによって意識を失わせられるだけでなく、手術中に筋肉を弛緩させ、痛みを軽減する働きもあることだ。

微生物学

しかしもし、大破局後に社会があまりにも後退して、細菌論の重要な知識が失われ、疫病が再び悪い空気（マラ・アリア）や怒りっぽい神々のせいだとされたら、どうなるだろうか？　食べ物を傷ませ、傷口を膿ませ、死体を腐敗させ、感染症を引き起こす、想像し難いほど小さくて目に見えない生物の存在を、文明はどのように再発見できるだろうか？

実際には、細菌などの単細胞の寄生生物は、笑えるほど簡単な装置で見ることができる。原始的な顕微鏡は、驚くほど簡単に一からつくれる。良質の透明なガラスがまず必要になる。このガラスを温めて引き伸ばし、細い紐状にしてから、熱い炎でこの先端を溶かして垂れさせる。ガラスの滴は落ちるあいだに冷え、運がよければ完全に球形の極小のガラスビーズがつくれるだろう。金属の薄片か厚紙の真ん中に穴を開け、球形のレンズを載せたものをつくって、それを試料の上にかざす。この単純な顕微鏡が役に立つのは、小さいガラス球が非常にきっちりと球形に湾曲していて、そこを通る光波を焦点に集まらせる強力な効果があるためだ。だが、それはまた焦点距離が非常に短いことも意味するので、レンズと自分の目を被写体の近くにもってこなければならないだろう。*
機器を使って視覚を強化されたことでもたらされたのは、目に見えない小さな生物であふれた一つの世界がそこには丸ごと存在するという理解だった。大破局後に微生物専門の博物学者が同定し、関連のあるファミリーやグループごとに分類しなければならない新たな野生生物は、驚くほど多様に存在する。科学的証拠には厳格さが求められるが、化膿した傷や酸っぱくなった牛乳のなかに微生物が存在することを立証できるだけでなく、細菌さえいなければ食品は保存されることも証明できるだろう。栄養たっぷりのスープや腐り易い肉を気密性の高い容器に密封してから加熱し、すでに付着している細菌を不活性化すれば、どんな腐敗も起こらない。物は瞬時に腐ったりはしないのである。より精度の高い顕微鏡は、望遠鏡と同様に、レンズを組み合わせることで製作できるので、いずれ特定の微生物の存在を特定の感染症と結びつけられるようになるだろう*。

こうした微生物を、液体スープの入ったフラスコのなかで、あるいは固形栄養物の表面にある菌集落(コロニー)として培養して増やし、研究することも可能だ。ペトリ皿はガラスで成形できる。そこに養分をたっぷり加えた寒天を注いで固め、蓋を閉めて汚染を防ぐ。寒天は紅藻類などの海草(アジア料理でお馴染みのもの)をゆでて抽出するゲル形成物質だ。牛の骨からつくるゼラチンに似ているが、寒天は大半の細菌には消化できない。

これまでのいくつかの章で、パンを発酵させ、ビールを醸造し、食品を保存し、アセトンを生成するようなプロセスを最適化する基礎的な微生物学が必要となることを見てきた。しかし、大破局後の人類の状況を改善するうえでおそらく最も大切なことは、微生物学が知識の土台を提供してくれる点にある。殺菌し、感染症を治癒するための消毒用化学薬品を開発すること以上に、より的を絞った方法を発見するための土台だ。

一九二八年にアレグザンダー・フレミングは、休暇にでかける前に鼻の粘液や皮膚の膿瘍といった感染した液体からの細菌を培養していた。帰宅したあと、彼は実験台を片づけ始め、古いペトリ皿を洗った。流しに置いた皿の山から、彼はいちばん上にあってまだ消毒剤で処理していなかった皿を無造作につかんだとき、カビだらけの皿のなかで、ある小さなカビの塊の周辺だけ環状に細菌のいない部分があることに気づいた。のちにペニシリウム属の一種と同定されたカビが分泌した物質が、細菌の繁殖を防いでいるか

＊（二一三ページ）このやり方で、一六八一年にアントニ・ファン・レーウェンフックは史上最初に細菌を見た人になった。レーウェンフックは下痢の症状に見舞われていたので、でき立ての顕微鏡で自分の水っぽい排泄物を検査しなければならないという気持ちに駆られた。彼は「じつに可愛らしく動く微小動物」を見て、「横幅よりも縦方向にいくらか長く、その腹部には種々の小さい足がついていた」と報告した。彼が見たのは、いまならジアルジアと呼ばれる原生動物、すなわち下痢の一般的な原因と同定できるものだった。まもなく、レーウェンフックは水滴のなかにいる微生物や、糞便や虫歯でうごめく細菌を観察することになった。みずからの精液を検査した彼は、あらゆる動物の有性生殖の陰で元気よくもがく精子を発見した（もっとも彼は、「罪深い計略によってみずからの試料を入手したわけではなく」、精子は「私の夫婦関係において自然が与えてくれた余剰分」であったと主張した）。

のようだった。分泌成分であるペニシリンや、それ以来、発見または合成されてきた多数のほかの抗生物質は、細菌による感染の治療にきわめて効果があり、毎年、何百万人もの人命を救っている。

「科学において聞く最も心躍る言葉であり、新しい発見の前触れとなるものは、『ユーレカ！』（わかった！）ではなく、むしろ、『うむ……これはおもしろい……』なのだ」と、SF作家のアイザック・アシモフは語った。これは確かにフレミングの偶然の発見のときには当たっていたし、その他多くの予期せぬ幸運な発見の場合でもそうだが、それはそこから推測されることが把握できた場合に限る。実際のところ、五〇年前にほかの微生物学者たちもアオカビ〔ペニシリウム属〕が細菌の増殖を抑えることに気づいていたが、この観察から概念上の飛躍を遂げ、予期しない結果をたどって医薬品を開発するにはいたらなかった。

しかし、後知恵で考えれば、またそのような効能の存在を知っていれば、再興する社会は一連の似たような実験を再現して、薬効のあるカビを意図的に探すことで、急速に抗生物質を再発見できるようにならないだろうか？　基本的な微生物学は単純明快だ。ペトリ皿に牛肉から抽出した栄養たっぷりの、海藻由来の寒天で固めた培地をつくり、そこに自分の鼻から取りだしたブドウ球菌をこすりつけ、空気浄化フィルターや土壌サンプル、腐りかけの果物や野菜など、できる限り多くの真菌胞子の発生源に異なる寒天プレートをさらす。一週間か二週間後に、周囲で細菌の繁殖を抑えているカビがでていないか注意深く観察する（それどころか、別の細菌コロニーがないか確認する。多くの抗生物質は進化上の軍備競争をたがいに繰り広げる細菌によって生みだされるからだ）。それを取りだして分離し、液体スープのなかで培養を試み、分泌された抗生物質をうまく確保できるようにする。この方法を使って、僕らはいまでは菌類と細菌類から多数の抗生物質を見つけたが、アオカビは環境のなかのどこにでもいるので、大破局後はアオカビが最初に再分離される生物種の一つとなる可能性が高い。アオカビは食品を腐らせる主要な原因の一つだ。それどころか、今日、世界各地で生産されている抗生物質のペニシリンの大半をつくるアオカビの菌株は、イリノイ州の市場でカビの生えたカンタロープ・メロンから分離したものだった。

しかし、大破局後の荒削りで即席の療法であっても、抗生物質を含む「カビ汁」を単

＊（二一四ページ）目に見えないほど小さな生物がいる可能性は、最初の顕微鏡が発明されるはるか以前から推測されていた。紀元前三六年にローマの著述家マルクス・テレンティウス・ウァロが「目には見えない微小な生物が繁殖しており、空気中に浮かんでいて口や鼻から体内に入り、深刻な病気を引き起こす」という考えを著わした。ウァロが原始的なガラスの小球による顕微鏡のつくり方を知っていて、直感を立証することができたら、歴史は実際に大きく異なった展開をしたかもしれない。細菌論がキリストの生誕以前に発達していたら防ぐことができたであろう疫病や苦しみを想像してみて欲しい。

純に注入することはできない。精製しなければ、そこに含まれる不純物で患者が急性アレルギー反応によるショックを引き起こすからだ。一九三〇年代末にハワード・フローリーの研究グループが、培養液から取りだしたペニシリンを精製するために考えだした化学的方法は、抗生物質の分子が水よりも有機溶剤に溶けやすい事実を利用する。培養液を漉してカビや排泄物などの塊を取り除き、濾過されたこの液体に少量の酸を加えてから、エーテルと混ぜて攪拌する（本章の少し前のページで、この万能の溶剤のつくり方は説明してある）。ペニシリンの大半は水っぽい培養液からエーテルのなかへと通過する。これを分離させ、ペニシリンを上部まで上がってこさせる。底に溜まった水っぽい部分を排水し、エーテルを少量のアルカリ水とともに振って抗生物質の成分を再び、培養液に含まれていた大半の汚れが除去された水溶液のなかに戻す。

今日、一人当たりに処方されるペニシリンの一日の服用量を生産するには、二〇〇〇リットルものカビ汁を加工しなければならない。したがって、大破局後に抗生物質を生産するには、高度な組織力が必要となる。一九四一年末には、フローリーのチームは生産規模を拡大して、臨床試験が受けられるだけの量のペニシリンを製造したが、戦時中で機材が不足しており、急ごしらえせざるをえなかった。カビの培養は浅いおまるを並べた棚で行なわれ、古い浴槽とごみ容器、牛乳容器、拾ってきた銅製パイプと呼び鈴を使って、即席の抽出器具がつくられた。そのすべてが大学図書館の廃棄されたオーク製本棚でつくった枠内に収められた。大破局後に必要となるごみあさりと応急処置には、ヒントを与えてくれるかもしれない。

というわけで、ペニシリンの発見はほとんど努力も不要な偶然のものだったとして描かれることが多いが、フレミングの観察は安全で信頼できる調剤をつくるために「カビ汁」からペニシリンを抽出して純化するための研究と開発、実験と最適化の長い道のりの最初のステップであったに過ぎなかった。最終的には、アメリカは一般的な治療薬として充分に供給するのに必要な大規模な発酵設備を提供するようになった。同様に、必要な科学を理解していても、大破局後の文明は一定レベルの高度さを再び確保しなければ、社会全般に影響力をおよぼすほど充分な抗生物質を生産できるようにはならないだろう。

第8章　人びとに動力を——パワー・トゥ・ザ・ピープル

「白いものが南東で光り返し、赤い球体になった。それが何であるか誰もが知っていた。あれはオーランドかマッコイの基地、もしくはその両方だ。ティムクアン郡のための電力供給装置だ。したがって、明かりが消えると、その瞬間にフォート・リポーズにある文明は一〇〇年は後退した。こうしてその日は終わった」

——『ああ、バビロン』パット・フランク

ロンドン北部にある自分のアパートのガスと電気料金の請求書をめくり返しながら昨年の全エネルギー消費量を計算してみると、一万四〇〇〇キロワット時弱だった。かりに化石燃料が使えず、このエネルギーをすべて薪炭林から供給しなければならないとすれば、毎年、乾燥した木材を三トン近く（もしくは炭素が濃縮された木炭を一・七トン分）は燃やさなければならず、そのためには二〇〇〇平方メートル以上の雑木林を短期間に伐採しつづけなければならない。しかも、それで木材に封じ込められたエネルギーを一〇〇%、僕の家の差し込み口から流れる電気に変換可能だと仮定した場合のことだ。実際には、可燃性の燃料から多数の段階を経て発電する作業は本質的に非効率で、現代の発電所ですら燃料に蓄えられたエネルギーの三〇%ないし五〇%しか電気に変換できない。

それにもちろん、これは僕が室内で暖房や照明、および電化製品を動かすのに直接使うエネルギーしか計算に入れていない。これには自分が暮らす産業化文明からの恩恵を支えるために使用されたすべてのエネルギーは省かれている。道路などのインフラ建設や、執筆のための紙や粉石鹸、衣服やソファを製造し輸送するのに必要となったエネルギーや、食事のために使われた化学肥料に畑を耕すためのエネルギー、それに通勤に使う列車で燃やされる燃料などだ。一国のエネルギー消費量を全人口で割ると、アメリカに住む人は一人当たり実際には年間九万キロワット時ほどを消費し、かたやヨーロッパ人は四万キロワット時強を使っていることがわかる。

中世における機械化の革命で水車や風車が広く普及し、のちには化石燃料の利用にもとづく産業化がはかられる以前は、農業、製造業、および輸送に必要な力は、筋力からのみ供給されていた。これを現代のエネルギー消費に置き換えてみると、九万キロワット時はアメリカ人一人当たりが一四頭の馬か、一〇〇人以上の人間からなる労働チームを所有していて、年中無休で全力で労働させることに等しい。

産業化した文明が衰退し、このエネルギー供給が崩壊すれば、復興期の社会は自分たちのエネルギー需要をどう賄うか再び学ばなければならないだろう。文明の進歩はより大きなエネルギー源をうまく組織化できるかどうかにもとづいており、とりわけ異なるエネルギー同士の転換の仕方を学び、たとえば熱を機械力に変換する能力が得られるかどうかに左右される。

機械力

文明は第5章で見たような熱エネルギーだけでなく、機械力の利用も必要とし、それを筋力だけに頼る制約から解放しなければならない。

ローマ人による主要な技術革新の一つは、歯車(ギア)付きの垂直型水車を開発したことだった。パドルのある大型水車の底部を渓流か川のなかに浸して、水流によって回すものだ。古代においては、この水力は基本的に小麦をひく砥石を回すために使われ、この技術を可能にした重要なメカニズムは直角に交わるギアの発明(紀元前二七〇年ごろ)で、水車の垂直方向の回転の運動を砥石の水平方向の回転へと変換するものだった。最も単純なかたちでは、これは大きな冠歯車(ギアの平らな表面から棒状のものが〔ぐるりと〕突きだしたもの)を水車の駆動軸に取りつけ、ちょうちんギアと呼ばれる、棒を一定間隔で円筒形に並べたギアと組み合わせ、後者を石臼に取りつける。冠歯車とちょうちんギアの相対的な大きさを変えれば、粉ひきに必要な速度を、それぞれの川の流れる速度

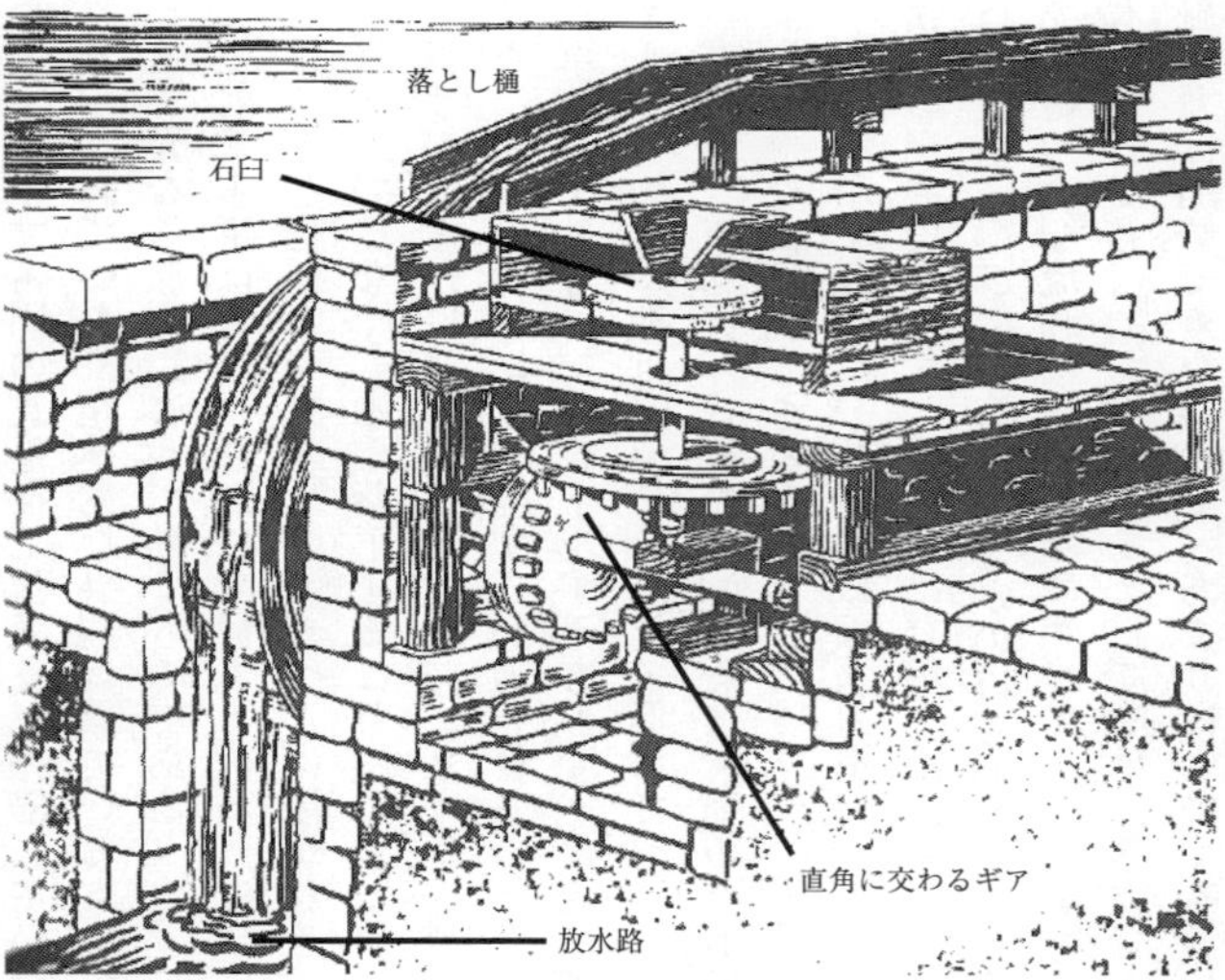

上射式の水車。直角に交わるギアが垂直方向の運動を、粉をひくために石臼を動かすのに適した水平方向の回転に変える

に合わせることができる。これらの水車は動力を伝えるためにギアを利用したことが判明しているごく初期のものであり、そのため機械化の最も古いルーツを表わしている。

　こうした水車は、ほぼどんな川岸からでも流れのなかに設置できるし、水流のなかに錨を下ろした船上製粉場の脇に搭載することすら可能だが、下射式の水車はひどく効率が悪く、最も単純な形態では川の水位が変化すると問題が生じる。幸い、はるかに使い易く強力な水車を建てるのに、さほど多くの技術情報が必要なわけではない。上射式の水車は、ローマ帝国の衰退後、無教養で停滞していたとされる中世にヨーロッパ一帯で広く利用されていた。全体的な外観は似ているものの、これは原始的な下射式の水車とはまるで異なる原理によって動くものである。

　上射式水車は流れのなかに設置する代わりに、底部が放水路から離れたところにあり、水は落とし樋によって水車のてっぺんに注がれる。上射式の水車はその回転力(トルク)を水流の衝撃からではなく、水が落下することによって放出したエネルギーから得る。この設計のほうがはるかに効率がよく、水頭（落下する前の高い位置にある水）に保持されたエネルギーの四分の三にも相当する動力を得ることができる。落とし樋の手前に水門を設け、水車への流量をコントロールするもので、水流にダムをつくって水車池をつくれば、エネルギーの貯水池は必要になるまで溜めておくこともできる（最初の垂直型水車が使われてから、五〇〇〇年は経た十六世紀まで試みられることのなかったことだが、復興期には一足飛びに実現できるだろう）。

　風を利用するのは、技術的には水力を使うよりもずっと難しく、そのためこの技術は僕らの発展史ではずっとあとに登場した（もっとも、風を帆でとらえて推進力とする船は紀元前三〇〇〇年にまでさかのぼるが）。水は空気よりもずっと密度の濃い媒体なので、穏やかな流れにも多大なエネルギーが保有されており、不完全な設計や効率の悪い木製ギアでも、エネルギー源として簡単に利用できる。水の流れは水門で調節できるが、風の力は加減できないので、あまりにも強く吹き始めれば、風車の羽根もしくはそれに

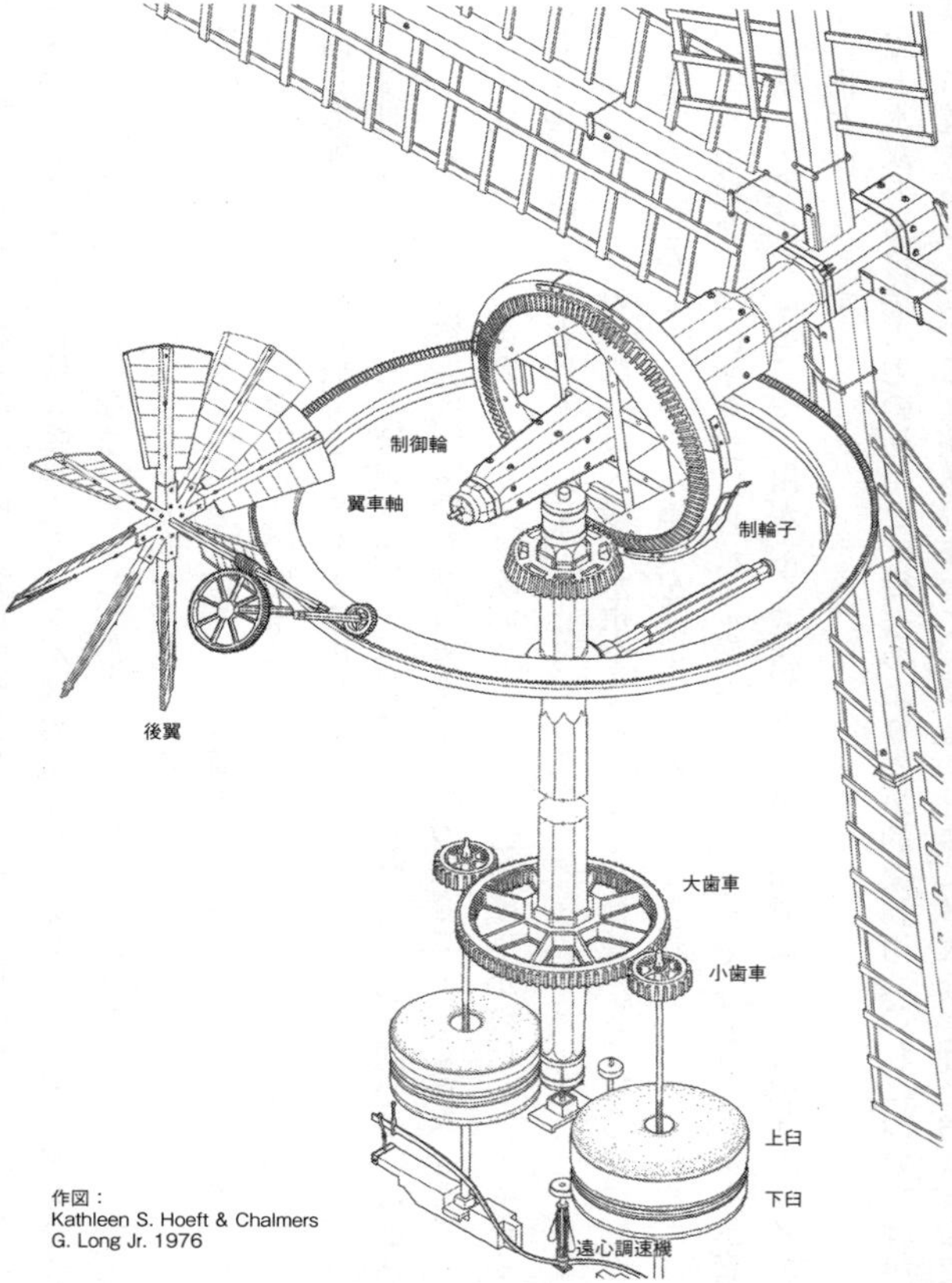

自動方向制御の小塔のある風車。後翼が主翼を風に正対させつづけ、中央の駆動軸は２基の石臼を動かす

よって動かされるメカニズムが壊れてしまうかもしれない。したがって、風車には制動システムおよび、羽根枠に張ったキャンバスの帆を縮めるなど、羽根で風を受ける効率を調節する方法が必要になる。しかし、最も根本的な難題は、つねに風向きが変わることで、そのため風車はすぐさま方向を変えられる必要がある。

原始的な風車であれば、柱の上に建ててその構造物全体を手動で風の方向に向ければよいが、より大型で強力な固定式の風車の場合、羽根は中央の駆動軸の周りを自動的に旋回して風上に方向転換できる上部の小塔に搭載しなければならない。ここで使われている仕組みは絶妙といえるほど単純だ。主翼にたいし直角方向を向いている小さな後部の風車〔後翼〕は、塔上部の輪の周りにある鋸歯状の軌道にギアで噛み合っている。風向きが変わってこの後翼に向かって吹いてくると、この風車が回転して小塔を旋回させ、後翼は再び完璧に風と同じ方向を向くようになる。*

こうしたことはいずれも最大級の水車とくらべても、機械としてははるかに高度な精巧さを要する。しかし、いったん風力を活用できるようになれば、川筋に制約されなくなり、工場用地を平地にすら設けられるようになり（オランダなど）、豊富な水資源のない地域（スペインなど）や、川がよく凍結してしまう場所（スカンディナヴィアなど）でも構わなくなった。

風と水双方の自然の力の活用と、役畜のより効果的な利用（これについては第9章で再び言及することにする）があいまって、僕らの社会に多大な影響をおよぼしたので、復興期にはできる限り早く同レベルまで到達する必要があるだろう。中世ヨーロッパは人類史においてその生産性を人間の筋力――日雇い労働者や奴隷の労働――ではなく、自然の動力源に頼るようになった最初の文明となった。この機械化革命は十一世紀から十三世紀のあいだに勢いづき、収穫した穀物を粉にひくために〔水力・風力による〕工場（ミル）を利用するに留まらなかった。水車や風車の力強い回転力は、目を見張るほど多様な用途に利用できる普遍的な動力となった。採油のためのオリーブ、亜麻仁（リンシード）、菜種の圧搾、木材に穴を開けるドリルの駆動、絹や綿の紡績、鉄棒を押しつぶして形成する金属ローラーの動力などである。初歩的な機械部品であるクランクアームは、回転運動を木挽き機械や、立坑の換気、坑道や冠水した低地からの水の汲み上げ（オランダ人が大いに利用したように）に適した反復の突きだし運動に変えた。しかし、おそらく最も万能な機能は、カムを回してトリップハンマー〔はねハンマー〕を繰り返し上下させたこと

＊十九世紀末には風車は素晴らしく性能が上がって、遠心調速機――おもりとなる二つの球がアームの先についた装置――によって制御されるようになり、これによって自動的に風速が変わるたびに上下の臼の隙間をそれに合わせて調節するようになった。今日、僕らはこの調整システムをすぐさま蒸気機関と結びつけて考える。あまりにも急速に回転し始めたら、高圧の蒸気をピストンに送り込んでいる絞り弁を閉じる役割をはたす装置だ。しかし、ジェームズ・ワットは実際にはこの仕組みを風車の技術からそっくり拝借したのである。

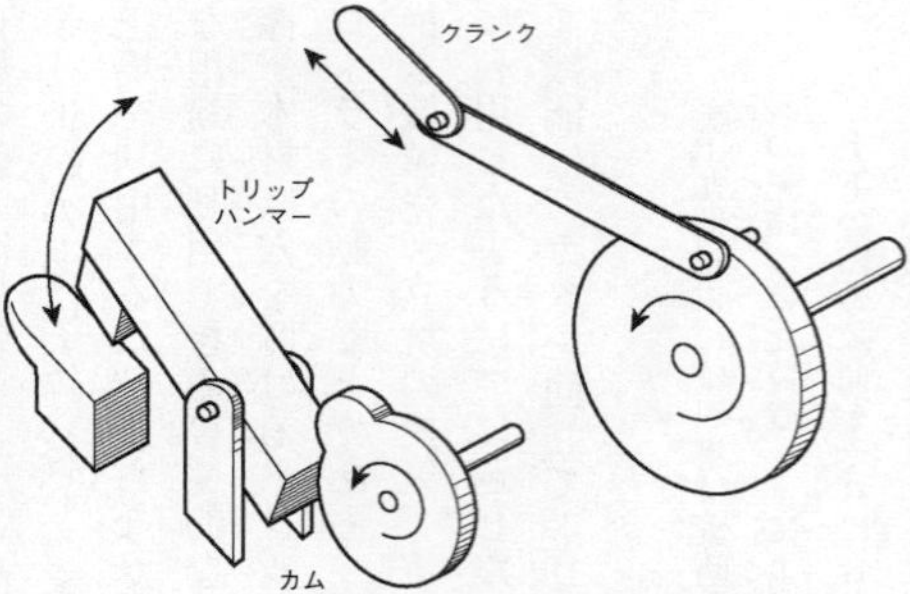

基本的なメカニズム：クランク（右）は回転をのこぎりのような前後の動きに変え、カム（左）はトリップハンマーを繰り返し上げては落とすために利用できる

だろう。たとえば、金属塊を潰す、錬鉄を叩く、石灰岩を砕いて農業用の石灰やモルタルをつくる、汚れた羊毛を叩いて縮絨する（汚れをとって、圧縮する）、ビール醸造のために麦芽を、製紙のためにパルプを、革なめしのために樹皮〔タン皮〕を、藍色染料のためにホソバタイセイ〔大青〕を叩くことだ。

カムの仕組みはトリップハンマーをもちあげるために七〇〇年にわたって利用されたのち、産業革命のあいだに蒸気動力の機械に取って代わられたが、今日でも車やトラックのボンネットの下で、エンジン・バルブを正しい順序で開け閉めするために活用されている（第9章参照）。

したがって、基本的な回転運動を望みどおりの動きに変換するのにふさわしい内部機構があれば、中世の水車や風車は独自の動力工具となる。中世の世界は産業（インダストリアル）化してはいなかったかもしれないが、間違いなく仕事熱心(インダストリアス)ではあった。それに僕らの文明が大崩壊した場合でも、この技術ならば再び利用して、基本的な生産レベルに速やかに到達できる望みがある。

どんな文明も、熱エネルギーと力学的エネルギーはうまく使いこなせるようにならなければならない。しかし、一つの形態から別の形態に、どう変換すればよいだろうか？　力学的エネルギーを熱に変えるのは造作ない――寒い日に両手をこすり合わせるところを想像してみよう――し、むしろ摩擦を最小限にし、有益なエネルギーが熱に奪われないようにすることこそ、エンジン潤滑油とボールベアリングの本質なのだ。それでも、ほかの形態に変換できるということは、非常に役に立つ。熱エネルギーならなんらかの燃料を燃やすことで、必要に応じて供給できるし、この熱を機械力に変換する能力があれば、気まぐれな風や水に頼る必要がなくなり、機械的輸送のための動力装置も提供できる。この転換――熱を有益な運動に転換――をもたらした史上最初の機械は、蒸気機関だった。

蒸気機関の背後にある中心的な概念は、はるか昔からの謎にまでさかのぼり、一五〇〇年代末にはガリレオもよく知るようになったものだった。すなわち、吸引ポンプは水を約一〇メートル以上は汲み上げることができないという事実だ。その理由は、空気そのものが圧力、すなわち［ポンプ内の］水の柱を含め、地球の表面にあるすべてのものを押しつける力を発揮していることにある。それはつまり、大気そのものに仕事をしてもらえるということを意味する。必要なのは、内部を滑らかにくりぬいたシリンダーに自由に動くピストンを付けて、内部に真空状態をつくりだすことだけだ。そうすれば、外の空気圧によってピストンは強制的に押し下げられるだろう。この動作を機械に組み合わせれば、労せず働かせることができる。問題は、どのように連続してシリンダー内部に真空をつくりだすかだ。答えは、蒸気を使ってである。

シリンダー内にボイラーから熱い水蒸気を流し込み、それが冷えるに任せる。水蒸気が凝縮して液体の水になるにつれて、圧力は急激に下がり、もはや大気の圧力と均衡を保たなくなる。外気の力が勝手に操作してピストンを押し下げてくれたら、バルブを開いて元の位置まで戻し、またさらに蒸気を噴出させ、こうしてサイクルを繰り返すことができる。これが十八世紀の当初「ファイアー・エンジン」と呼ばれた蒸気機関の基本的な作動原理だ。そして、復水器を別に付けるなどして、シリンダーの冷却と加熱を繰り返さずに済むようにすれば、いくらか効率は改善される。しかし、拾い集めた材料を使って、もしくは冶金の技能を再び身につけることで、より頑丈なシリンダーとボイラーを建設できれば、さらによくなるだろう。シリンダーで凝縮する蒸気による吸引効果を利用する代わりに、蒸気の圧力をさらに高め、高温の気体の拡張力――エスプレッソ・マシンのシューシュー音と同様のもの――を使ってまずシリンダー内でピストンを一方に動かし、それから逆方向に再び戻すのである。

蒸気機関の基本的な出力（第9章で検討する車のモーターのような、ピストン利用の熱機関はみなそうだが）は、ピストンを前後に動かすものだ。これは坑道から水を汲み上げるには都合がよいが、ほとんどの用途ではその繰り返し運動を滑らかな回転に変える必要がある。この変換を行なうのが、ちょうど風車で見てきたようなクランクであり、機械や乗り物の車輪を動かすのに適した動きがそこから生みだされる。

蒸気機関などはまさに、願わくば素通りしたい過渡期の技術レベルで、のちに詳細に検討する内燃機関か蒸気タービンまで一足飛びに到達したいと思う人もいるだろう。しかし、蒸気機関にはもっと進歩した機関にくらべて、二つの主要な利点があるので、この発展段階はもう一度たどる必要があるかもしれない。第一にこれは外燃機関であり、動かすために精製されたガソリンやディーゼル油やガスを必要としない。扱いははるかに楽で、ボイラーは燃えるものならほぼなんでも使って燃やせられ、廃材や農業廃棄物でも構わない。第二に、単純な蒸気機関であればごく原始的な工作機械や材料でも製造でき、より複雑なメカニズムにくらべ、工学的にもずっと許容範囲が広い。機械力についてはこのあとで再び述べることにするが、ここでひとまず、現代の世界の中心的特徴の一つである電気をどのように復興させるか検討することにしよう。

電気

電気、あるいはより正確に言えば、電磁気のなかにまとめられている一連のすべての現象は、きわめて重要な出発点の技術なので、復興期にはそこを目指して最短コースを取るべきである。電磁気の発見は、偶然にでくわしたまったく新しい科学分野が、いかに関連するありとあらゆる現象および応用の可能性をもたらすかを示す歴史上の恰好の例だ。こうした新規の現象は、技術として使うために利用され、そこからまた基礎的な科学研究の新たな道が開かれた。

電気は、実用にふさわしい持続的で安定した流れとして、まず電池から生産された。電池をつくるのは驚くほど簡単だ。一定の電流をつくるのに必要なものは、電解液と呼ばれる伝導性のある液体またはペースト状のものに浸した、二種類の異なる金属だ。*すべての金属には電子と呼ばれる粒子にたいし特定の親和力がある。異種の金属同士が近づけられると、そのどちらかが電子をより欲する金属のほうにそれを譲るようになり、両者をつなぐ導線沿いに電流が生ずる。すべての電池は、携帯電話のものも、懐中電灯やペースメーカーのものも、その内部に化学反応を封じ込めている。こうした接続がなされ、電子の流れが複雑な導線の経路沿いに通じたときだけ生じて、僕らのために仕事をするように制御されたものだ。二つの金属間の反応度の違いが、そこから発生する電位、もしくは電圧を決める。

銀か銅を、鉄または亜鉛のような反応度の高い金属と組み合わせれば、手頃な電流が生じる。最初の電池であるボルタ電池は、一八〇〇年に銀と亜鉛の円盤を、塩水に浸した厚紙の束を挟んで交互に重ねてつくられた。銀、銅、鉄はボルタ電池が発明されるより何千年も前からよく知られていたし、亜鉛は分離がより難しいとはいえ、古代の青銅合金にも含まれていて、一七〇〇年代なかばからは純粋な形態で手に入れることができた。導線は軟らかい銅をただ伸ばすか引っ張ればつくれる。したがって、ギリシャ・ローマ時代でも、電気の発見を妨げた克服できない障害はなかったように思われる。

それどころか、実際に発見されていた可能性もあるのだ。

一九三〇年代に、イラクのバグダッド近くで行なわれていた発掘作業で、考古学者がいくつかの興味深い人工物を発見した。それぞれ高さ一二センチほどの素焼きの壺で、パルティア時代（紀元前三世紀なかばから紀元二二六年）のものだった。しかし、注目に値するのは土器の中身のほうだった。各々の壺のなかには、円筒状に丸められた銅板で包まれた鉄の棒が入っており、壺には酢のような酸性の液体が入っていた痕跡があった。二つの金属片同士は接触しないようになっており、壺の口は封印され、天然の瀝青（ビチューメン）で目張りがしてあった。一つの仮説は、この古代の遺品が電気化学セルになっていて、おそらく装身具に金を電気めっきするのに利用されていたか、刺激性の電流に医

＊歯のなかに旧式の詰め物があれば、自分の口のなかでこの現象を証明することができる。アルミホイルの切れ端を噛むなどして新たな金属を近づけると、自分の唾液が電解液の役目をはたして歯のなかの水銀と銀の合金からなる修復材と反応する。だが、これを試す際には、生成される電流が詰め物をした歯の神経終末に直接届くのでご注意を！

療効果があると考えられていたというものだ。「バグダッド電池」の複製は確かに半ボルトほどの電気を発生させることができたが、電気めっきの道具だという証拠は弱く、この謎めいた壺の解釈をめぐっては議論がつづいている。しかし、これらが電気を供給する目的でつくられたのだとすれば、そしてその可能性は充分にあるが、これは一〇〇〇年以上もボルタ電池に先駆けていることになる。

電子を負極から奪って正極に受け渡す化学反応が逆にも可能になれば、とりわけ有益な仕組みを手に入れることになる。充電できる蓄電池だ。最も簡単に一からつくれる蓄電池は鉛蓄電池で、今日、車で一般的に見られるものだ。両極に鉛の板が使われており、硫酸の電解液に浸されている。両極とも酸と反応して硫酸鉛をつくるが、充電中は正極が酸化鉛（錆びた鉛）に変換され、負極は鉛地金になり、バッテリーが放電するとそれが見事に逆になる。各セルはそれぞれ二ボルト強を発電するので、それが六個つながって一続きになり、一二ボルトのカーバッテリーとなる。*

だが、電池は確かに、ノート型パソコンやスマートフォンなど、現代のさまざまな機器が頼りにするすばらしくもち運びに便利な電源となるものの、その問題点は、異なる金属がすでにもつ化学エネルギーを利用しているに過ぎないところにある（薪を燃やしても、酸素と反応する炭素の化学エネルギーが放出されることに過ぎないのと同様だ）。そもそも多くのエネルギーを反応性の高い金属の製錬に注ぎ込むか、別の電源から蓄電池を充電しなければならない。電池はエネルギーの源ではなく、その貯蔵庫なのだ。

現代の暮らしのなかで僕らがこれほど依存する電気の特性は、一八二〇年代以降に思いがけずでくわしてきた関連し合う多数の現象なのだ。たとえば、電池に接続された電線〔被覆銅線〕の隣に方位磁針を置くと、針の向きがそれることに気づくだろう。電線が地球全体の磁場より局地的に勝る磁場を発するため、コンパスの針が新たな方向を指すようになるのだ。電線を鉄の棒の周囲にきっちりと巻いてコイル状にすれば、この効果を最大限にすることができる。電線からの小さな磁場が集まって強力な電磁石をつくりだすので、スイッチで磁力を発生させたり消したりできるほか、別の鉄の塊を永久に磁化することもできる。

となると、電気が磁力を生みだせるのであれば、その逆もまた言えるだろうか？　磁石は電線のなかに電流を起こせるのだろうか？　じつは起こせるのだ。磁石を前後に動かすか、回転させるか、それどころか電磁石のスイッチを入れたり切ったりしても、近くにある巻線内に電流を誘導するだろう。したがって、電気と磁力は切り離せないほど相互に関連し合った対称的な動力なのだ。同じ電磁波コインの裏と表なのである。

電磁誘導に関するこの単純な観察から、現代の技術の膨大な富が生まれてくる。磁石を使えば、運動そのものを電気エネルギーに変換できるのだ。高価な金属を必要とする

＊それぞれの電気化学セルが接続された集合体のバッテリーという名称は、軍事用語に由来する。いくつかの重砲を備えた砲座が砲台（バッテリー）である。

うえに消耗する電池に制約されることはない。巻線内部で磁石を回転させることからも同じだけの発電ができ、逆も然り、その反対のこともまた言えるのだ。電磁気力で運動を生じさせることができるのである。電線の脇に強力な磁石を置くと、そこを通る電流のスイッチが入った途端、電線が揺れることに気づくだろう。これが運動効果だ。少々の実験をすれば、通電した電線と磁石を（もしくは電磁石でも構わない）どう組み合わせれば軸を急回転させられるかわかるだろう。今日では電動モーターが産業機械を動かし、材木を切り、粉をひいており、家庭内にも何十とモーターがある。掃除機を動かす、浴室で換気扇を回す、プレーヤーでDVDを回すといった具合に。今日の僕らの暮らしはこうして労働を軽減することで楽になっており、電動モーターはいまやどこにでもあって、ほとんど意識されない。

電磁気力が運動を生じさせるこの原理を使って、電気の根本的な特性を正確に計測する機器を製造することができる。どれだけの電流が、どれだけの電圧で流れているか、である（ごく初期の電気技師は、自分の舌に感じる衝撃の痛さを評価して、これを計測しようと試みた！）。第13章で述べるように、新しい現象を信頼の置ける方法で定量化することは、それを理解し、技術として利用するうえで欠かせない第一歩なのである。

電灯も僕らの生活のなかで重大な役割を担い、必要に応じて照明を提供するようになった。これは人びとの睡眠パターンと仕事時間を根本的に変えた。僕らの建物にも通りにも、いまでは何十億もの小さい太陽が燃えている。電灯の最も単純な形態はアーク灯だ。これは一八〇〇年代の初めに発明され、ボルタ電池を利用したもので、基本的には二つの炭素電極のあいだで連続した火花――人工的な稲妻――がでるだけの装置だった。アーク灯の問題点は、これが堪え難いほど強い光であるため、室内の照明には向いていないことだった。電気を使って光を生じさせるのは単純なことではあっても、電気を使って実用的な明かりを生みだすのは、とてつもなく厄介なのだ。

電球を設計する際に利用した物理的現象は、じつに単純なことだ。細いフィラメントに電流を流すことで、電気抵抗がこれを加熱させるという材料特性を利用しているのだ。材料は熱くなるにつれ、独自の光で輝き始める。つまり白熱だ。火のなかに鉄の棒を突っ込むと、真っ赤になり、やがてオレンジ、黄色に変わり、最終的には真っ白になる。しかし、厄介な点は細部にある。炭化した糸や金属のフィラメントが空気中で白熱するまで輝けば、すぐさま酸素と反応して燃え尽きてしまう。フィラメントをガラスの球体で包んで密封し、真空ポンプですべての空気を吸いだすことはできるが、熱い材料は真空状態だとすぐさま蒸発する。ガラスの球体に窒素かアルゴンのような不活性ガスを低圧で充塡すれば効果があるが、それでもまだいくらか研究開発する必要があり、紐状にしたさまざまな炭化材料もしくは細い金属線を使って試行錯誤し、安定したフィラメントとして何が使えるのか探さなければならない。

発電と配電

発電機がどのように運動を電気に変えるかは見てきたが、その回転をそもそもどのようにに生みだせばよいだろうか？　手っ取り早い解決方法は、自分で建てた原始的な風車か水車に発電機を取りつけることだ。発電機は毎分数百回は回転するときに最もよく作動するので、ギアのシステムか滑車とベルトを使って、ゆっくりではあるが高トルクの駆動軸の回転を、増幅させる必要があるだろう。復興期の文明は不釣り合いの技術をスチームパンク風にごちゃ混ぜにしたものによく似て、昔ながらの四枚羽根の風車や水車が、製粉やトリップハンマーの駆動に自然の力を利用する代わりに、発電した電気を地域の電力網に送り込むようになるかもしれない。

実現可能性を調べた二〇〇五年のある研究は、昔ながらの四枚羽根の風車に石臼の代わりに変速機（ギアボックス）と発電機を取りつければ、年間五万キロワット時の発電が可能だと計算している。僕のアパートに供給される電力の四倍はある。しかし、原始的な方法でも達成しうる最も勇気づけられる例は、おそらくアメリカの発明家チャールズ・フランシス・ブラッシュが示したものだろう。一八八七年に彼は自分の地所に直径一七メートルの風車を取りつけた塔を建てた。ねじりを加えた薄いスギ材で一四四枚の羽根をこしらえた装置だ。この風車は一キロワット以上の電気を生みだし、彼はその電力を一〇〇個ほどの白熱電球——それ自体が当時は最先端技術だった——を自分の豪邸中で点灯するため

チャールズ・ブラッシュが1887年に建造した直径17メートルの発電風車

に使い、余剰がでれば地下室にある四〇〇以上の蓄電池に溜めていた。

そのような風車の設計の問題点は、ゆっくりした回転を増幅させるのに必要な多数の歯車のシステムが、多くのエネルギーを無駄にすることにある。解決策は、その設計を根本的に変えることだ。吹き抜ける大量の風を幅広の羽根でとらえるため、多くの振動と抵抗を生じさせる代わりに、現代の風力タービンには長く細い三枚羽根がついている。これらは航空機のプロペラの開発で学んだ航空力学からの教訓にもとづくものだ。羽根の表面積がずっと小さいということは、風が弱いときは動かすの

ペルトン・タービン

に苦労することになるが、強風のときは驚くほどの速度で回転でき、吹き抜けるエネルギーをはるかに多く電気に変えられる。

水車からの出力にもやはり限界がある。水流から得られるエネルギー量は流量と水頭によって決まる。流量は水の流れる割合であり、水頭はその水が落下する全高低差である。上射式の水車の場合には、落とし樋から放水路までを指す。水車がいちじるしく制約を受けるのは、利用可能な最大限の水頭が、水車の直径によって制限されるからであり、直径が二〇メートルを超える水車になると、重量があり過ぎて効率よく回らなくなるためだ。

しかし水力タービンには同様の限界はない。中国の長江にある三峡ダムは、世界最強の水力発電所であり、貯水池のてっぺんからダム底のタービンまで八〇メートルの水頭があるので、桁外れのエネルギーを注ぎ込むことができる。

高度差があって水頭は大きいが、流量の少ない水流（たとえば、細いパイプで高圧の水を噴射できるもの）をうまく利用する水力タービンを建てるなら、ペルトン・タービンがよい。これはハブの周囲にカップがぐるりと固定された形状のものだ（いくつものスプーンを円形に並べたかのように見える）。肝心なのは、ジェット水流がそれぞれのカップ内で留まらず、うまく回転して再び前面から跳びだすようにすることだ。それぞれのカップは滑らかに湾曲した洗面器を二つ並べたような形状で、真ん中にカスプ［ゴシック建築で曲線同士がぶつかった先端部分］のような畝があるため、カップにまともにぶつかったジェット水流が中央の畝でしっかり二分され、両側の容器のカーブに沿って渦を巻き、再び前面から流れだしてゆく。この方向転換がカップに強い力をおよぼしてタービンを回転させ、ハブが回転するにつれてジェット水流がそれぞれのカップに当たるようになる。

その逆の場合、すなわち利用可能な流れの水頭は小さいが、流量が多い場合は、クロスフロー・タービンのほうが向いている。この場合、放射状に並ぶ短い湾曲した羽根のあるタービン上部に水が注ぎ込まれると、流れによって横方向へ押しだされ、水が底部から放出されるときに再び押される。クロスフロー・タービンは表面的には従来の水車に似ているが、重要なことはこれがバケツに入った落下する水の重みで回るのではなく、水の流れが湾曲した羽根の裏側に当たる動きによる点だ。

ペルトン型のタービンもクロスフロー型のものも原始的な金属加工道具で簡単に組み立てられるので、今日では発展途上国の地元の製造業者にふさわしい技術として推奨されている。これらはまさしく、大破局後に復興する社会を助けるような技術だ。

風力および水力のタービンの効率のよさと、それらが再生可能エネルギーを利用する事実にもかかわらず、今日の僕らの電力の大半はこうした方法で発電されていない。それどころか、蒸気機関の時代はまだ本当に終わってはいない。もはや機械または乗り物を動かす主要な動力として蒸気機関を使うことはないが、世界各地で利用されている電力の八〇％以上は、蒸気を使って発電されている。燃焼する石炭またはガスから放出される熱でボイラーを焚くか、核分裂反応炉〔原子炉〕で不安定な重原子を崩壊させる〔ことで得た熱エネルギーで蒸気タービンを回す〕か、である。

前述のとおり、熱を発生させるのは容易だが、熱エネルギーを運動に変換するのはより難解なステップだ。蒸気機関ならばそれを代わりにやってくれるが、ピストンをゆっくりと押す動きは、発電機に向いた高速の回転に効率よく変換することはできない。

解決策は蒸気タービン、すなわち水力タービンの優れた設計にもとづきつつ、高圧の蒸気用に最適化したものだ。蒸気の吹きだしによる流れを羽根の裏側でとらえて、衝動で押しだされるようにすれば、動力を抽出することができるし（ペルトン型またはクロスフロー型水力タービンのように）、もしくは航空機の翼のように、湾曲した表面で蒸気の方向をそらさせ、反動力によって前へ引っ張られるようにしてもよい。水との主要な相違点は、蒸気は膨張してより速く吹きだすものの圧力が下がってしまうことで、そのためほとんどの蒸気タービンは高圧蒸気のための反動段階と、膨張したあとの蒸気を駆動軸の下方で受ける衝撃式ローターとを組み合わせている。この多段式の蒸気タービンは非常に効率よく莫大な量の電気を生みだすことができ、現代の電気の時代を迎え入れることになった。

だが、どんなタービンでもそれを有益なものにするには、発電した電気を必要な場所へ配給しなければならない。

発電機を取りつけて安定した直流（電池にあるような電流、ＤＣ）を供給することもできるが、ローターが回転するにつれて急速に循環する交流（ＡＣ）を発生させる装置をつくるほうが簡単だ。巻線内で発生した電圧は正から負に変わり、再び元に戻るので、それによって送られる電流も方向を繰り返し反転し、速い潮流のように導線内で前後に動く。交流には直流にくらべて大きな利点が一つある。発電所から工業地帯や都市など電気を必要とする場所まで送電するうえでの問題に、優雅な解決方法を示すことだ。

金属製ケーブルの配電ネットワーク内を分路しようとした途端、根本的な問題にぶつかる。電気によって供給されたエネルギーの量は、電流に電圧を掛けた積になる。大電流を使えば、電線の電気抵抗によってどうしても電線が温まり、生みだした貴重なエネルギーの大半は無駄になる（その一方で、電気抵抗こそが電気ポットやトースター、へアドライヤーなどの発熱体で意図的に最大限にされた原理であり、細いフィラメントを充分に熱して、燃え尽きさせることなく輝かせ始められれば、先に見たように、電球の基本が理解できたことになる）。高い電力レベルを供給するための唯一の代案は、電流を低く保ち、電圧を上げることなのだ。ところがこの問題点は、高圧がとてつもなく危険な点にある。地方に建てられた鉄塔間の高所に張られた電線ならば構わないが、それを自宅には間違いなく接続したくはないだろう。交流の素晴らしさは、変圧器（トランス）を使って容易に電圧を上げたり下げたりできるところだ。

変圧器というのはつまり、ロの字形の鉄心の左右の縦面に電線を巻いた二つの大きなコイルに過ぎず、それによって最初の巻線が送りだした磁場をもう一方の巻線まで波及させるものだ。先に見た（二三五ページ）電磁誘導の原理を使うと、最初の巻線に流れる交流は急速に変動する電磁場——毎秒一〇〇回は拡大しては減衰する——を生みだし、今度はこれが二つ目の巻線内で交流を誘導する。ここにうまい工夫がある。二つ目の巻線を最初のものより多めに巻けば、電圧は上がり、電流は少なくなる。変圧器は電気の外貨両替所のようなもので、電流と電圧を相互転換しているのだ。そのため、配電網のそれぞれの段階で変圧器を使って電圧を変え、大電流の非効率な抵抗も高電圧による危険性も最小限にすることができるのである。

電気の素晴らしさは、十九世紀まで僕らの祖先が余儀なくされたように、工場のすべてをもはや風の強い丘の上や、流れの速い川沿い、または森林や炭鉱と容易に行き来できる距離内に設置せずに済むことだ。そうした場所には発電装置だけを置けばよいのであって、電気エネルギーは必要な場所まで電線で瞬時に送ればよいのである。僕らはこれを当たり前のこととして考えるようになってしまった。わずか一世紀前まで、家庭内のすべてのエネルギーは物理的に配達されなければならなかった。ランプ用のオイル、料理や暖房用の木炭や石炭などだ。だから、ヴィクトリア朝時代の家屋には小さな部屋ほどもある石炭置場が外にあって、冬中暖かく過ごすのに充分な燃料を蓄えておく必要があった。今日、電気は家庭の隅々までじかに配線され、必要な場所にエネルギーを供給している。煤もでなければ、音も立てず、貯蔵庫も必要がないのである。

大災害の直後に社会を立ち直らせる場合、風車と家屋からなる小規模な地域の電力網のように、近距離に電気を送ったり、ずらりと並べた電池に充電したりするには直流電流でも充分な選択肢となる。しかし、大破局後に文明が復興するにつれ、規模の経済や集中管理型の大きな発電所の恩恵を得たいと思えば、交流配電網を発達させる必要がある。そして、エネルギーがなかなか手に入らないことに社会が危機を感じる可能性の高い世界では、燃料からの熱をできる限り利用しなければならないだろう。熱電併給（CHP）プラントは、発電所が大量の熱をただ冷却塔で廃棄する一方で、周辺の町の建物はどこもさらに多くの燃料を燃やして暖房しているというばかげた状況に対処するものだ。スウェーデンとデンマークは世界に先駆けて熱電併給を取り入れ、タービンを動かして発電しているが、熱い蒸気は地元地域の建物の暖房など、別の目的に利用している。

タービンは天然ガスのほか、木くず、持続可能な森林からの材木、あるいは農業廃棄物などを燃やすことで動かされ、発電と熱の生産の双方で九〇％に近い効率をあげている。

復興期によく見られる光景は、動物に引かせた荷車や、ガス化装置を搭載したトラックが、周辺の田舎から伐採した材木や農業廃棄物などの荷を熱電併給プラントに運び、そこで集めたエネルギーすべてを使って近くの共同体と産業のために電力と熱の双方を生みだす暮らしかもしれない。次にこうした輸送技術を見ることにしよう。

第9章　輸送機関

「ガソリン・エンジンは魔法そのものだ。一〇〇〇個ものさまざまな金属片を手に入れるところを想像してみるんだ……そのすべてを一定の方法で組み合わせたら……それに少々のオイルとガソリンを与えれば……そして小さなスイッチを押せば……突然、その金属片すべてに命が吹き込まれる……そしてブルンブルン、ブンブンと唸り、それから轟音を立てる……金属片は自動車のタイヤを素晴らしい速度でブーンと回転させる」

——『ダニーは世界チャンピオン』ロアルド・ダール

一国の道路網の維持管理はとてつもなく費用と時間がかかるので、大破局後の世界の道路は、たとえその上を行く激しい交通量はなくなったとしても、驚くほど早く劣化するに違いない。温帯地域では、凍結と融解が容赦なく繰り返されることで小さな隙間や割れ目が着実に広がり、隙間に飛ばされてきた種がたくましい藪や樹木にまで生長し、その根がさらに表面のアスファルトの薄い覆いを粉々にするだろう。

実際、現代のアスファルトの大通りは、高速道路を時速一一〇キロ以上で飛ばせるように見事に滑らかに整備されているが、古代ローマの堅固に建設された道路にくらべて、表面の耐久性はない。硬い敷石の厚い層に覆われた多くのウィアエ・ピュブリカエ、つまり公道は、それを建設した文明が崩壊してから一〇〇〇年後もまだ通行可能だった。同じことは僕らの既存の交通網については当てはまらないだろう。遠からずして、主要な幹線道路という、旧文明の動脈ですら、ほとんど通行不可能なものになるに違いない。廃墟の都市を探検するためにも、無骨なオフロード用の車が必要となるだろう。こうして初めて、ＳＵＶ（スポーツ用多目的車）は都市化された地域を回るために必要なものとなるのである。

鉄道の堅固な鋼鉄でできた線路は道路よりはずっと耐久性があるだろうが、これもいずれ錆という癌に屈するだろう。それでも、大崩壊後の最初の数十年間は、陸上の遠隔地交易はおそらく、草木が生い茂らないようにできれば、昔ながらの鉄道路線を利用するのが最も簡単と思われる。

現代の交通の根底にあるメカニズムはおおむね内燃機関だ。これが自家用車だけでなく、列車や軽飛行機も動かしている。こうした機械化した乗り物は社会を支えるうえできわめて重要な役割もはたしている。たとえば、トラクター、コンバイン、漁船、配達用トラックなどだ。これらの乗り物はできる限り長期にわたって走らせつづけたい。まず機械化された乗り物が必要とする基本的な消費材——燃料やゴム——をどうすれば供給できるかを検討してから、社会が機械文明を維持できず、さらに後退した場合に、どんな代替案があるかを検討しよう。

乗り物を走らせつづける

ガソリンとディーゼル双方のエンジンで機能方式がやや異なる点については、このあとすぐに触れることにするが、まずはこれらが違う液体燃料を必要とすることだけを理解していれば充分だ。ガソリンもディーゼル油も炭化水素の液体混合物――第5章で述べた植物油と似たような分子――である。ガソリンは五個から一〇個の炭素原子を主鎖とする炭化水素の混合物だが、ディーゼル油はやや重く、一〇個から二〇個の炭素からなる長い化合物で形成された粘度の高い燃料だ。前述したように、大崩壊後もこうした液体燃料は充分な備蓄がガソリンスタンドや貯蔵所、もしくは放置された乗り物のタンク内に残るはずだ。しかし、生存者はいずれ自分たちで補給燃料を生産し始め、機械化農業や交通機関を維持しなければならなくなるだろう。

今日、こうした燃料は原油を加工することで製造されている。原油を処理してガソリンやディーゼル油に変える方法は比較的容易で、小規模で行なうこともできる。液状成分を分離するには分溜が用いられ、発酵させたあとアルコールを水から蒸留するのに使われるのと同じ基本原理が働く。大きな炭化水素の塊はアルミナ（砕いた軽石など）の触媒とともに熱して「亀裂」を入れ、より有益な小さい分子の燃料に分解する。

燃料の供給を維持するに当たっての問題は、化学的処理の困難さよりも、地球の奥深くから高度な掘削装置や海上の石油リグもなしに原油を手に入れることにあるだろう。だが、自動車の燃料は石油を原料にしなくてもつくれる。大破局後の社会は今日の環境保護運動から多くを学ぶかもしれない。ルドルフ・ディーゼル自身が一九〇〇年代初めに言及したように、「動力は太陽の熱から生産することができる。固体および液体燃料の自然の埋蔵分がすべて枯渇しても、太陽はつねに農業には利用可能だ」。

ガソリンを動力とする車に利用可能な代替物はエタノールだ（これは第4章で述べたとおり、発酵によって生産できる）。ブラジルはアルコール燃料の乗り物では世界のトップを走っている。同国の道路で走るすべての車は、ガソリンに二〇％のエタノールを混ぜた燃料から、一〇〇％のエタノール燃料までを使って走っている。アメリカですら、多くの州はすべてのガソリンに一〇％までのアルコールを混ぜることを義務づけている。この割合ならエンジンを改造しなくても使うことができるのだ。それどころか、いちばん初めに大量生産された自動車、T型フォードは化石燃料であるガソリンかアルコールのどちらかで走るように設計されていたので、アメリカ国内のいくつかの蒸留所は禁酒法で操業を止められるまで、作物から車の燃料を製造していた。

交通機関の燃料用にエタノールを大規模生産することの問題点は、発酵用微生物のために充分な量の精製された砂糖を調達しなければならないことにある。ブラジルの持続可能なバイオ燃料経済を支えるサトウキビのような作物は、熱帯性の気候の地域以外では育たない。糖はすべての植物に存在し、植物が構造を支えるために使うセルロースの束を形成しているが、セルロースは非常に硬く、化学的に安定しているため、肝心の糖が封じ込められたまま取りだせないのである。そのようなバイオマスを加工して、モーター・エンジンに使える精製された燃料にしようと試みるよりは、発酵槽で腐らせてメタンガスを生成させたほうがはるかに現実的だ（一〇四ページ参照）。もしくは、単に通常の発電所でボイラーを焚くために燃やしてしまうほうがよい。

一方、ディーゼル・エンジンのガラガラ音は、まず間違いなく大破局後にもまだ聞こえるだろう。ディーゼル・エンジンはかなり汎用性があり、バイオディーゼル燃料に加工した植物油で走ることができる。これはアルカリ性条件下で油を最も単純なアルコールであるメタノールと反応させればよい（第5章で見たように、苛性アルカリ溶液――水酸化カリウムか水酸化ナトリウム――を加える）。ウッド・アルコールとも呼ばれるメタノールは、木材の乾留によって製造できる（一五八〜一六一ページ参照）が、発酵によるエタノールでも同じ効果がある。メタノールまたは苛性アルカリ溶液が残れば、副産物としてできてしまうグリセロールと石鹸とともに、水のなかに溶かしてバイオディーゼル燃料のなかで泡立てれば浄化できる。これは最終的に使用する前に加熱して蒸発させ、水分を完全になくす必要がある。

バイオディーゼル燃料にはほぼどんな植物油でも利用可能だ。菜種は面積の割に（ヒマワリや大豆のような作物にくらべて）大量の油を産出するので、〔農地面積が限られた〕イギリスに適した作物だ。油は種から簡単に圧搾でき、残りの茎は栄養価の高い飼料になる。必要とあらば、獣脂も使うことができる。獣脂はくず肉や死骸をゆでて脂肪を溶かして精製する。ゆでると分離して浮かんでくるので、冷やして固まったあとこそげ取る。獣脂は植物油と同様にバイオディーゼル燃料に加工できるが、長い炭化水素があるということは、寒い地方では燃料タンク内で凝固しやすいことを意味する。

こうしたバイオ燃料の問題点は、これらが作物を燃料にすることに依存し、小型自動車を路上で走らせるにも、少なくとも二〇〇〇平方メートル分の農産物を消費することだ。復興の状況しだいでは、生き残った人びとには食糧が不足するかもしれない。そのような場合、乗り物の動力は食べられない資源から得られるだろうか？

すべての内燃機関は実際には液体燃料ではなく、ガス（ガソリンの略語と混同しないように）で走っている。ガソリンまたはディーゼル油の細かい霧がつくられ、それが揮発してから気筒（シリンダー）内で燃焼するのである。したがって機械化された交通機関を動かしつづけるもう一つの選択肢は、可燃性のガスを高圧ガス容器から直接エンジンに注入する方法だ。現代の圧縮天然ガス（CNG、主成分はメタン）または液化石油ガス（LPG、主成分はプロパンとブタン）の自動車はこのようにして燃料を注入している。

大破局後、大気の数百倍もの圧力でボンベにガスを注入するのがあまりにも難しい場合、それにふさわしいローテクの代案は、乗り物に貯蔵用のガス袋を搭載することだろ

第1次世界大戦中にガス袋によって燃料を補給するロンドンのバス

う。第一次および第二次世界大戦中の燃料不足の時代によく使われたもので、石炭ガスかメタンが密封されたゴム引きの布製風船のなかに入っていて、二、三立方メートルのガスがガソリン一リットル分に相当する。

それよりやや見苦しくない選択肢は、走行しながら燃料ガスを発生させる方法だ。木炭自動車に改造するのである。

基本原理はガス化として知られる。これを理解するには、マッチを擦って、近づいてよく見ることだ。黄色く輝く炎が黒ずんでゆく木製の軸から離れたところで、明らかに隙間によって分け隔てられながら踊っていることに気づくだろう。炎は実際にはマッチ棒そのものを主たる燃料にしているのではなく、熱によって木の複雑な有機分子が分解するとき生成される可燃ガスから燃料を得ているのだ。マッチは空気中の酸素とガスが出合って初めて、力強い炎になって発火する。これが木材乾留と蒸気からさまざまな有益な液体への凝縮（一五八〜一六一ページ）に関連して検討した熱分解のプロセスだが、エンジンを動かすには可燃性の「発生炉」ガスへの変換を最大限にし、熱分解する木材と炎をマッチの場合よりもずっと遠ざける必要がある。こうしたガスはエンジンに注ぎ込まれるまで発火しないようにしなければならず、最後に酸素と混ぜてシリンダー内で適度に爆発させなければならない。

第二次世界大戦中は、一〇〇万台近いガス化装置搭載車がヨーロッパ各地で、欠くことのできない市民の交通機関として走りつづけた。ドイツではフォルクスワーゲン・ビートルの車体内に、木材のガス化装置すべてを巧みに収めた型が生産された。木材を新たにくべるための穴がボンネットに開いていることだけが、通常とは異なる動力源が使われていることを示す唯一のヒントだった。一九四四年には、ドイツ軍は木材ガス化装置で動く五〇台以上のタイガー戦車すら配備した。

ガス化装置は要するに上に蓋のある気密の円柱であり、拾い集めた材料からつくることができる。たとえば、亜鉛めっきされたごみ箱を鋼鉄のドラム缶の上に重ね、一般的なパイプのつなぎを使ってもよい。新たな薪はてっぺんに積まれる。ゆっくりと下に移動するあいだに、薪はまず乾燥させられ、それから内部に溜められた熱で熱分解され、制限された酸素で部分的に燃焼して化学反応を起こすのに必要な温度をつくりだす。重要な点は、円柱の底部に熱い木炭の層が形成され、熱分解によって解放された蒸気とガ

木材ガス化装置から燃料を得る車

スと反応して、完全に化学変換が起こることだ。可燃性の水素、メタン、一酸化炭素――これは有毒なので、通気のよい場所でのみ稼働させるように注意すること――を豊富に含む最終的な発生炉ガスは、六〇％ほどの不活性の窒素とともに底部から抽出される。発生炉ガスを冷却して、エンジンを汚す可能性のある蒸気を凝縮させてから、シリンダー内に注入する。

　三キログラムほどの木材がガソリン一リットルに相当するので（その密度と乾燥具合によるが）、発生炉ガスの燃費は一ガロン〔体積〕当たりのマイル数ではなく、一キログラム〔重量〕当たりのマイル数で測定される。戦争中のガス化装置は一キロ当たり一・五マイル〔約二・四キロメートル〕は実現していた。

燃料だけが、自動車を走らせつづけるために必要な消費材ではない。ゴムもまたタイヤを製造するのに必要だ。タイヤは車を走らせるたびにつねに摩耗するし、路面からの衝撃を緩衝するためにドーナツ形風船のように膨らませたタイヤチューブも同様だ。

実用的なものにするには、生ゴムの材料特性を加硫によって微調整しなければならない。生ゴムは硫黄を振りかけながら溶かしたあと鋳型に流し込んで固める。その過程で、鎖状になったゴムの分子が硫黄の「架橋」によって結びつけられて丈夫で耐久性のある網目状になる。これによって天然のラテックスよりも弾性のある、ほとんど破壊できない物質が生成される。天然ラテックスは暖かいところではべたつき、寒いと脆くなる。

ゴムの難点は、いったん加硫されると、簡単に溶かして新しい製品に再形成できないことにある。溝形がしっかりと形成されたタイヤを充分に用意し、バルブやチューブといったその他すべての用途にもゴムを供給するために、大破局後の社会は残ったタイヤをリサイクルすることはできないだろう。新たなゴムの供給源を探す必要があるのだ。

従来、ゴムはパラゴムノキから採れるラテックスからつくられたが、この木は赤道周辺の限られた一帯の、湿度の高い熱帯気候でしか育たない。それに代わる素材としては、グアユールゴムノキの茎、枝、および根が利用できる。パラゴムノキとは異なり、この小さな低木の原産地はテキサスやメキシコの半乾燥の高原である。グアユールゴムノキは第二次世界大戦中に、日本が東南アジアに侵攻した結果、連合国がゴムの供給源の九〇%を失った際に注目されるようになった。合成ゴムを製造するに当たって必要となる化学技術は、復興初期にはとてつもなく厄介なので、既存のゴム製品が猶予期間後に劣化したら、原産地の近くに住んでいない限り、長距離貿易を復活させることが最優先事項の一つとなるだろう。

燃料とゴムの需要に応えられるとしても、乗り物を無期限に走らせつづけることはできないだろう。残された機械の部品は容赦なく摩耗し劣化するし、当面は予備の部品をほかの車から取り外してくることができても、いずれ自分たちで製造し始めなければならなくなる。現代のエンジンの交換品を製造するためには、適切な合金をつくる高度な冶金技術と、厳密な許容範囲で部品をつくれる工作機械が必要になる。第6章で見てきたテーマだ。したがって、使える最後のエンジンが止まって壊れる前にこうした能力が回復しなければ、社会は機械化するすべを失い、さらに後退するに違いない。この状況になったら、交通と農業に欠くことのできない機能を動かしつづけるのに、どんな予備の対策が考えられるだろうか?

機械文明を失ったら?

機械化する手立てがなくなったら、畜力を復活させなければならないだろう。二輪や四輪の荷車を引き、耕耘し、種をまくための役畜として歴史上最初に使われた動物は去勢された雄牛だった。機械化したトラクターが動かなくなったら、雄牛を再び採用できるかもしれない。シャイアホースのような輓馬は、中世ヨーロッパの戦場で鎧兜をまとって完全武装した騎士を乗せるために繁殖された馬の子孫で、去勢牛よりも速く、力強く、疲労する度合いも少ない。しかし、牛の代わりに馬を使いたければ、まずは適切な馬具を再発明しなければならないだろう。太古および古代の文明では手に入らなかった重要な装備品だ。

牛は棒状の木を首の上部に載せて、首の両側にぶら下がる細木で落ちないように支えれば、かなり簡単に軛をつけることができる。もしくは角の手前に取りつける頭部用の軛でもよい。一方、馬は体形からして紐を組み合わせた装具を付けなければならない。最も単純な馬具は「喉・腹帯式」馬具と呼ばれるもので、一本の紐は馬の肩の上から太い首まで通り、もう一本は腹の下をくぐらせてあり、荷重がかかる位置は背中の中央にあった。この様式の馬具は古代において広く利用され、アッシリア、エジプト、ギリシャ、およびローマの戦車を引くために何百年間も使われた。しかし、これは馬の身体構造上はまったく不適切なもので、犂を引くような厳しい牽引作業ではまったく使えなかった。問題は前部の紐が馬の頸静脈と気道に食い込むことで、そのため馬は強く引き過ぎれば自分で首を絞めているも同然となる。解決策は馬具をつくり変えて、馬が力を加える位置を変えることだった。

頸帯式馬具〔わらび形とも称される〕は、首の周囲に楽にはまるたっぷりと当て物を

このような急ごしらえの軽量二輪馬車も機械文明を失えば日常風景になるかもしれない

した金属または木製の輪で、荷の取りつけ位置は首の後ろではなく、体の両側の低い位置で、荷重は馬の胸と肩に均等に配分される。身体構造的に健全なこの首輪――人間工学（エルゴノミクス）にもとづくデザインの初期の利用方法――は、五世紀に中国で開発されたが、ヨーロッパでは一一〇〇年代まで広く採用されることはなかった。この馬具なら馬は全力を発揮することができた――古い不適切な馬具にくらべ、三倍は多くの牽引力をだすことができた――ので、こうして馬が引く犂が中世の農業革命においてて中心的な役目をはたすようになった。

動物の牽引力と残された乗り物を合体させると、やや奇妙な光景が見られるようになるだろう。廃棄された車やトラックのまだ使える後ろ車軸と後輪一式を拾ってくれば、木材で脇を囲った荷車の土台にすることができる。さらに簡単なのは、車を半分に切って、動かないエンジンがある前半分を捨て、後部座席と後部車輪を残しておくことだ。足場用のパイプが二本あれば、この車を引っ張るロバか牛をつなぐ棒軸に使えるはずだ。そのような急ごしらえの軽量二輪荷車が、機械文明を失った場合には日常的に見られるようになるかもしれない。

しかし、畜力に戻るためには農業生産物を人間用ではなく飼料に再び回さなければならなくなるだろう。イギリスとアメリカで農耕に動物を使用していた最盛期は、驚くべきことに一九一五年前後というごく近年のことだったが（蒸気機関車は登場してから一〇〇年を経ており、ガソリン駆動のトラクターもすでに利用できたが）、当時、耕作地のゆうに三分の一は馬の飼育に充てなければならなかった。*

農業機械を牽引し、陸上を移動するための動力を提供するのと同様に、海の干拓も漁業と商業を再び活性化させるための最優先事項になるに違いない。そして、機械化を維持できる能力が失われたら、船を帆走させることに頼らざるをえない。

最も基本的な帆の形態は、洗濯ロープに干されたシーツが風をはらむ光景を外で見たことがある人ならば、直感的に理解できるだろう。小舟の中央にマストとなる棒を垂直に立て、てっぺんから水平に、船体の長さにたいし垂直方向に帆桁となる梁を吊るす。帆桁から大きなキャンバス布を垂らし、底辺をロープで留めれば、歴史上、多数の文化で独自に発明されてきた単純な四角い横帆ができあがる。横帆は背後から吹いてきた風をとらえるもので、原始的な船ですら、追い風のときはよく進む。しかし、このような帆装では風上にたいして六〇度ほどの角度までしか近づくことはできないので、風の気まぐれに大きく左右されることになる。

　より洗練された装備は縦帆だ。これは船にたいして直角に広げるのではなく、船体の縦の線に沿った向きに掲げ、マストの一端に取りつけた傾斜した帆桁かロープで、斜めに吊るす帆だ。そのような方法で帆装された船ははるかに操作性が高く、横帆の船よりも風上にずっと近い角度で——現代のヨットは風上に二〇度までも近づける——ジグザグに進んだり間切ったりすることができる。大半の大型船は両方の種類の帆を組み合わ

＊機械文明の衰退に伴ってちょうど同じような技術面での後退が起こって、急遽、動物の牽引力を復活させなければならなかった近年の前例がある。一九六〇年代初めにカストロの革命に引きつづき、キューバがソ連の従属国になったあと、このカリブ海の島国の農業制度はソ連と東欧諸国から提供された農業機械や関連物資で変貌を遂げた。だが、一九八九年にソ連の勢力圏が崩壊すると共産主義国キューバは突然、化石燃料や備品の重要な供給源から切り離され、全国的に交通機関や機械化農業、肥料や農薬の生産が機能停止した。国民は四万台のトラクターに取って代わる相当量の畜力をすみやかに再復活させなければならず、繁殖および訓練プログラムが緊急に始められた。一〇年もたたないうちに、キューバはほぼ四〇万頭の牛を育てあげ、農地を耕作しつづけられるだけの馬の頭数も復活させた。

せている。縦帆の帆装はローマ人が地中海を航行していた時代にまでさかのぼるが、真価を認められるようになったのは十五世紀に始まった大航海時代になってからだ。ポルトガル人とスペイン人が率先して世界の海を渡り、遠方の新しい土地に出合い、長距離の貿易航路を築いた。

　縦帆を風上に向かって斜めに掲げると、まるで異なった新しい効果がもたらされる。帆に当たると風は外側にその帆を膨らませ、それが翼型〔翼の断面形状〕のような効果をもたらすのだ。湾曲した表面を勢いよく流れる気流は進路をそらされ、帆の前に低圧の空間を生みだす。横帆のように帆によって生じた空気抵抗を受けつつ風に吹かれながら波間を進むのではなく、縦帆はこの空気力学的な揚力によって前方へ吸い寄せられる。したがって、どんな物理的現象が関連するのか完全に理解しないままに、一五二二年にフェルディナンド・マゼランの探検隊は、航空機の翼や反動タービンの背後にもある空気力学を使って地球を最初に一周していたのである。

　ただし、縦帆の帆装を使って船を吹き抜ける風をとらえると、安定上の問題が生じて、船は横に傾いて転覆する危険がある。解決策は船底にバラストを積んで自動復元するようにし、船体の下に竜骨を付けることだった。竜骨はサメの鰭を上下さかさまにしたような形状のものが多く、帆にかかる転覆させるような力に抵抗する。もしこうしたせめぎ合う力を制御できて、縦帆を最適なカーブに絞って入念に調整できれば、翼型効果の背後にある物理的現象の驚くべき結果によって、実際に風に吹かれる以上に速く帆走できるようになる。

まだ修理可能な船体を見つけだせなければ、自分で船をつくらなければならない。昔ながらの造船では、厚板を縦方向に骨組みに固定し、隙間に植物繊維を詰めて松やにで塞いで防水加工をする。充分な量の錬鉄か鋼鉄板を探しだすか、製錬できれば、厚板をリベットで留めることもできる。帆は基本的に大きな布なので、第4章で見た機織り技術を応用すればよい。帆をつくるときは平織りにする。どんな繊維も緯糸(ぬきいと)方向に引っ張られたときがいちばん丈夫なことを覚えておこう。緯糸はもともと経糸(たていと)よりもまっすぐであるうえに、繊維は歪みやすく、斜め方向に引っ張られると傷つく可能性があるからだ(これをいますぐ自分のシャツの小さな部分で試してみよう)。同様に、すべてのものを結わえつけるロープは、繊維を糸に紡ぎ、その糸を今度は撚って紐にし、紐を縄にして、必要であれば縄を綱にすればよい。帆を操作するのに必要な滑車や〔複数の滑車からなる〕滑車装置は、建設現場で足場の上やクレーンで重い荷を引き揚げるのに使われている装置と同じだ。

復興期の文明は願わくは遠からずして、金属加工や工作機械を再び習得してもらいたい。使用可能なモーターのない世界で個人が自由に移動するための、機械的に簡単な輸送形態の一つは自転車だろう。ペダルを踏んで走る自転車の要(かなめ)となるのは、脚の上下運動を車輪にふさわしい回転運動に変えるクランクだ。しかし、自転車にはまだ解決しなければならない大きな工学上の問題がある。子供用の三輪車のように軸に固定されたペダルでは、この回転運動を、車輪とじかに結びつけるわけにはいかない。これでは取りつかれたように足を動かさなければ、なんら意味のある速度がだせないからだ。その場合、最も単純なやり方は大きな前輪を取りつけることだ。円周が巨大であれば、わずかな回転数でもそれなりのスピードがでる。これが〔十九世紀にイギリスで発明された〕滑稽な姿のペニー・ファージング自転車の直径一メートルを超える前輪の背後にあったアイデアだった。はるかによい解決方法は——僕らには明白に思われるが、一八八五年にようやくある自転車製造業者が思いついたものだ——歯車(ギア)という、大昔からある機械システムを鎖と結びつけて使うことだ。サイズの異なる二つの鎖歯車(スプロケット)がペダル・クランクの動きよりもずっと速く後輪を回転させ、双方が機械的にローラーチェーンで結びつけられているものだ(チェーン自体はレオナルド・ダ・ヴィンチが十六世紀に描いた設計図とよく似ている)。もう一つの主要な動作原理は、ハブとハンドルを垂直方向につないでいたステムをやや後方に傾けたことだ。それによって横方向によろめいても、前輪は自然にうまく舵取りできるようになり、自転車に固有の安定性を与えることになった。*

動力付き輸送機関の再発明

いずれ、復興する文明はエンジンを組み立てるのに必要な高度な冶金学と工学を学ぶようになるだろう。だが、社会が役畜と帆に頼る段階まで後退したら、参照できる残された見本もないままどのように内燃機関を再発明できるだろうか？　僕らの車のボンネットの下で脈打つ心臓はどんな構造をしているのか？

どんな複雑な機械であっても、実際には別々の発展の道をたどってきたさまざまな部品を新たに寄せ集め、目の前にある特定の問題を解決したものに過ぎない。内燃機関はそのことを如実に示す例である。金属の表皮をむいて、自家用車を有機物のように解剖すれば、人体にある多様な臓器や組織のように相互に作用し合う無数の下部組織があることに気づくだろう。

では、自動車の機能を支えるのはどんな基本原理で、どうすれば一からそれを設計できるだろうか？

第8章では外燃機関の動作原理を見た。蒸気機関は燃料を焚いてボイラーを熱し、蒸気をシリンダー内に送り込む。それよりはるかに効率よく燃料に閉じ込められた化学エネルギーを使うには、仲介者を省いて燃焼そのもので生成された熱いガスの圧力を使って機械を動かすことだ。ごく少量の燃料を限定された空間内に導いたあとで点火すれば、その結果、熱いガスが爆発で拡張してピストンを押しやり、人間に代わって作業をして

＊一般に信じられているのとは裏腹に、自転車の安定性は低速度ではとくに、回転するタイヤのジャイロ効果とはほとんど関係がない。

くれる。これを毎秒数回繰り返せば、動力を供給する恒常的で安定した手段が得られるのである。シリンダーを次の爆発に備えて元の状態に戻すには、バルブを開いてから注射器のようにピストンを押し戻して、排気ガスを噴出させる。その後再び引き下げて酸素をいっぱいに含んだ空気を、もう一つのバルブからの新たな燃料とともに吸い込む。この混合物を圧縮し始め、濃度の濃い熱い気体にしてから再び点火する。この四ストロークのサイクルが、地球上にあるほとんどの内燃機関の急速に鼓動する心臓なのである。

燃料がシリンダー内に入ったあと、その燃焼を引き起こすには二つの選択肢があり、これが現代のガソリンとディーゼルの二種類のエンジンの違いとなっている。まずはエタノール（もしくはガソリン）のような揮発性の液体を、気化器（キャブレター）内で空気と混ぜることで気化させてから、シリンダー内に導いて電気によるスパークプラグで点火する。ディーゼル油のような重い炭化水素原子の混合物は、圧縮ストロークの最後に細かい噴霧状にしてシリンダー内に噴射して気化させれば、極端に圧縮された空気の温度が急上昇した結果、自然発火させることができる（タイヤに空気を入れたあと、足踏みポンプのノズルを触ったことがある人なら、空気を圧縮することでそこがいかに熱くなるか気づいているだろう）。もしくは本章の初めのほうで見たように、シリンダー内に直接パイプでガスを送り込み、エンジンに燃料を補給することも可能だ。

乗り物に動力を供給するうえでの難題は、ピストンによる前後への繰り返し運動を、タイヤやプロペラを回すのに使える滑らかな回転運動に変換することだ。この重要な運

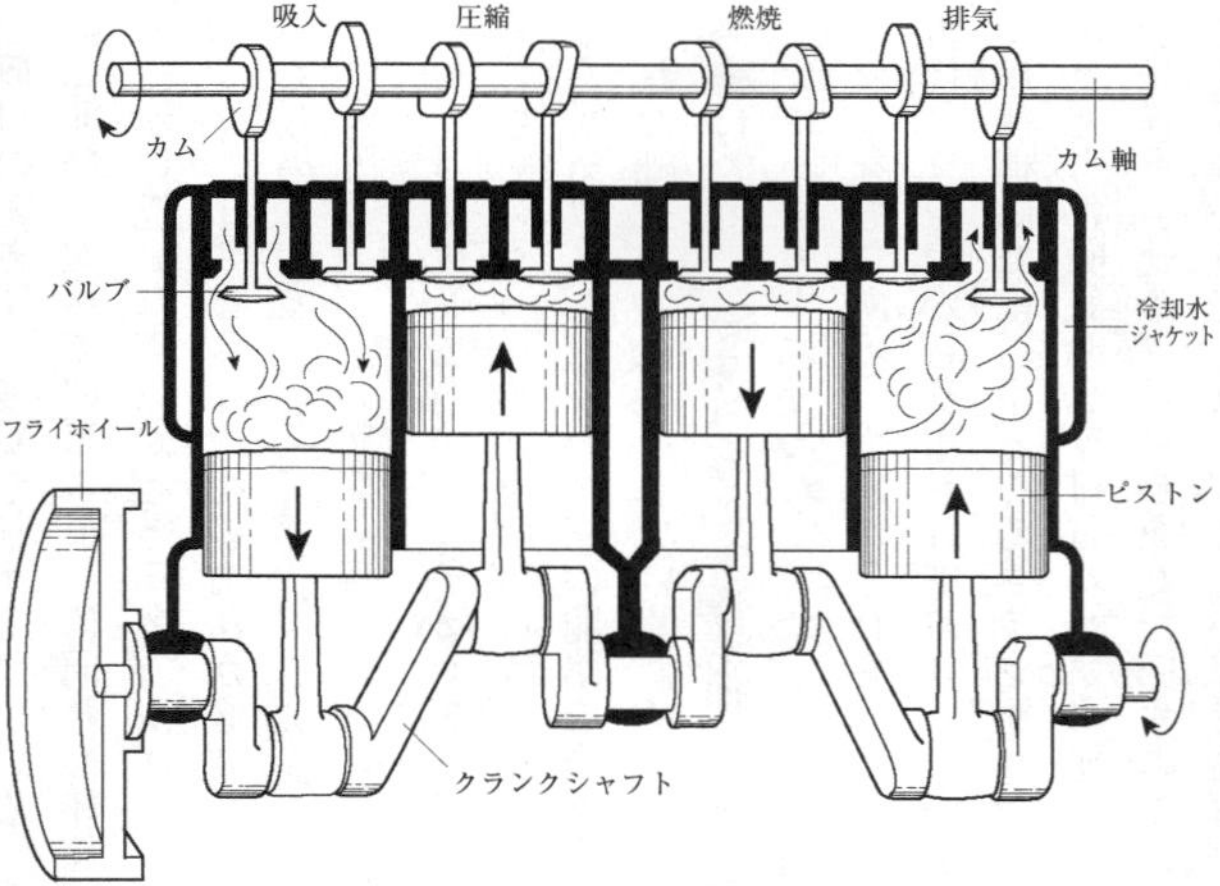

シリンダー（気筒）とピストン、クランクシャフトからなる４ストロークの内燃機関。動力はフライホイール〔弾み車〕に伝えられ、さらにバルブの開閉を調節するカム軸にも伝わる

動の変換をやり遂げる装置は、自転車で見たのと同様の、クランクである。クランクは機械ではしばしば、往復運動をする部品と回転軸に接続して回る連接棒とともに使われる（自転車では、自分の脚がペダル・クランクとともに連接棒の役割をはたす）。そのような重要な仕組みが登場した最初の例として知られるのは、三世紀のローマの水車に設置された装置で、川の水力による回転運動を、長い鋸を前後に動かして木材を切る運動に変換するものだった。

現代のエンジンは点火する複数のピストンの動力を組み合わせたものだが、クランクシャフトと呼ばれる若干の変更が加えられている。ねじ曲がったハンドルのようなものが一定間隔に並び、すべてのピストンに同じ心棒を回転させる仕組みだ。いくつかのシリンダーでたがい違いに点火が起きると、シャフトを回す爆発的衝撃がぎくしゃくするので、回転をスムーズにするための方法が必要になる。この場合、解決方法は古代の土器・陶器づくりの技術からもたらされる。クランクシャフトの端にはフライホイール〔弾み車〕が取りつけられ、轆轤（ろくろ）に載っている重い石の円盤とまったく同じ役割をはたしている。回転する勢いを保ち、滑らかに回すことだ。

古代からのもう一つの機械部品が、動力サイクルのなかで燃料を取り入れ、シリンダーから排気ガスをだすバルブの開閉を調整するために必要となる。カムは軸の通る中心がずれた細長いかたちをしているため、シャフトで回転させるとレバーをリズミカルにもちあげたり、「フォロワー」棒を押しやったりする動きに使える。カムは過去には、トリップハンマーに使われていた。カムの引っかかりが通り過ぎると水車の動力が重いハンマーをもちあげ、カムがそれを放すと、ハンマーが落ちて打撃が与えられた。カムは古代ギリシャから利用されており、十四世紀に中世の機械のなかに再び登場した。現代の燃焼機関では、主となるクランクシャフトで動かされた一連のカムが、ピストンの周期とともに吸気および排気バルブの操作タイミングを完璧に合わせている。

船を推進させるプロペラをただ回すのではなく、陸上の乗り物を動かすためにエンジンを使うつもりであれば、まだいくらか解決しなければならない技術上の難題がある。

エンジンの基本設計は片づいたが、機械上の次の課題はその駆動力をタイヤに伝えることだ。自動車の動力装置で、直感的に最も理解できる部分の一つは変速装置（トランスミッション）だ。要するにこれは組み合わせるギアを変えるためのもので、紀元前三世紀にまでさかのぼる歯車と鎖の同じ基本的原理で作動する。内燃機関は非常に高速で回転（レヴと呼ぶ）する。低速（ロー）ギアでは、ドライブシャフト〔駆動軸、エンジンの動力を車輪に伝える回転軸〕がエンジンのクランクシャフト側のギアより小さいギアに入っており、回転速度よりも回転する力を優先する際に使われる。こうした大きな回転力（トルク）はとりわけ加速時または坂道を上るときに必要になる。

ギアを入れ替えられるようにするための関連の装置がクラッチだ。多くの自動車では、この部品はフライホイールにしっかり接触した粗目の円盤を通して、エンジン出力を伝えている。皮肉なことに、モーターを滑らかに動かすのは摩擦なのだ。この円盤とフライホイールは、エンジンをドライブシャフトの動きから切断するために引き離すことができる。同様のシステムは旋盤のような初期の木工具でも、動力源から機械を切り離せるようにするために使われていた。

初期の車は自転車の技術を切り貼りしており、後車軸（リアアクスル）をチェーンとスプロケットで駆動していた。エンジン出力をより効率よく伝える方法は回転するドライブシャフトだが、この駆動軸が運転中の揺れで折れないようにするには、ある程度の柔軟性がなければならない。では、どうすれば硬い棒が動力を伝えつづけながら、どんな方向にも曲げたり戻したりできるようになるだろうか？　解決策はその軸の途中に二つの自在継手(ユニバーサルジョイント)を取りつけることにあった。ジョイントはそれぞれ接続し合う二つの蝶番からできており、一五四五年に最初に考案された概念だった。

自分の車が走るようになったら、次に取り組むべき火急の問題は、運転席から車輪をうまく操縦する方法を考えだすことだ。初期の車は、船の舵を操作するための海洋工学からじかに借りてきた〔棒状の〕舵柄(だへい)を使っていた。しかし、もう少々考えることで、はるかによい解決策が見つかった。今度の方法は、紀元前二七〇年ごろにさかのぼる古代の水時計に端を発する技術を取り入れていた。ラック・アンド・ピニオン〔回転運動を直線運動に変える装置〕は、ピニオン歯車と、それに対応する歯が刻まれた長い棒状の歯棹(ラック)を組み合わせてつくりだされた仕組みだ。車のハンドルはピニオンを回す軸とつながっており、ピニオンが回るとラックが左右に移動して前輪の角度が変わる。

工学上では最後にもう一つ問題がある。二つの車輪を同じ車軸に固定したときに生ずるものだ。車がカーブを曲がるとき、外側の車輪は内側よりもいくらか速く回転する必要があり、回転数が一緒に固定されていれば、どちらもスリップするか引きずられることになり、操縦が難しくなって、タイヤも傷つく。差動装置と呼ばれる、四つのギアを組み合わせたに過ぎない部品からなるシステムのおかげで、双方の車輪は異なる速度で回転しながら、エンジンによって動かせるようになった。この独創的な装置は一七二〇年からヨーロッパの機械には応用されているが、おそらく紀元前一〇〇〇年の中国にまでさかのぼるものだ。

したがって、真新しいスポーツカーのような、現代の技術の頂点を表わすものと考えられるような機械も一皮剝けば、時代をはるかにさかのぼったさまざまなメカニズムから取り入れた部品の寄せ集めであることがわかるだろう。轆轤、ローマの製材水車、トリップハンマー、木工旋盤、それに水時計である。

内燃機関は素晴らしい機械で、燃料に潜在する化学エネルギーを滑らかな運動に変換することもでき、今日の交通機関の大半を（高速の飛行機に使われるジェットエンジンと大型船の蒸気タービンとともに）支えている。こうしたエンジンに使える気体または液体の燃料を生産する方法については検討したし、満タンの燃料タンクは、再補給が必要になるまで長距離を旅するための素晴らしく濃密なエネルギー供給源となる。大破局後の社会も大いに復興が進めば、長距離の陸上または海上の交通において、内燃機関が間違いなく再び役目をはたすようになるだろう。だが、問題は原油が容易に手に入らなければ、後世の文明は燃料源を限定されるかもしれない、ということだ。一九二〇年代以降、エンジン付きの動力車が広く普及したのは、石油精製所からの安いガソリンが使えたためであった。一から社会を再建する場合には、交通機関のインフラを築くための発展の道として、ほかにどんな代案があるだろうか？

作物を植えて、その一部だけを摘んで圧搾してバイオディーゼル燃料にしたり、発酵させてエタノールを精製したりするよりは、収穫物全部を燃やすほうがじつは簡単かもしれない。ボイラーを焚いて蒸気タービンを動かし発電すれば、スイッチグラス〔北米原産のキビ属の多年草〕やススキ属などの生長の速いバイオマス作物、もしくは雑木林がとらえたすべての太陽エネルギーをはるかに有効利用できるだろう。バイオ燃料および風力・水力発電から持続可能な方法で発電された電力は、固定の路線上で電車やトラムを走らせるために、もしくは小型の乗り物のバッテリーを充電するために、架空線を使って分路すればよい。電気自動車は一エーカーの土地からの作物があれば、同じ作物を使って精製したバイオ燃料を給油した内燃機関よりも遠くまで走れる。そのうえ、蒸気タービンを動かすボイラーはバイオ燃料合成に必要となるものよりも、ずっと質の悪い植物で焚くことができる。その電気を熱電併給（CHP）プラントで発電すれば、廃熱で近隣の建物を暖房することも可能だ。エネルギーが制限された社会では、燃料消費の効率を最大限にするために、総合的な思考をする必要があるだろう。そして、大破局後の文明の都市交通はおそらく圧倒的に電力になると思われる。

それどころか、かつては電気自動車が一般的だった。二十世紀の初頭には、根本的に異なる三つの自動車産業技術が優位を競っており、電気自動車は蒸気およびガソリン駆動の自動車との競争でも引けを取らなかった。機械的にはるかに単純で安定しているうえに、静かで煙もでないからだ。シカゴでは電気自動車が自動車市場で優勢に立ってすらいた。電気自動車の生産がピークに達した一九一二年には、三万台がアメリカの市街を静かに走っていたほか、さらに四〇〇〇台がヨーロッパ各地で使われていた。一九一八年には、ベルリンのモーター付きタクシーの五分の一は電気自動車だった。

バッテリーを搭載した電気自動車の欠点は（軌道上部の架線から連続して電気を供給できる電車やトラムとは異なり）、重量のある大きなバッテリーでも大容量のエネルギーを蓄電することはできず、いったん枯渇すると、バッテリーの充電に長い時間がかかることだ。こうした初期の電気自動車の最大走行距離は一六〇キロほどだったが、*これは馬よりは長距離で、都会で乗る分には充分過ぎるものだった。解決策はバッテリーが充電されるのを待つ代わりに、単純に交換スタンドに立ち寄って、切れた電池をフル充電されたものにそっくり取り替えることだった。マンハッタンでは一九〇〇年に電気タクシーの一団が順調に操業しており、中心部にあるスタンドが残存量のなくなったバッテリーを新しいトレーと手早く交換していた。

となると、大破局後の社会はバイオ燃料による内燃機関と電気自動車を合わせて利用すれば、僕らの発展期に恩恵をこうむった大量の石油がなくなっても、交通機関が必要とするものを供給できるだろう。そこで今度は人びとや物資の交通から、アイデアの伝達に目を向けることにしよう。次章では、コミュニケーション技術を探究する。

＊皮肉なことに、一六〇キロという距離は現代の電気自動車でもまだ最大走行距離である〔本書執筆時〕。バッテリー容量や電気モーターは技術的に改善されたが、その分がちょうど車のサイズと重さの増加分と相殺されてしまい、電気自動車の運転者は「充電不安」に苦しむことになっている。

第10章 コミュニケーション

「古代の国からきた旅人に会った
旅人はこう語る。胴体のない大きな石の脚が二本
砂漠に立っている。近くには、砂に
なかば埋もれ、砕けた頭部が横たわる。そのしかめ面と、
すぼめた唇、冷たく命令を下す嘲笑は、
彫工が激情を見抜いていたことを語る
憤怒の情はいまも、動かない物体に刻印され、
それを風刺した作り手よりも、怒りを煽った心よりも長らえる。
そして台座にはこんな言葉が刻まれている。
『わが名はオジマンディアス、王のなかの王。
わが功績を見よ、剛の者、そして嘆くがよい!』
ほかには何も残っていない。その巨大な残骸が
崩れ落ちた先には、はてしなく殺風景に
寂しく平らな砂漠がはるか彼方まで広がる」
――「オジマンディアス」パーシー・ビッシュ・シェ

インターネットという、どこにでもあるワイヤレス・ネットワークと携帯型スマートフォンがある今日、世界中のどこでもコミュニケーションは楽々と瞬時にはかれる。僕らはeメールやスカイプ、ツイッター経由で連絡し合い、ウェブサイトはニュースや情報を広め、人類の知識の宝庫にも自分の手のなかの機械から到達することができる。しかし、大破局後の世界では、もっと昔ながらの情報伝達技術に戻る必要があるだろう。

筆記

筆記が発明される前は、知識は生きている人間の記憶伝いに流布し、話し言葉によってのみ伝達された。だが、口碑伝承ではある程度の情報しか蓄えられず、人びとが死ぬと、アイデアが永久に失われる危険がある。その点、いったん物理的な媒体に記録されると、考えは忠実に保存され、何年ものちにも参照され、年月を経るなかで築きあげられてゆく。筆記を発達させた文化は、民衆の記憶の寄せ集めのなかに埋蔵するよりも、はるかに多くの知識を蓄積できる。

筆記は文明の根本的な実現技術の一つであって、話し言葉であったものを連続して描かれた形状に変えるという、概念的な飛躍を伴う。すなわち、言語の個々の音声を表わす任意の文字（英語の音素など）か、特定の事物や概念を象徴する符号（中国語の形態素など）である。初歩の段階では、筆記によって交易条件や土地の賃借、もしくは法典を恒久的に記録できるようになる。しかし、社会を文化的、科学的、技術的に成長させるのは、筆記による知識の蓄積なのである。

現代の世界では、ペンや紙のような文明の必需品を僕らは当たり前のものと考えるようになっているので、封筒の裏に買い物リストを書き留めようとしてできなかったり、たった二分前に置いたボールペンがなぜか消えてしまって嘆いたりするときに初めて、それらがいかに不可欠な存在か気づく。僕らの文明から紙は豊富に残されるだろうが、紙はとりわけ消失しやすい材料でもあり、放置された市街地を野火が襲えば簡単に燃えるだろうし、湿気が多い場所でも、冠水しても朽ちはてるだろう。どうすれば自分で容易に紙を大量生産し、過去に使用されたパピルスや羊皮紙のような、生産に時間のかかるその他の材料から一足飛びに移行できるだろうか？

紙は西暦一〇〇年ごろに中国で発明されたが、ヨーロッパまで伝わるのに一〇〇〇年以上の歳月がかかった。だが、木材パルプからつくる現代の紙は、驚くほど近代になって導入された技術なのだ。十九世紀末まで、紙は主としてぼろぼろになった亜麻布（リネン）の端切れをリサイクルして製造されていた。リネンは植物のアマの繊維からつくられた布だが（第4章参照）、繊維質の植物であれば原理上は紙にすることができる。アサ、イラクサ、イグサなどの硬い草である。しかし、需要が増え、後述するように、印刷機によって書籍や新聞が大量に発行されるようになると、ほかに適した繊維がないか真剣に探し求められた。木材は確かに良質な製紙用繊維の優れた供給源となるが、太くて堅い木の幹を、どうすれば骨の折れる作業工程を経ずに、軟らかくて短い繊維からなるきめ細かいドロドロのスープ状のものに変えられるだろうか？

紙を非常に軽いが丈夫なものにしている繊維は、セルロースからできている。化学的にはこれはあらゆる植物で細胞同士を結ぶ主要な構造分子として機能する長鎖の化合物であり、とくに茎と脇芽に多く含まれている。セロリを噛んでいるとき歯のあいだに挟まるのが、セルロースの髄質の筋だ。しかしセルロース繊維は、頑丈な木の幹や灌木のなかでリグニンと呼ばれる別の構造分子によって補強されており、これがセルロース繊維を束ねて木にしている。木にはそれによって重みに耐える丈夫な柱となる中心部分と、太陽の前に枝を広げて葉をかざすための理想的な材料が与えられているわけだが、僕らにとってセルロース繊維は嘆かわしいほど手に入りにくいものとなっている。

従来は、植物繊維は幹や茎を押しつぶし、浸漬――数週間ほど淀んだ水に浸けて微生物に繊維を分解し始めさせる――してから軟らかくなった茎を強く叩いて、猛烈な力でセルロース繊維をほぐしていた。幸いなことに、それよりずっと効率のよい製法にまっすぐ進むことで、多くの時間と労力を節約できる。

木材でセルロースとリグニンを結びつけているものは、加水分解という化学的切断プロセスに弱い。これは石鹸づくりで鹸化の際に使用するのと同じ分子操作で、まったく同じ方法でそれを達成できる。その目的のためにアルカリを集めることだ。木や植物で使える最良の部分は茎や幹、枝で、根や葉には必要なセルロース繊維はたくさん含まれていない。それらを細かく刻んでなるべく多くの表面積が溶液の作用にさらされるようにしてから、沸騰した苛性アルカリ溶液入りの容器に数時間浸す。これで重合体(ポリマー)の維持していた化学結合が崩れて、植物構造はやわらかくなって分解する。苛性溶液はセルロースとリグニンのどちらも攻撃するが、リグニンのほうが早く加水分解するので、紙をつくるための貴重な繊維を傷めずに解放する一方で、リグニンは劣化させ溶解させる。セルロースの短い白い繊維が、リグニンによって茶色くなったドロドロのスープの上に浮いてくるだろう。

第5章で見てきたアルカリ——カリ、ソーダ灰、石灰——はどれでも使えるが、歴史の大半を通して好まれてきたのは消石灰(水酸化カルシウム)だった。消石灰なら石灰岩を熱することで大量に生成できるが、カリは木灰を水に浸けるため大量生産するのにかなり労力を要するからだ。しかし、ソーダの人工合成方法がわかれば(第11章でもう一度これについては触れることにする)、化学的パルプ化のために圧倒的に望ましい選択肢は苛性ソーダ(水酸化ナトリウム)となり、これを使うことで加水分解は強力に推進される。パルプ化用の容器に消石灰と苛性ソーダを混ぜることで、この反応をじかに引き起こすのである。

回収されたセルロース繊維をうらごし器に集め、リグニンのくすんだ色がなくなるまで何度かすすぐ。できあがった紙の色を薄くしてきれいな白にしたければ、この時点でパルプを漂白する。次亜塩素酸カルシウムまたは次亜塩素酸ナトリウムはどちらも強力な漂白剤となり、塩素ガス（海水を電解して生成——三〇三〜三〇四ページ）をそれぞれ消石灰もしくは苛性ソーダと反応させることでつくることができる。この漂白効果の裏にある化学現象は酸化だ。色付きの化合物内の結びつきが崩れて分子が破壊されるか、色のない形態に変わるのである。漂白は製紙だけでなく、繊維生産にもきわめて重要なので、復興期に化学産業を拡大するための重要な原動力の一つとなるかもしれない。

このスープ状のセルロースを少量、目の細かい金網か四方を枠に固定した布のふるいの上に注ぎ、水が落ちてゆくにつれて繊維がぐちゃぐちゃのマット状になるようにする。これを加圧して残っている水分を絞りだし、平らで滑らかなシート状の紙にしてから乾くのを待つ。

衰退した文明が残した道具をいくらか拾い集められれば、小規模な製紙業はずっと楽に営めるだろう。発電機を動力とする木材を粉砕するチッパー、もしくは大型のフードプロセッサーですら、植物を砕いてドロドロのスープにする作業を軽減するだろう。もっとも、風車や水車を利用して、材料を叩くトリップハンマーを動かすのに必要な機械力を提供することも可能だ。

しかし、滑らかできれいな紙をつくりだすことは、筆記を意思伝達に使って、知識の恒久的な蓄えを記録できるようになるための途上でしかない。すべてのボールペンが乾いてしまうか消滅したあと、きわめて重要になるもう一つの作業は、書き言葉を記せる安定したインクをつくることだ。

間違って綿のシャツにこぼした場合に、腹立たしいほど染みが落ちないものであれば、原理上はなんでも、間に合わせのインクとして使用することができる。たとえば、濃く色づいたベリー類を一つかみ摘んで、潰して果汁を搾りだし、それを漉して潰れた果肉を取り除き、保存料として少量の塩をそのなかに溶かせばよい。だが、植物抽出物でつくるインクの大半で生じるいちばんの問題は、それが恒久的に残らないことだ。自分の言葉を保存するためには、復興する社会が新たに蓄積した知識を無期限に残すためには、紙からすぐに流れたり、日に当たって退色したりしないインクがぜひ欲しいものだ。中世ヨーロッパに登場した解決策は、没食子(もつしよくし)インクと呼ばれるものだった。実際、西洋文明の歴史そのものが、没食子インクで書かれてきた。レオナルド・ダ・ヴィンチはこのインクでノートに書いた。バッハはこれでコンチェルトや組曲を書いた。ヴァン・ゴッホもレンブラントもこれでスケッチした。アメリカ合衆国憲法はこのインクで後世に委ねられた。そして、当初の没食子インクと非常によく似た調合方法は、今日もまだイギリスで広く使われている。出生、死亡、結婚証明書のような法的書類に用いなければならない登記官用インクは、中世の製造法とまったく同じやり方でつくられている。

アイアン・ゴール・インクという英語名からわかるように、没食子インクの調合法には二つの主要な原料が含まれている。鉄の化合物と虫こぶ（ゴール）からの抽出物である。虫こぶはオークなどのブナ科の木の枝に見られ、寄生バチが葉の芽に卵を産むことによって、木が刺激されてその周囲が膨らむことで形成される。虫こぶにはガリウムとタンニン酸が豊富に含まれるので、それを硫酸鉄——鉄を硫酸に溶かしてつくる——と反応させる。没食子インクは最初に混ぜたときはほとんど色がなく、別の植物性染料を添加しなければ、自分がどこに書いているのか見分けるのが難しい。しかし、空気にさらされると鉄成分が酸化するため、乾いたインクは耐久性のある深い黒に変わる。

原始的なペンもやはり、昔ながらの方法でつくることができる。鳥の羽根（歴史的にはガンかカモが好まれた）を湯に浸し、羽軸内の物質を引っ張りだす。先端を（斜めに）切り込んで尖らせてから、底面を緩やかなカーブを描いて裁ち落とし、典型的なペン先形にする。尖った先端からやや奥まで切れ込みを入れることで、書きながらインク壺にペンを浸けるたびに、ペン先にわずかなインク溜まりができるようになる。

印刷

筆記がアイデアを恒久的に保管し蓄積できるようにするうえで欠かせない発展だとすれば、印刷機は人間の思考を急速に複製し、広範囲に広めるための機械である。今日、先進国は非常に高い識字率を誇り、日々推定四五兆ページが書籍、新聞、雑誌、パンフレットとなって印刷されている。

印刷機がなければ、書類を複製するには、専任の写字生のチームが何週間も懸命にそれを手で書き写さなければならなくなるだろう。有力者や富裕者だけがそのようなプロジェクトを実施できるようになり、それはつまり承認されたか評価された文献のみが写本されることを意味する。しかし、印刷機が発達すれば、知識は民主化する。社会の誰もが学習できるようになるばかりか、新しい科学理論から急進的な政治思想まで、誰もがみずからの考えを急速に広められるようにもなり、討論が奨励され、変革が推進される。

印刷の基本原理は、一ページに書かれたことが長方形の枠内に並べられた活字の列――立方体状のブロックの表面に文字が浮き彫りされたもの――として再現されることだ。活字はインクをつけて、紙の上に押される。枠内に活字が組まれたら、同じページは何度でも非常に素早く複製できる。作業が終われば、文字は単純に次の文書のページに組み直される。原始的な印刷機でも写字生より何百倍も速く複製をつくれる。

十五世紀のドイツでヨハネス・グーテンベルクが発明した組み替えられる可動活字の印刷機を復活させるうえで、解決する必要のある大きな難題が三つある。*まず、大きさがきっちり揃った活字を大量生産する簡便な方法を探さなければならない。ページに印字するには均等にかつ、しっかりと圧力をかける仕組みを考案する必要もある。さらにペン先から易々と流れでるものではなく、金属の活字の複雑な細部までしっかりと吸いつく新しい種類のインクも開発しなければならないだろう。

最初の課題は、活字をつくるのにどんな材料を使うのかである。木なら容易に彫れるが、熟練の職人が丹念に仕事をして、一つひとつの活字――およそ八〇種類の文字（大文字と小文字の双方で）と、数字、句読点、および一般的な記号――を手作りしなければならず、さらにそっくりの活字を多数つくる必要がある。しかもそれだけ懸命に作業をしても、一つのスタイルの、一つのフォントの大きさによる活字一組分にしかならない。

したがって、印刷本を大量生産するためには、まずは印刷の道具を大量生産しなければならない。これは活字を鋳造することで達成できる。溶融金属でそっくりな文字のブロックを鋳造するのである。角が完全に直角で、側面が滑らかでまっすぐな活字で、並

＊中国ではヨーロッパで普及するより、ゆうに一〇〇〇年は前から紙が開発され、木版印刷を使って文献が出版されていたのに、なぜグーテンベルクが採用した可動活字へのステップを踏むことはなかったのだろうか？　理由はおそらくヨーロッパの筆記と東洋の文字の性質の根本的な違いにまで掘り下げられるだろう。西洋の筆記は少数の文字を並べ替えることで、異なる単語の音を綴る組み合わせにするようにできているが、中国語の書き言葉は膨大な数の複雑な合成文字で構成されており、それぞれが特定のものや概念を表わしている。西洋の文字のこの単純な並び替えが、可動活字の印刷に役立つのである。

活字鋳造のための鋳型。文字を刻印された母型は真ん中の空洞部の底にある

べたときに隣同士ぴったりと収まるブロックをつくるコツは、内側が正確な直方体状に空洞になった金型で活字を鋳造することだと、グーテンベルクは気づいた。それぞれの文字の形状は、鋳型の底に交換可能な母型を置くことで、ブロックの字面に鮮明に形成できる。こうした母型は銅などの軟らかい金属でつくればよく、ごく単純に〔文字の父型を彫った〕硬い鋼鉄製パンチを銅の塊に叩きつけて、文字型の正確な窪みをつければよい。この方法なら、やらねばならないのは一度だけそれぞれの文字、数字、記号を別々のパンチに彫ることだけで、そうすれば同じ活字をいくつでも易々と製造できるようになる。

最後にもう一つ、西洋の文字の性質

が投げかける問題がある。それぞれの文字の胴回りが大幅に異なることだ。ほっそりした「i」やすらりとした「l」にくらべれば、「O」は太めだし「W」は肩幅が広い。読みやすくするには、細めの文字や数字の周囲がぽっかりと空白にならずに、どの文字も寄り集まらなければならない。その結果、ページ上に均等に印字するにはどれもきっかり同じ高さで、幅はそれぞれ異なる直方体状の活字を鋳造できなければならない。

その解決策は、印刷の基本的要素を絶妙に大量生産する方法を考えだしたグーテンベルクのひらめきの最後の輝きだ。鋳型を点対称になった二つのパーツに分けてつくったのである。L字型の二つのパーツを向かい合わせると、あいだに直方体状の空間ができる。この空洞部分を囲む壁面は、〔二つのL字型をずらすことで〕簡単に近づけることも遠ざけることもでき、鋳型の高さや奥行きは変えずに、幅だけ楽に調整することができる（両手の親指と人差し指を使って、この独創的な仕組みがどうなっているか見てみよう）。こうなれば、完璧に形成された活字を鋳造する作業は、鋳型の底に刻印した必要な母型を置いて、幅を決め、溶融金属を注ぎ、固まったら二つのL字型パーツをまた離して、完成品を取りだすだけの簡単なものになる。

一ページ分の活字を組んだら、字面にインクをつけ、複雑に込み入った模様として白紙に転写する。強い力をかけるための機械装置には、レバーや滑車の装置を含め、さまざまなものがあり、これらはどちらも製紙工程で余分な水分を搾りだすために歴史を通して使われてきた。グーテンベルクはドイツのワイン生産地で育ったので、自分の画期的な発明にもう一つ古代からの装置を取り入れた。スクリュープレスは一世紀までさかのぼるローマ時代の技術で、ぶどうやオリーブの果汁を搾るために広く使われている。これは二枚の板にしっかりと均一に圧力をかけ、インクをつけた活字をページに押しつけるには理想的で手軽な仕組みにもなる。印刷技術のこの主要な要素は、新聞にたいする集合名、およびその延長で報道に携わるジャーナリストも表わす言葉、「プレス」として、今日も残っている*。

紙が手に入ることは、印刷機のための必要条件ではない。この技術は子牛などの皮を使った羊皮紙でも使えるからだ（ただし、切れやすいパピルス紙には使えない）。しかし、大量生産された紙がなければ、印刷本は大衆が手に入れられるほど安く製造することはできないので、それによる社会革命的な力は実現しないままになるだろう。いまお手元にある本が、グーテンベルクの最初の聖書と同じ活版印刷の形式で羊皮紙を使って発行されていたら、一冊の本をつくるのに子牛の丸ごとの皮がおよそ四八頭分は必要になるだろう。

しかし、印刷が成功するかどうかは、適切なインクしだいだ。没食子インクのような手書き用に開発された流動性の高い水性インクは、印刷にはまったく向いていない。文字を鮮明に印刷するには、細かい活字の金属の表面にしっかりと付着するだけの粘性があり、そのあとでこすると汚れたり、流れたり、滲んだりせずに紙にきれいに転写できるインクが必要になる。グーテンベルクは、ルネサンスの芸術家のあいだで始まったばかりの流行を借用して、この難題を解決した。油性塗料の使用だ。

古代のエジプト人も中国人も、おおよそ四五〇〇年前のほぼ同時期に煤を原料とした黒いインクを開発した。煤の小さい炭素粒子は、ラテックスやゼラチン（動物性膠、第5章参照）のような増粘剤と水と混ぜるとすばらしく黒い顔料として使える。これがインディア・インク〔墨、墨汁〕の成分で、その名前にもかかわらず、中国で最初に開発され、インドに流通したもので、いまでも芸術家のあいだでよく使われている。カーボンブラック顔料の粒子の懸濁液は、コピー機やレーザープリンターのトナーの原料にもなっている。煤の粒子は、油を燃やしたときにあがるランプブラックと呼ばれる煙の多い炎から回収できるし、木材、骨、タールといった有機物を炭化させてもよい。

カーボンブラック顔料には長い伝統があるものの、膠やラテックスで粘性を増したイ

＊重要な条約を増し刷りするなど、将来に同じ文面を再度刷りたくなる可能性があれば、ページごとの形状を保存しておくことで、個々の活字を何千個も再び組み直す手間を省くことができる。活字そのものは枠内で組んだままにしておくには貴重過ぎるが、石膏で文書のレイアウトの型を取れば、一ページ丸ごとの金属板を鋳造する鋳型にできる。これがステレオタイプ〔画一的な見方〕という言葉の原義である。こうした鉛版〔ステロタイプ〕は俗語でクリシェと呼ばれているが、これは鋳造する際にでる音に由来するようだ。したがって、クリシェを使うのは、一般向けに印刷された文書の版を増刷することなのである〔クリシェは決まり文句という意味で使われる〕。

ンディア・インクは印刷機には向いていない。必要となるのはまるで異なる粘性と乾燥形態のインクなのだ。ここでグーテンベルクはルネサンスの油彩のごく初期からの知恵を拝借した。ランプブラックを亜麻仁油（リンシード）またはくるみ油と混ぜるとよく乾燥し、緩い水性インクよりも金属の活字にはるかによく付着する（ただし、亜麻仁油は使う前に加工しなければならない。ゆでて上部に分離してくるどろりとした粘液は除去する）。インクの秘訣である粘性は、テレピン油と松やにという、二つの原料で調整することができる。テレピン油は油性塗料の薄め液に使われる溶剤で、マツをはじめとする針葉樹から採取した樹脂を分溜して生成する（二六一ページ参照）。一方、分溜中に揮発成分が除去されてあとに残った硬い固形の松やには、溶剤の増粘剤になる。相反するこの二つの成分のバランスを微調整すれば、インクの粘性は完璧なものになるし、くるみ油とテレピン油の比率を変えることで乾燥具合も調整できる。

したがって印刷によって復興する文明のなかで知識は迅速に複製され、書いたメッセージを送ることで長距離通信も可能になる。しかし、メッセージを物理的に運ぶ手間をかけずに、電気を使って広域の通信をするにはどうすればよいのだろうか？

電気通信

電気は素晴らしいものだ。電気はそのために敷設された電線に沿って、ほとんど瞬時に駆け抜け、操作スイッチから遠く離れた場所で目に見える効果をあげる。たとえば、別の部屋で電球を灯すことなどだ。しかし、別の建物同士や都市間、あるいは大陸をまたいで対話をしようと思えば、単に電球に電気を送る回路を延長して、たがいにメッセージを点滅し合うわけにはいかない。この場合、エネルギーを吸収してしまう抵抗が敵となる。〔長距離通信を試みなければならないほどの〕意味のある距離を越えて電球を点灯するには、電圧が充分ではないだろうからだ。だが、第8章で見たような良質の電磁石ならば、わずかな電流からでも感知できる磁場を生みだすだろう。釣り合いを保っている軽い金属製レバーを電線の末端に取りつけて、電磁石に電圧が加わるたびにブザーが鳴るように近づけておけば、このうえなく感度のいいスイッチとして利用することができる。長い電信線の両端に信号でコントロールされるブザーを付ければ、遠隔地の通信士にもう一方の人が電流を送ると、それが聞こえるようになる。

メッセージは、流す電流の長短を変えて、つまりトンとツー〔・－〕を組み合わせて一つの文字を表わすことにすれば、一文字ずつ送ることができる。手始めにすべきことは、電信線の反対側にいる人物とアルファベットのそれぞれの文字をどう表わすかについて合意しておくだけだ。そのあと大破局後の最初のｅメールをこの電線で送ればよいのである。これを正確にどんな手はずにするかはさして問題ではないが、どうすれば暗号システムが手早く確かなものになるか事前にいくらか考えれば、おそらくモールス符号に似たようなものを再発明することになるだろう。このやり方では、英語のアルファベットで最も頻繁に使われる文字が、最も単純な形式で表わされている。Eはトン一つで、Tはツー一つ、Aはトン・ツー、そしてIはトン・トンである。

一定間隔で中継局を設置すれば次の電線区画の電圧を上げられ、それによって全世界との電信が可能になる。とはいえ、大陸や海底を横断する電線を敷設し、維持管理するのは難しい。ではよりよい方法があるだろうか？　電気は使いつつ、電流を流すのに必要な面倒な電線は省略することはできるだろうか？

電気と磁力の陰陽的関係をもう少しじっくり見てみよう。電場が変化すると磁場が生じるのであれば、磁場が変化すれば、今度は電場が生まれるので、相互に支え合うエネルギーの周波を生みだせるはずである。実際、そのような電磁波は、（音波や水の波とは異なって）なんら伝達するための媒質が存在しない完璧な真空状態であっても伝わる。電気と磁性は一緒になって、幽霊のように宇宙を旅するのである。

僕の窓から降り注いでくる金色の日光それ自体が、電場と磁場が組み合わさったものに過ぎない。X線機器から紫外線を浴びる日焼け用ベッドや、赤外線暗視カメラ、電子レンジ、レーダー、ラジオやテレビの放送、それに僕がノートパソコンをもってやってきたこの無料で公衆無線ＬＡＮが使える——現代の生活を究極的に表わす——ホットスポットまで、すべて光の異なる形態にもとづいている。電磁波のスペクトラムは、電場と磁場の組み合わせで振動数の異なる幅広い周波からなり、危険なほど高エネルギーのガンマ線から長波ラジオまで広がっているが、いずれも光速で伝播している。

しかし、ここで僕らが関心をもつべきものは電波（ラジオウェーブ）だ。電波は比較的つくりだすのもとらえるのも簡単であるだけでなく、そこに情報を乗せて、膨大な距離を運ばせることもできる。長距離通信の手段として復活させたいのは、この電波を送受信する技術である。

まずは電波〔無線〕受信機を組み立てるやや簡単な作業から始めよう。木から長い電線を吊るして、末端部分は絶縁体を剝いて、地面のなかに埋めて接地（アース）する。これがアンテナになり、そこを電波が通過するとそのめまぐるしく変動する電磁場によって、金属に含まれる電子が電線内を行き来するようになる。これが誘導交流電流だ。しかし、イヤフォンを使って何かを聞くためには、波帯の上半分または下半分のいずれかを利用し、残りを削るなんらかの方法が必要になる。

電気を一方向にしか通さず、逆の流れを阻止する物質であればなんでも、交流を一連の信号に換える「整流」をやってのけるだろう。幸い、この素晴らしく有益な特質をもつさまざまな種類の鉱石がある。傍目（はため）に金と間違いやすいため、「愚者の金」として知られる黄鉄鉱はこの機能をよくはたすうえに、鉱脈を見つけるのも容易だ。その他の鉱物では、方鉛鉱〔硫化鉛〕も鉱石ラジオではよく使われている。鉛の重要な鉱石である方鉛鉱は、世界各地の大きな鉱床で見つかり、歴史を通じてパイプや教会の屋根、マスケット弾、鉛充電池を生産するために採掘されてきた。

鉱石を金属製容器に入れてイヤフォン付きアンテナの回路に接続し、猫ひげ線と呼ばれる細い金属線を使ってもう一カ所鉱石と接触させる。鉱石と点接触させると整流作用が起こるが、その効果はとらえにくいため、試行錯誤のうえで高感度の場所を探すには忍耐が必要となる。とはいえ、人間による放送が存在しなくなっても、この原始的な装置を使えば、雷雨のような自然現象からの電波放射を拾えるかもしれない。それどころか、原始的な電波の送信機――火花ギャップ発電機〔送信機〕――の仕組みは、人工的な火花放電を素早く繰り返し起こすことなのである。

火花ギャップ発電機は、高電圧の電気回路に小さな隙間を残しておいて、火花がそこを繰り返し跳び越えるようにしたものだ。火花がでるたびに、アンテナに沿って電子が勢いよく放出され、電波が一瞬強く発信される。送信回路が毎秒何千回も火花を発して、電波パルスを矢継ぎ早に放出したら、受信機のイヤフォンではガーッという音が聞こえるだろう。火花ギャップに電気を送る変圧器の電圧の低いほうにスイッチを挿入すれば、いつ回路に電圧を加えて電波を送信するか操作でき、自分のメッセージをトンとツーで符号化できるようになる。

理想的には、電波に音声を乗せて送信し、個々の通信士が対話したり、広範囲にいる聴衆にニュースを放送したりできるようにしたい。モールス符号は電波のスイッチを完全に切ったり入れたりする粗雑な操作だが、音声を伝えるには搬送波の変調と呼ばれる高度なわざが必要になる。最も単純な方法が振幅変調（AM）と呼ばれ、搬送波の強度〔振幅〕をその両極のあいだでより緩やかに変化させるものだ。音波のなだらかな曲線を、乱高下する電波の上に刻むのだ。ありがたいことに、猫ひげ線の鉱石検波器は受信機の信号も見事に「復調」してくれる。鉱石の接点による一方通行の性質が、蓄電器(キャパシター)〔日本ではコンデンサーと呼ぶ〕の平滑作用とあいまって高周波の搬送波を除去し、あとにはアナウンサーの声や音楽だけが残されるのである。

　近くに高性能の送信機が一台しかない状況でない限り、このごく初歩的なラジオ受信機で聞こえる信号は、さまざまな無線局が混線したものになるだろう。アンテナは異なる周波の搬送波からのさまざまな送信信号を拾い、そのすべてをイヤフォンに伝えるからだ。若干の部品を電子機器に付け加えれば、こうしたラジオ装置もチューニングできるようになるだろう。チューニングすることで、ラジオ送信機は広く一般に送信(ブロードキャスト)するエネルギーを、限られたラジオ周波数に注いで効率を上げるようになる。チューニングされた受信機は、電波スペクトラムの錯綜した不快音から関心のある送信周波だけを拾う。

　前述したように、電波は基本的には振動であり、それを構成する磁場と電場は、時計の揺れる振り子のように、特定のリズムすなわち周波で入れ替わる。そのため、ラジオ送信機または受信機をチューニングするには、特定のリズムで電気的に振動し、それによく似たほかの周波に抵抗する回路を含める必要がある。共振の力を利用しなければならないのだ。

　それについてはこう考えてみよう。ブランコに乗った子供がちょうど振り子のように、特定のリズムで前後に揺れている。適当な瞬間に、わずかに一押ししつづけてやることで、その子はどんどん高くブランコを漕ぐようになるだろう。しかし、この共振振動とは別のリズムで押せば、なんの効果も得られないだろう。

固定のリズムを刻む基本的な発振回路をつくりだすには、蓄電器とインダクター〔コイル〕のじつに巧妙な組み合わせを利用する。蓄電器は二枚の向き合う金属板からなり、そのあいだに絶縁体が挟まれている。この装置に電圧がかかるたびに電子をいずれかの金属板に追いやり、あまりにも負に帯電してそれ以上受け入れられなくなるまでそれをつづける。蓄電器は電荷〔電気エネルギー〕の貯蔵庫となり、電荷をカメラのフラッシュのような突然の激流にして放出できる。インダクターという巻線は要するに電磁石なのだが、インダクターには金属の物質を引きつけるよりはるかに多くの影響力がある。電気抵抗は電流の流れに抵抗するが、インダクタンスは電流の流れに生じるどんな変化にも抵抗する〔変化を誘導起電力にするその性質をインダクタンスという〕。そのため、蓄電器とインダクターはどちらも電気エネルギーの詰め替え可能な貯蔵庫となる。蓄電器は向かい合う金属板のあいだの電場のかたちで、インダクターは巻線のまわりの磁場として、である。この二つの部品を向かい合わせてつなぐと、単純なループ回線が奇跡のように活気づく。

帯電した蓄電器の金属板が蓄積電荷を振るい落とすと、回路のまわりおよびインダクターを通して電流が押し流され、蓄電器の金属板〔の正・負の電気量〕が等量になるまで磁場を生みだす。今度はインダクターの周囲の磁場が減衰し始めるが、その過程で縮小する磁力線がコイルの上を通り、電線に電流を誘導し〔発電効果〕、電子を蓄電器のもう一方の金属板へと送りだしつづける。驚くべきことに、減衰する磁場が一時的に、そもそもこれを生みだした電流そのものを持続させることができるのだ。インダクターの磁場が皆無になるまで縮小するころには、蓄電器のもう一枚の金属板は完全に帯電し、今度は電流を反対方向へ押し戻すので、電流はコイルを通って再び流れるようになる。

エネルギーはこのように蓄電器とインダクターのあいだを行き来して、毎秒何千回も前後に揺れる振り子のように、つまりラジオ周波数として、電場と磁場のあいだで繰り返し相互転換される。

拍子抜けするほど単純なこの発振回路の素晴らしさは、これがその自然の周波数でのみ動いて、ほかの周波数には抵抗する点にある。この回路の共振周波数は、これら二つの部品のどちらかの特性を変えれば変更することができ、自分の送信機や受信機をチューニングし直すことができる。蓄電器のほうが調整するのは容易だ。〔平行に並んでいる〕半円形の金属板の一方だけを回転させると、重なり合う部分が変わり、溜められる電荷も異なってくる。昔のラジオに付いていたチューニングのつまみはしたがって、発振回路のなかの可変蓄電器〔通称バリコン〕に接続されていることが多かった。現代の送信機および受信機はじつに精密にチューニングできるので、電波スペクトラムは総菜屋のカウンターの上のハムのように薄くスライスされ、無数の利用者のあいだで共有されている。民放ラジオ放送、テレビ局、ＧＰＳ信号、救急隊の通信、航空管制、携帯電話、近距離の無線LANやブルートゥース〔コンピューター周辺機器をワイヤレス接続するための通信規格〕、ラジコンの玩具など、枚挙にいとまがない。現実には、火花ギャップ発電機はあまりにも荒削りな送信機で、電波スペクトラム一帯を妨害するような電波が漏れ、近くの広範囲の無線帯域にスパムを送っているも同然なので、いまでは非合法となっている。

音声放送のその他の重要な要素はもちろん、音波を送信回路の電圧変化に変えるマイクロフォンと、受信した電気信号を音声に変換し直すイヤフォンまたはスピーカーである。実際には、マイクとイヤフォンは、基本的には同じ機器だ。どちらも磁石の上で動く巻線に固定された振動板が自由に振動して音波を生みだすか、それに反応しているので、双方ともモーターや発電機と同様の可逆的な電磁効果を利用しているのである。

圧電性結晶を使えば、より感度のいい機器がつくれる。こうした結晶には曲げると電圧を発生する不思議な特性がある。そのような高感度のクリスタル・イヤフォンは、鉱石検波器からの消えんばかりのかすかな出力を聞くために必要となる。酒石酸カリウムナトリウム（もしくはこれを最初につくりだした十七世紀の薬剤師の故郷にちなんで「ロッシェル塩」）は、この点でうまく役立つ。この塩は炭酸ナトリウムの熱い溶液と酒石酸水素カリウム（クリーム・オヴ・タータ―、酒石英として一般には知られる）を混ぜることでつくれ、ワインの発酵樽の内側にできる結晶となって回収できる。

復興する文明は、複雑な電磁方程式を導かなくても、精密な電子部品を製造する能力がなくても、無線通信ならば身近にあるものからすばやく再開できると確信をもってよい。これは近年においてもすでに実証されてきた。

第二次世界大戦中、前線に潜伏していた兵士も戦争捕虜になって収容所に入れられていた人びとも、即席のラジオ受信機をつくって音楽や戦況のニュースを聴いていた。こうした工夫に富んだ工作物からは、実際に使えるラジオをつくるためのじつに多様な代用材料が見えてくる。アンテナ用の電線は木から垂らしたり、洗濯ロープに見せかけたりしており、ときにはそのために鉄条網が利用されたこともあった。回路は、捕虜収容所の小屋に引かれていた水道管に接続してアース代わりにした。インダクターはトイレットペーパーの厚紙の芯に導線を巻いてつくり、拾ってきた裸線〔針金〕は蠟燭の蠟で覆って絶縁し、日本軍の捕虜収容所ではヤシ油と小麦粉のペーストが塗られた。同調回路〔チューナー〕のための蓄電器は、アルミ箔かタバコの箱の内張りを重ねたものに、絶縁のための新聞紙をはさんだもので間に合わせた。横幅があって平たいこの装置は、ロールケーキのように丸めて筒にし、コンパクトな部品にした。

イヤフォンはこしらえるのが厄介な代物なので、しばしば廃車から調達された。原始的な代用イヤフォンは鉄釘数本を芯にして電線を巻いて、端から磁石を突っ込んでこしらえられ、この巻線の上にブリキ缶の蓋を軽く置いておき、受信すると弱く振動するようにしていた。

だが、なかでも最も独創的な急ごしらえの工作物は、搬送波から音声信号を復調するのに必要で、かつきわめて重要な整流装置をつくりあげたものだった。黄鉄鉱や方鉛鉱のような鉱物結晶は戦場では手に入らないが、錆びついたカミソリの刃と錆びた銅貨なら見つかり、それらが同じくらい役に立ったのだ。カミソリの刃は上向きにねじ曲げた安全ピンとともに木切れに固定された。芯を尖らせた鉛筆を安全ピンの先にしっかりと取りつけると（余った導線でぐるぐる巻きつけることが多い）、ピンの弾力性が充分に猫ひげ線の代わりになり、金属酸化物の表面に鉛筆のグラファイト〔黒鉛〕が、整流のための接点となる場所が見つかるまで微調整できるようになった。

鉱石ラジオ（および錆と鉛筆の検波器）は、その単純さが素晴らしく、受信した電波そのものから動力を得ているので電源にプラグを差し込む必要もない。しかし、猫ひげ線整流器は不安定なので、鉱石ラジオではごく小さな音しか出力できない。これにたいする解決策であり、その他すべての高度な応用法への出発点の技術となるのは、真空管をつくることだ。現代文明のもう一つの特徴である電球と、密接に関連した装置である。

ちょうど電球のように、真空管はガラス球内で熱を発する金属フィラメントからなるが、重要な点はフィラメントのまわりに金属板があり、内部がごく低圧にまで真空にしてあることだ。フィラメントが白熱するまで熱せられると、電子が金属を沸騰させて、この金属線の周囲に電荷の雲を形成する。これは熱イオン放出と呼ばれるもので、X線機器や蛍光灯、旧式のテレビ、およびコンピューター画面の機能の根底にあるものだ。金属板がフィラメントよりも正に帯電していれば、これらの解放された電子がそこに引

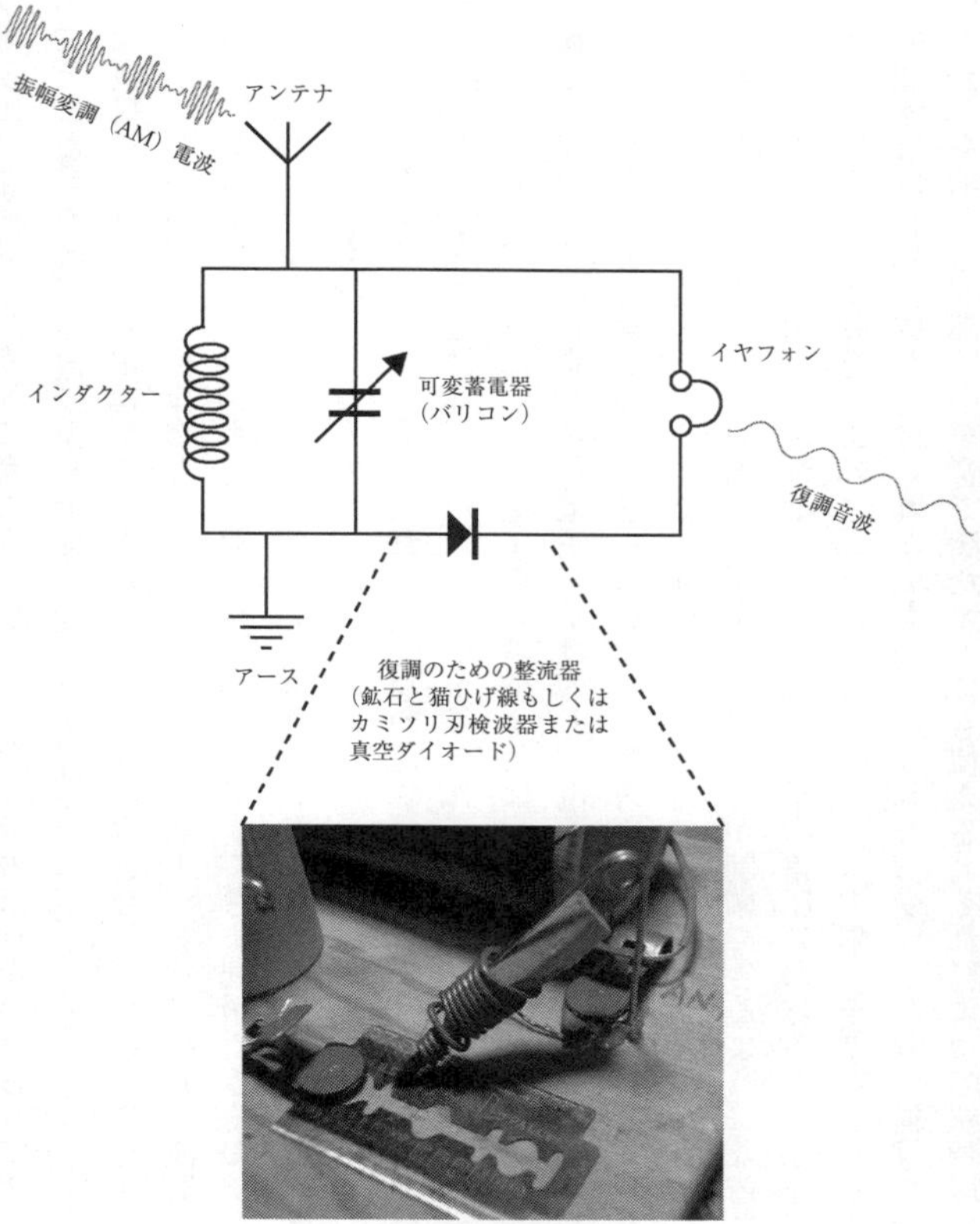

単純なラジオ受信機の配線図（上）と
戦争捕虜収容所でよく使われたカミソリ刃の検波器（下）

きつけられ、電流がこの装置に流れる。しかし、金属板のほうが熱せられて電子を放出することはないため、電流は決して逆方向には流れず、そのような「ダイオード」(二つの金属接触部分つまり電極があるもの)はバルブの働きをし、一方向にしか電流を流さない。したがって、多様な物理特性を利用したこの熱イオン管は鉱石検波器とそっくりの機能性を示すため、ラジオ受信機で整流器としてすぐさま利用できるのである。しかし、とりわけ重要な技術革新で、新しい可能性を大きく開いたものは、ダイオードへの単純な追加品がもたらしたものだった。

標準的な真空ダイオードを手に入れ、熱くなったフィラメントと金属板のあいだに螺旋状の導線か格子を加えれば、画期的な効果が得られる。この三つの要素からなる装置は三極管(トリオード)と呼ばれ、格子にかける電圧を微調整すれば、真空管を流れる電流に影響を与えられる。制御格子にわずかに負電圧をかけると、電子がフィラメントを加熱させ、金属板へと流れるのを防ぎ始める。さらに負のバイアスをかけると、電流はもっと制限される。ちょうどストローをつまんで、通過させる液体の量を変えるようなものだ。きわめて重要な点は、三極管なら一方の電圧を使って他方が制御できるようになることだ。しかし、この装置の応用の独創性は、小さな制御格子の電圧におけるわずかな変動が、出力電圧では大きな変動を引き起こしうることにある。入力信号を増幅させたのだ。

この機能は鉱石では成し遂げられないもので、これなら受信した弱い信号を増幅してスピーカーを動かし、部屋中を音で満たすのにも使える。それによって狭帯域の搬送波にぴったりの純粋な周波数の電気振動も発生させられるので、搬送波を都合よく音声変調できるのである。これらはみな主流の無線通信にとって欠かせない利用方法だが、真空管は機械的なレバーよりずっと素早く制御する電気進路のスイッチとしても、同じくらい有益に利用することができる。こうした真空管の一大ネットワークを接続して、たがいにスイッチでコントロールすれば、計算を実行できるようになり、完全にプログラムが組める電子コンピューターすらつくれるようになるのである。*

＊現代の電子機器は大きな電力を必要とする真空管の先へと移行し、いまでは半導体材料の特性に関連した領域を利用している。熱イオン管の整流器は固体ダイオードに取って代わられ、三極管の電圧抑制機能はシリコン・トランジスターによって再現されている。小型化の象徴でもある僕のポケットのなかのスマートフォンには、何兆個ものトランジスターが入っており、それぞれが温かく輝く真空管とそっくりに機能している。

第11章　応用化学

「消費文化が一夜にしてパッ！と消えてなくなったって、構いやしない。そうなれば、みんな運命共同体になって、人生は鶏だの封建制度だのにかかわり合うようになって、さほど悪いものではなくなるだろう。でも、誰もがボロを着て地に足をつけた暮らしになり、放置されたサーティーワンのチェーン店内で豚を飼うようになったころに、空を見上げて、ジェット機が見えたとしたら……僕は荒れ狂うだろう。すべての人間が暗黒時代に舞い戻るか、誰も戻らないか、だ」

――『シャンプー・プラネット』ダグラス・クープランド

これまで本書を通して、一つの物質を別の物質に変えるいくつかの単純な方法を見てきた。外観のまるで異なる物質間のこうした変換は初めのうちは魔法のように思われるかもしれないが、いくらか努力すれば、さまざまな化学物質の性質が理解できるようになり、相互にかかわり合うパターンが見え、反応において起こりうる事態を予測し、最終的にその知識の力を利用して複雑な一連の反応で起きることを操作して、望みどおりの結果がもたらせるようになるだろう。

本章の後半で、何世代にもわたって復興が進み、より高度な文明が安定した足掛かりを築いたときに、必要な物資を提供するためにもっと複雑な工業的プロセスをどのように利用しうるかを見てゆくことにしよう。すでに検討したソーダ灰をつくる昔ながらの方法では、ある程度のところまでしか達成できないからだ。だが、まずは復興する文明にとって欠くことのできないいくつかの必需品を抽出するために、電気がどのように利用できて、化学の世界を支える驚くべき秩序を探究するのにどう役立つかを見てみよう。

電気分解と周期表

発電と配電を習得すれば、復興期の文明のさまざまな機能にいかに素晴らしい動力が供給され、広大な距離にまたがる通信を可能にするかはすでに検討してきた。しかし、僕らの歴史において最初に電気が実際に使われたのは、また復興の初期にもかけがえのないものだと実感するはずの利用方法は、化合物を分解し、その成分を解放することに電気を利用すること、すなわち電気分解なのだ。

たとえば、塩水（塩化ナトリウム）に電流を流すと、水分子が分裂するために陰極からはふつふつと泡立つ水素ガスが回収され、陽極からは塩素ガスがでてくるだろう。水素ガスは飛行船に充填するのに使えるほか、ハーバー・ボッシュ法の原材料となり（これについては本章でのちに触れる）、一方の塩素は、第10章で述べたように、紙や繊維製品をつくるのに必要な漂白剤をつくるうえで貴重だ。さらに、この装置をつくるのにいくらか頭を使えば、電解質液のなかに形成される水酸化ナトリウム（苛性ソーダ）も抽出できるだろう。前述したように、苛性ソーダは素晴らしく役立つアルカリだ。真水を電気分解（電気を通しやすくするために、苛性ソーダを少量入れて）すれば、酸素と水素ができる。

アルミニウムもまた、鉱石から電気分解で引きだすことができる。反応し過ぎるため、木炭やコークスを使って製錬することはできない。アルミは地殻のなかに最も豊富にある金属で、人類が最も古くから利用してきた材料の一つ、つまり粘土の主要成分でもある。それでも、一八八〇年代末にアルミの鉱石を溶かして電気分解する効率のよい方法が開発されるまで、手がでないほど高価な金属だった。*

幸運にも、復興する社会はただちに金属を新たに精製する必要はない。アルミはきわめて腐食しにくいので、何世紀も錆びずに残り、一八三ページで検討した原始的な溶鉱炉で、六六〇℃という比較的低い温度で溶かしてリサイクルできる。

電気分解を用いれば、何百年にもわたって使われてきた効率の悪い化学方法を経ることなく、文明のために有益ないくつかの物質を合成することができる。それだけでなく、電気分解は世界を化学的に探究するのにも役立つ。それによって化合物が分解され、あらゆる物質の純粋な構成要素、つまり元素が取りだせるのだ。たとえば、一八〇〇年に電気分解は決定的に、水がまったく元素ではなく、水素と酸素の化合物であることを示した。そして八年後にはさらに七つの元素が電気分解によって単離された。カリウム、ナトリウム、カルシウム、ホウ素、バリウム、ストロンチウム、それにマグネシウムだ。最初の三つは本書でたびたび利用してきたありふれた化合物を電気を使って分解することで発見された。それぞれカリ、苛性ソーダ、生石灰だ。電気分解は、それまで知られていなかった元素を単離するのに欠かせない技術であっただけではない。この過程は化合物のなかで原子を結びつけている絆自体が、自然界では電磁気を帯びていることを示しているのだ。

異なった元素同士の相互作用、すなわちそれらがどのような反応を見せがちなのか――それらの個性――を考えれば、圧倒的かつ根源的な真理に気づくだろう。元素は孤

＊十九世紀後半に、フランスのナポレオン三世は最高の賓客たちに強い印象を与えるためにアルミのナイフやフォークによる晩餐会を催し、銀製食器ではなくアルミ製のものを並べた。奇妙なことに、アルミは地球上で最も一般的な金属であるのと同時に、最も貴重な金属でもあった。しかし、大量生産に適した融剤と電気分解の利用が開発されたことで、アルミは栄誉ある王室の正餐用食器の地位から転落し、何百万個と捨てられる飲料用の缶として冷遇されるようになった。

立しておらず、似たような性質の元素と、家族のように、自然に一団を形成するということだ。このパターンの発見によって、ちょうど形態学的な類似点が理解されて生物間の関連性が生物界に秩序をもたらしたように、化学の世界にも構造が与えられた。たとえば、ナトリウムとカリウムはどちらも非常に反応性の高い金属で、電気分解によって単離できる苛性ソーダやカリのようなアルカリ化合物を形成しており、塩素、臭素、ヨウ素はみな金属と反応して塩をつくる。判明している元素を分類して配列をつくり、同様の性質をもつ元素を同じ縦列に並べて、根底にある繰り返しパターンを表わすようにすれば、元素の周期表ができあがる。

現代の周期表は人類の功績の巨大な記念碑であり、ピラミッドやその他どんな世界の不思議にも劣らない感動的なものである。周期表は化学者が多年のあいだに同定してきた元素の総合リストよりも、はるかに大きな意味をもつものだ。これは知識をまとめる一つの方法で、まだ見つかっていない物質も詳細に予測させるものだからだ。

たとえば、ロシアの化学者ドミートリ・メンデレーエフが一八六九年に、当時知られていた六十数個の元素の周期表を最初にまとめたとき、彼はこのレンガの壁に隙間があることに気づいた。残された空白が見つかっていない物質に相当していたのだ。だが、この配列の素晴らしいところは、それによって仮説上のこれらの元素が正確にどんなものであるか、予測できるようになった点にある。周期表で抜けていたアルミニウムのすぐ下の物質、エカ＝アルミニウムもその一つだ。この仮説上の物質はそれまで誰も見たことも触れたこともなかったが、純粋に配列内のその位置にもとづいて、それが輝き、延性のある金属で、特定の密度をもち、室温では固体だが、金属にしては珍しいほど低い温度で溶けるだろうと予測できた。数年後、あるフランス人が鉱石のなかに新しい元素を発見して、自分の祖国の古名〔ガリア〕にちなんでガリウムと名づけた。まもなくこれこそメンデレーエフが予期していた未発見のエカ＝アルミニウムであり、融点に関する彼の予測が的中していたことが明らかになった。ガリウムは三〇℃という温度で固体から液体に変わる。この金属は文字どおり、手のなかで溶けるのである。*

元素に固有のパターンに関する単純な真実は、物質の成り立ちを探る研究を構築し、天然物質が与える異なった性質を最も活用する方法を考えだすうえで役立つだろう。ここで第5章および第6章で学んだことを生かし、やや難解ではあるが、二つの有益な化

＊一九三〇年代から、僕らはさらに一歩先に進み、周期表の下の数行を自然には存在せず、技術によって生みだされた元素で埋めていった。陽子と中性子で原子核が膨れあがり、ひどく不安定で、ほぼ即座に放射線を矢継ぎ早に放って再び崩壊する原子だ。したがって、自分たちの歴史を通して、僕らは新しい材料――ガラスなどのセラミックや合金鋼のような合金――や、プラスチックの有機ポリマーのような新しい分子をつくりあげただけでなく、元素そのものを変質させる方法も学び、錬金術師になる夢を叶えたのだ。そして、専念すれば、僕らの後につづく文明は同じことを達成できるだろう。

学の応用方法を見てみよう。爆発物と写真である。

爆発物

爆発物など、できる限り長く平和に共存しつづけるために、文明復興のマニュアルからはまさしく省いておきたい種類の技術だと思う人もいるかもしれない。爆発物が戦争を商売にする（もしくは防衛）目的に使われるのは、間違いなく確かであり、歴史的にもその化学的構造は、信頼性のある大砲などの火器で爆発を安全に封じ込めて方向を定めるのに必要な冶金学と並行して開発されてきた。しかし、その平和利用は、復興する文明にとっておそらくはるかに重要だろう。爆発物は猟銃でも、採石・採鉱で岩壁に穴を開けるうえでも、トンネルや運河で発破をかけるにも、とてつもなく役に立つ。そしておそらく大破局後の世界で最も重要なことは、長らく放置されていた区域にまで文明が再び勢力を拡大してくるにつれ、荒れ果てて危険になった高層ビルを解体して、その構造部品を取り外し、再開発のために更地化する作業だろう。いずれにせよ、科学の知識そのものは中立的だ。それを応用する目的が、善か悪かなのである。

爆発――耳を聾し、岩壁を崩し、あるいは建物を押し倒す急速に拡大する振動――を起こすには、狭い空間で非常に高圧の気泡を急激に生みだす必要がある。そして、それを達成する最良の方法は、固形物質を熱い気体に変える化学反応を激しくにわかに引き起こすことだ。気体になってはるかに広い空間を占めることで、反応地点から外側へと急速に拡大させるのである。たとえば、現代のライフルは弾丸後部におよそ角砂糖一個分の火薬が充填されているが、引き金が引かれると、内部で目も眩むような速さで反応が起こり、窮屈なほど閉じ込められたライフルの細い銃身から、急速に拡大しようとして、弾丸を音速ほどの速さで飛びださせるのに充分な威力を生みだす。

固形燃料を細かい粉末にひき、より大きな面積を空気に触れさせ、燃焼を加速させれば、爆発させることができる。石炭の粉〔炭塵〕と小麦粉はとりわけ激しく燃える（爆発はカスタードの菓子工場でも起こりうる）。よりよい解決策としては、空気から酸素を取り入れる必要を省き、代わりにたっぷりの酸素原子を燃料のすぐそばに用意し、急速に燃焼させることだ。酸素原子をふんだんに供給する化学物質――あるいはより一般的な言い方をすれば、ほかの化学物質からの電子を懸命に受け入れる物質――を、酸化剤またはオキシダントと呼ぶ。

じつに皮肉なことに、歴史上いちばん初めに開発されることになった爆発物は、不老不死の薬を探し求めていた九世紀に中国の錬金術師によって調合された〔七世紀には原形があったといわれる〕。黒色火薬である。木炭――燃料または還元剤――と硝石（いまでは硝酸カリウムという）――酸化剤――を粉に挽いて混ぜたものだ。黄色い元素状硫黄を少々この混合物に振りかけると、反応の最終的結果が変わり、つまりはるかに多くのエネルギーが激しい破裂を引き起こすために残されるようになる。火薬の最良の調合方法は、同量の硝石と硫黄を、その六倍の木炭燃料と混ぜ、爆発しようとする潜在エネルギーを張らせた化学カクテルをつくることだ。

火薬に使う硝酸塩の成分については、いくらか手際よく化学的な策を弄する必要がある。歴史的には、爆発物および肥料としての硝酸塩の供給源はかなり慎ましいものだった。よく熟成した堆肥の山には、窒素を含む分子を硝酸塩に変える役目をはたす細菌が大量に生息している。これらの硝酸塩は、似たような化合物でも水への溶解度は異なるという事実を利用して抽出することができる。あらゆる硝酸塩は水によく溶け、水酸化物塩は往々にして溶けないというのは、化学における事実だ。というわけで、バケツ数杯分の石灰水（水酸化カルシウム、第5章参照）を堆肥の山に染み込ませると、大半の無機物は不溶性の水酸化物として堆肥内部に留まるが、カルシウムは硝酸イオンをとらえて排出される。この液体を集めて少々のカリを混ぜる。するとカリウムとカルシウムがパートナーを交換し、炭酸カルシウムと硝酸カリウムができる。炭酸カルシウムは水に溶けない――これは石灰岩や白亜の成分となる化合物で、ドーヴァーの白い崖は確かに波をかぶるたびに消えたりはしない――が、硝酸カリウムは溶けるのである。そこでチョーク状の白い沈殿物を漉してから水分を蒸発させると、あとに硝石（硝酸カリウム）の結晶が得られる。うまく単離できたか試すよい方法は、溶液をいくらか紙に染み込ませ、それを乾かすことだ。硝酸カリウムを取りだせていれば、この紙はパチパチと火花をだして燃えるだろう。

硝石を抽出する化学はじつに単純明快なものだ。問題は、復興する文明の需要が高まるにつれ、加工の原料として使用できるだけの充分な硝酸塩の供給源を探すことだろう。それに適した鉱床は、南米のアタカマ砂漠のような非常に乾燥した地域にしかないが（硝石はすぐに溶け、簡単に洗い流されてしまう）、この物質は鳥のグアノ〔糞の堆積物〕にも豊富に含まれている。硝酸塩は肥料としても爆発物にも有益だということは、十九世紀末にはこれがきわめて重要な消費材になったことを意味した。こうして鳥の糞で覆われた不毛な小島をめぐって戦争が起こるようになった。本章の後半では、開発途上の文明が窒素不足によって課された制約から、どうすれば解放されるのかを検討することにしよう。

火薬は燃料と酸化剤の粉をうまく混ぜ合わせることで急速に燃焼を促進させるが、確実に激しい反応を生じさせて、より威力のある爆発を起こすもっとよい方法がある。燃料と酸化剤を同じ分子内に結合させるのだ。多くの有機分子を硝酸および硫酸の混合物と反応させると（第5章を参照）酸化して、硝酸塩類が燃料分子に付け加えられる。たとえば、紙または綿布（どちらも植物セルロース繊維を薄く延ばしたものだ）をこれらの混合物で酸化すると、よく燃えあがるニトロセルロースになる。フラッシュペーパーや綿火薬〔どちらも手品で一瞬に燃やす芸に使う〕である。

火薬よりも威力のあるもう一つの爆発物がニトログリセリンだ。透明で油っぽいこの爆発物は、グリセロール、つまり第5章で見た石鹼製造からの派生物をニトロ化してつくられているが、これは手に負えないほど不安定で、わずかに誘発されただけでも、目の前で爆発しかねない。その破壊力を安定させるためにアルフレッド・ノーベルが見出した解決策は、衝撃感度の高いニトログリセリンをオガクズや粘土のような吸収力のある材料の詰め物に染み込ませ、棒状のダイナマイトをつくることだった（この発明によって得た財産を使って、ノーベルは科学、文学、および平和の分野で人類に貢献した人に贈られる有名な賞を創設した）。

このように、強力な爆発物の製造は強い酸化剤としての硝酸に依存するものだった。そして、この酸はまた、写真撮影術にも、銀の化学的性質を使って光をとらえるためにも必要とされる。

写真術

写真術は素晴らしい技術だ。光を利用して画像を記録し、時間のなかの一瞬をとらえて、それを永久に保存するものだ。休暇の写真は何十年経っても鮮やかな思い出を甦らせるし、記憶が成し遂げるよりもはるかに忠実に世界を記録できる。とはいえ、過去二〇〇年にわたる写真の無類の価値は、酔っぱらったパーティでのスナップ写真や家族写真、あるいは息をのむような風景よりも、目には見えないものを示すことにあった。これは科学の多数の分野における主要な実現技術であるため、復興を加速させるうえでなくてはならない技術となるだろう。写真があれば、おぼろげな出来事やプロセス、または僕らには感知できないほど速いか、あまりにも遅い時間の尺度で起こることや、人間には見えない波長のものを記録して調査することが可能になる。たとえば、写真は露光時間を長くして、人間の目に耐えられるよりずっと長い時間をかけて弱い光をとらえることで、天文学者が無数の暗い星を研究するのを可能にし、かすかな染みを解像して銀河や星雲の詳細にわたる姿を描きだす。* 写真乳剤はX線にもよく反応するため、体の内

＊カメラは、長い年月を経たあとでも、僕らのかつての、高度な技術文明の存在を証明するために使うこともできる。天の赤道近く（極から九〇度、第12章を参照）で、一分から二分露光して夜空を撮影した写真では、地球が自転するため、すべての星が不鮮明にカーブした流れになっているだろう。しかし、たまに非常に不思議なものを見つけることもある。まったく不鮮明になっていない小さな点状の光だ。空に張りついているように見えるこれらの物体は、地球の回転とまったく同じ速さでたまたま動いているのだ。特定のこの配置で意図的に地球の周囲に設置された人工物である。これらは軌道周期がちょうど一日になる赤道を、特定の距離を置いて囲む静止衛星だ。こうした衛星は地表の同じ地点の上空に留まりつづけるため、うまく通信中継ができる。これらの衛星の軌道は安定しているので、僕らの都市をはじめとする人工物が崩れて塵になり埋もれても、宇宙の手つかずの環境で僕らの技術による文明の記念碑として残りつづけるだろう。やり方さえ知っていれば、これらは容易に見つけることができる。

部を検査する医用画像の撮影も可能にする。

写真術の陰にある重要な化学作用はごく単純なものだ。銀の一部の化合物が太陽光で黒ずむため、白黒の画像を記録するのに利用できるのである。コツは、可溶型の銀をつくり、それを薄いフィルムに均等に塗ったあと、写真媒体の外側表面に定着させて、もはや洗い流されない不溶性の塩に変換することだ。

まず、紙に少々の塩を溶かした卵白を塗り、乾燥させる。それから硝酸に少量の銀を溶かすと、銀が酸化して水溶性の硝酸銀ができるので、*この水溶液を用意した紙に塗る。すると塩化ナトリウム〔塩〕が反応して塩化銀ができるが、これは感光性であると同時に不溶性でもあり、卵白が塗られているためこの写真乳剤は紙の繊維までは染み込まない。純銀製のティースプーンが一本あれば、一五〇〇枚以上の写真プリントをつくるのに充分な純粋な元素が得られる。

この感光紙に光線が当たると、粒子内の電子を解放するエネルギーが与えられ、塩化銀が金属銀に還元される。磨かれた大皿のような銀の大きな塊は明るい輝きがあるが、小さい金属の結晶の染みは光を散乱させるためむしろ暗く見える。一方、感光紙のなかで光に露出されなかった部分は背後の紙の白色のまま残る。露光後の重要なステップは、この光化学反応を止めて、とらえた影を安定させることだ。チオ硫酸ナトリウムが今日もなお使われる定着液で、これは比較的用意するのが簡単だ。ソーダまたは苛性ソーダの溶液に二酸化硫黄のガス（一六四ページ）をくぐらせて泡立たせてから、粉末硫黄とともに沸騰させ、水分を飛ばすと「ハイポ」〔定着液のこと〕の結晶が得られる。

光を通さない箱に取りつけたレンズを使って、箱の奥に置いた感光紙に画像を投影すると、写真機ができあがる。ただし、太陽がまぶしく照っているときでも、この原始的な銀の化学反応で写真を撮影するには何時間もかかる。幸い、現像液を使えば、カメラの感度を大幅に増すことができる。つまり、部分的に露光した銀粒子の変換をやり遂げ、完全な金属銀に還元させる薬品処理だ。硫酸第一鉄はこの現像効果が大いにあるうえに、鉄を硫酸に溶解させることで充分に簡単に合成できる。大破局後の社会がもち直してきたら、塩素系の塩を〔ハロゲン、第十七族元素の〕同族であるヨウ素か臭素に置き換えると、さらに感光性の高い写真乳剤ができる。

しかし、光に晒されて感光性の銀の粒子が黒く変化し、風景のなかの影は薄い色のまま残るということは、写真は目が見た光景と色調的に反転してでてくることを意味する。つまり、「ネガ」〔陰画〕になるのだ。恒久的な陽画を生みだす即効性の化学反応はない

＊銀の化学を論じているところなので、もう一つの重要な潜在能力についても言及しておくべきだろう。鏡をつくりだす能力だ。鏡は単に虚栄心のためだけでなく、高性能の望遠鏡や航海用の六分儀の重要な部品としても、不可欠のものだ。アルカリ性アンモニア水溶液〔第5章参照〕を硝酸銀と砂糖少量と混ぜ、きれいなガラスの裏面に流すと、砂糖が銀を還元して純粋な金属に変えるため、ガラス面に直接、薄い輝く層が沈着する。

——もともと黒い物質は太陽光を浴びて急速に漂白しない——ので、写真は白黒逆の結果から加工される。必要となる概念的飛躍は、この反転した陰画がカメラ内で透明な媒体につくられるならば、あと必要なのは次の段階として、このネガを感光紙の上に置いてマスキングとして使って紙焼きし、ハイライトと影の形状を再び正常な画像に反転させるだけだ。湿板法では、エーテルとエタノールの混合溶剤に溶かした綿火薬——いずれも本書ですでに触れてきた物質だ——を使って、ドロドロした透明な液体をつくる。これは感光性の化学物質をガラス板に塗るには最適で、それを露光させて映像を可視化する処理〔現像〕をしたあと、液体が乾けば丈夫な防水フィルムになる。代わりにゼラチン（第5章で見たように動物の骨から煮だす）を使えば、さらに感光性の高い乾板をつくることができる。これは露光時間をより長くすることも可能だ。

写真術は、既存の複数の技術を融合させることによって、新しい応用法が生みだされた恰好の例であるだけでなく、材料や物質を比較的そのまま利用する技術でもある。耐火粘土で内張りした溶鉱炉をつくり、ケイ砂か石英をソーダ灰液とともに溶かして、自分でガラスを製造する。少量を取って焦点レンズをつくり、さらにもう少し取って平らに延ばし、ネガ刷板をつくるために長方形の板ガラスにしたら、自分の製紙技術を頼りに滑らかなプリント用紙をつくる。写真技術を支える化学作用は、本書でたびたび利用してきたものと同様の酸や溶剤を使うので、銀のスプーン、堆肥の山、および食塩から得た物質を用いれば、原始的な写真を撮ることは可能だ。実際、一五〇〇年代までタイムワープしたとしても、原始的なカメラを組み立てるのに必要な化学・光学部品はすべて容易に探せるので、ホルバインにヘンリー八世の肖像を油絵で描く代わりに、写真で撮る方法を教えてあげられたかもしれない。

元素の周期表を埋め、復興のための道具として爆発物を利用し、写真を使うことは、いずれもみな大破局後に文明を再開させるための重要な活動となるはずだ。しかし、社会が復興して繁栄し始めれば、本書を通して論じてきた基本的物質はますます大量に必要になる。そして、こうした需要を満たすために、文明はより高度な産業化学を発達させなければならないだろう。

産業化学

産業革命と人類の労働を軽減するための独創的な機械装置による技術革新が、進歩を大いに加速させ、十八世紀の社会を変貌させたことについては、僕らはよく耳にする。しかし、発達した文明への移行には、紡績や機織りを自動化し、轟音を立てる蒸気機関を製造するのと同じくらい、酸、アルカリ、溶剤など、社会を動かすために欠かせない物質を大規模に合成する化学プロセスの発明もまた深くかかわっているのである。

本書で取り扱ってきた必需品の多くは、周囲から集めてきた原材料を、必要な消費材や製品に変容させるのと同じ試薬に依存している。そして何世代にもわたる復興のなかで人口が急増するにつれて、これまで検討してきた原始的な方法では、これらの重要な物質にたいする需要に応えるだけの能力はなく、さらなる進歩を妨げる恐れがある。

ここで西洋諸国の発展の歴史において、その流れを妨げる深刻なボトルネックとなった二つの物質の製造に注目することにしよう。一七〇〇年代末のソーダ灰と、一八〇〇年代末の硝酸塩だ。これら双方について充分な供給量を確保することが、大破局後の社会でも必然的に欠かせないものとなるだろう。では、復興する文明はどうすればソーダをつくるために灰に、あるいは硝酸塩のために堆肥に頼る制約から解放されうるだろうか？　まずはソーダ灰の大規模な合成から始めよう。これが僕らの歴史における産業化学の始まりを築いたのである。

これまでに見てきたとおり、ソーダ灰（炭酸ナトリウム）は社会のいたるところで多様な活動で使われてきた欠くことのできない重要な化合物である。これはガラス製造では砂を溶かすための融剤として不可欠である（今日、世界で製造されている炭酸ナトリウムの半分以上がガラス製造に使われている）し、苛性ソーダ（水酸化ナトリウム）に変換されれば、石鹼の製造と、紙をつくるのに必要な植物繊維の分離で、中心となる化学反応を引き起こす最良の物質になる。ガラス、石鹼、紙は文明の柱であり、中世以来、僕らはこれらすべてに関して安価なアルカリが安定供給されることに頼ってきた。

昔から木材を焼いてつくるカリがアルカリとして使われてきたが、十八世紀になると、ヨーロッパの大半で森林の大規模な伐採が進み、カリは北米やロシア、スカンディナヴィアから輸入しなければならなくなった。しかし、多くの用法ではソーダ灰のほうが望ましい（ソーダ灰から製造する苛性ソーダは苛性カリよりもずっと強力な加水分解剤である）。スペインでは自生するオカヒジキ属の植物〔アグレッティと呼ばれ、食材でもある〕を焼いて製造していたし、スコットランドとアイルランドの海岸沿いでは嵐で打ちあげられたコンブ目の海藻が使われていた。炭酸ナトリウムは、エジプトの干上がった塩湖の湖底にあるナトロンの鉱床からも採掘された。ところが、復興する社会でも必然的に再び起こるだろうが、十八世紀後半には西洋の人口も経済も拡大し、ソーダの需要がこうした自然の産地からの供給を上回るようになった。一般的な海塩とソーダ灰は化学的に似た者同士だ。* ならば基本的に無限にある物質を経済的に重要な消費材に変えられないだろうか？

十八世紀のフランスの化学者ニコラ・ルブランが開発した二段階式の単純な操作では、塩を硫酸で反応させ、できあがったものを砕いた石灰岩と木炭または石炭を使って溶鉱炉で一〇〇〇℃前後で焼き、黒い灰のような物質をつくる。いま必要としている炭酸ナトリウムは水に溶けるので、海藻の灰から取りだすのとまったく同じ方法を使って、それを水に浸して抽出すればよい。このルブラン法は、塩を簡単にソーダ灰に変換できる

＊現代の専門用語では、一般的な海塩（塩化ナトリウム）とソーダ灰（炭酸ナトリウム）はどちらも同じ塩基（苛性ソーダと従来呼ばれてきた水酸化ナトリウム）の化学塩だというだろう。

方法であり、焼いた植物や鉱床という制限からは解放されるものの、実際には恐ろしく効率が悪く、有害な廃棄物もでてくる。[*]そこで、理想としては、復興する文明は簡単とはいえ、無駄の多いルブラン法は素通りして、より効率のよい方法までじかに移行したいところだ。

ソルベー法はそれよりやや複雑だが、独創的にアンモニアを使ってループを閉じるものだ。ここで使用される試薬は、システム内で再利用され、無駄になる副産物を最小限にし、そのため公害も減らす。ソルベー法の核心となる化学反応は以下のようなものだ。重炭酸アンモニウムと呼ばれる化合物を濃い塩水に加えると、重炭酸イオンがナトリウムのほうに移って重炭酸ナトリウム（料理で膨張剤として使われる重曹と同じもの）をつくるので、これを単純に熱すればソーダ灰に変わる。これを実践するための最初のステップは、二基の塔〔の上部〕から濃い塩水を通過させ、初めの塔でアンモニア・ガスを、次の塔では二酸化炭素を泡立たせて塩水のなかに溶け込ませて結合させることだ。これによって、決め手となる重炭酸アンモニウムが生成される。すると、塩とのあいだで交換反応が起こり、重炭酸ナトリウムができるが、これは溶解しないため、堆積物として沈殿し回収される。アンモニアがこの段階で重要な成分となる。アンモニアが塩水をうまくアルカリ性にするため、ソーダの重炭酸は溶解できなくなり、この二種類の塩がうまく分離するのである。

この最初の段階で必要な二酸化炭素は、溶鉱炉のなかで石灰岩から焼きだすことができる（第5章で見てきた、モルタルとコンクリートを製造するために石灰を焼く工程とまったく同様である）。あとに残された生石灰は、ソーダを抽出したあとそれ自体を塩水に追加し、もともと泡立たせて含ませたアンモニアを再生し、再び使えるようにする。したがって全体として、ソルベー法は塩化ナトリウム（塩）と石灰岩を消費するだけで、貴重なソーダ灰とともに塩化カルシウムだけが副産物として生成されるのであって、それ自体も冬の道路に凍結防止塩としてまくために使える。この自己完結した見事なシステムは、重要なアンモニアをその工程のなかで巧みに再生していて、かなり原始的な化学的工程だけを使って築かれており、今日でもなお世界各地でソーダの主要な供給方法となっている（例外はアメリカで、ここでは一九三〇年代にワイオミング州で炭酸ナトリウムを多く含む鉱物であるトロナの大きな鉱床が発見されている）。したがって、復

＊十九世紀初頭に、これらは有害な廃棄物としてただ捨てられていた。不溶性の黒い灰となった硫化カルシウムはソーダ工場の周囲の土地に野積みにされ、高い煙突からは塩化水素の煙が吹きだし、周囲の植生に大きな損害を与えていた。一八六三年に、イギリスは塩化水素の放出を禁じるアルカリ工場規制法を可決した。大気汚染を取り締まる最初の近代の法律である。ソーダ工場が示した即座の反応は、煙突内部に水をまくことでこの水溶性のガスを取り除いて、その結果生じる塩酸を近くの川にそのまま放流し、大気汚染を水質汚染にすり替えることで、法律を巧みに回避したのである！

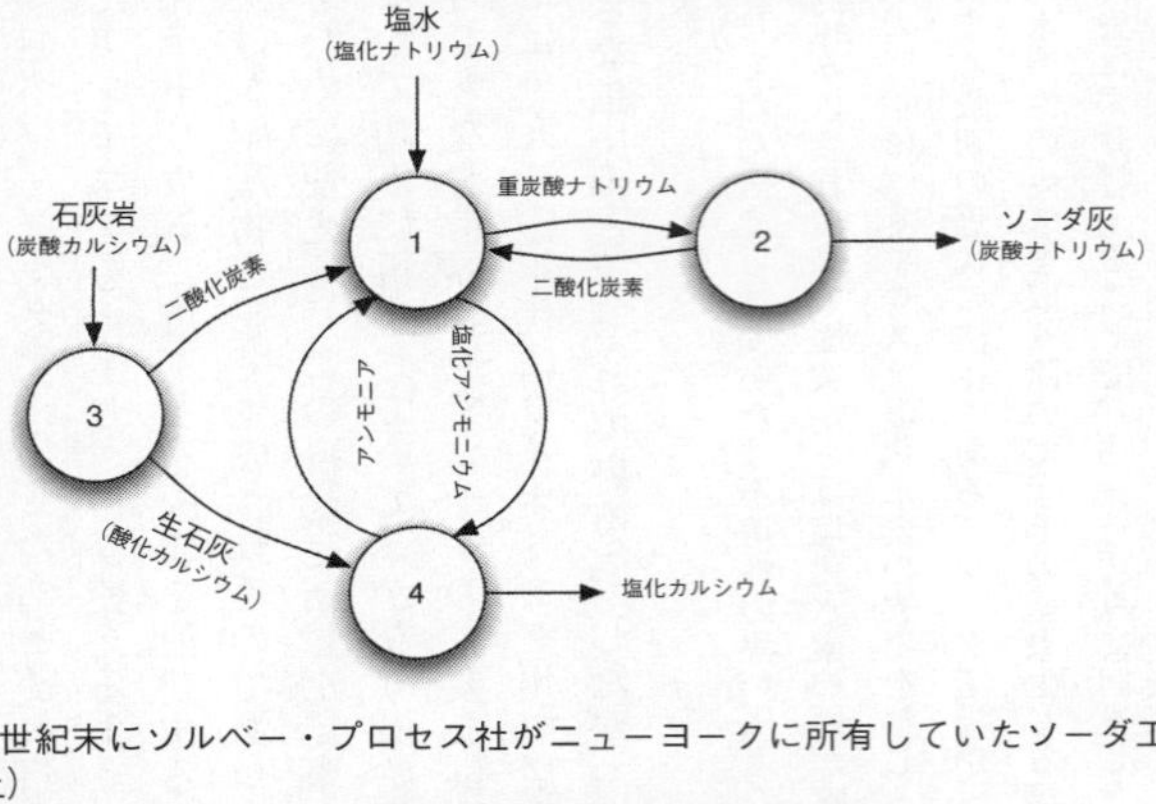

19世紀末にソルベー・プロセス社がニューヨークに所有していたソーダ工場(上)
人工的にソーダを合成するソルベー法の四段階方式（下）
アンモニアの再利用がこの重要な化学プロセスの中心にあることが見てとれる

興する文明にとって、ソルベー法は貴重なソーダを生産するための、効率の悪い、有害な汚染を伴う代案を跳び越える素晴らしい機会を提供しているのである。

ソルベー法は豊富に産出するナトリウム元素（食塩）をきわめて重要なアルカリ化合物であるソーダに変える。しかし、まもなく、進歩する文明は別の欠かせない消費材の供給の限界という問題に突き当たるだろう。今日生きている僕らすべてにとって、最も根本的な化学プロセスの一つは窒素元素に関するものだ。これもまた、よくある基本的な物質から生命にかかわる貴重なものへの奇跡的な変換である。

二十世紀で最も意味のある技術的進歩は、それが日々、じかに影響をおよぼす人間の数という観点からすれば、飛行でも、抗生物質でも、電子計算機でも、原子力でもなく、悪臭のする地味な化学物質、アンモニアを合成する手段であった。本書のなかで見てきたように、アンモニアと同族の（したがって化学的に相互交換可能な）窒素化合物である硝酸と硝酸塩は、文明を支える化学の礎石だ。硝酸塩は肥料と爆発物のどちらの製造にも欠かせないが、十九世紀末期の産業化された世界ではこれが不足していた。需要が供給を上回り始め、欧米各国は自国軍の武器弾薬を確保することだけでなく、もっと根本的に自国民が生き延びられるだけの充分な食糧を供給できるかどうかを憂慮していた。

何千年ものあいだ、拡大する人口への対応は、ただ さらに多くの土地を開墾して耕作地にすることだった。だが、手に入る土地が限界に達すると、増えつづける人口を養う唯一の方法は、同じ耕作地からの収穫高を増すことだけになる。第3章で見たように、肥やしを土壌に戻すことと、豆類を植えることとは、どちらも効果的だ。しかし、人口が一定の限界にまで達すると——収容能力いっぱいの群集、とでも言おうか——文明は避けられない障害にぶつかる。そもそも家畜に土地で育った植物を与えなければ、それ以上の肥やしを得ることはできないし、豆類を植える畑も、それによって穀類を育てるのに使える農地が減るため、さらに増やすことはできない。ここで有機農業の環境収容力の限界に達してしまったのだ。

唯一の頼みは、農業のループ以外から窒素を投入することだった。十九世紀を通して、西洋の農業は輸入したグアノとチリの砂漠で採掘した硝石に過度に依存していた。しかし、これらの供給源は急速に枯渇しており、イギリスの科学振興協会の会長であったサー・ウィリアム・クルックスは一八九八年に、こう警告した。「われわれは地球の資本を振りだしているのであり、われわれの為替手形は永久に引き受けてもらえるわけではない」(これは今日、僕らが傾聴してしかるべき戒めだ。原油などの天然資源にたいするいまの文明の貪欲さはこれらを枯渇させかねない)。僕らのあとに残る世界では、こうした自然の硝石の鉱床はすでに失われているだろうから、大破局後に成熟する文明はこの壁に早い段階でぶち当たるだろう。

地球の大気には窒素ガスが豊富にある——僕らの吸気の八〇%近くを窒素が占める——が、これは手を焼くほど不活性なのだ。窒素の二つの原子は三重にしっかりと結合されている。それどころか、窒素ガスは知られているなかで最も反応しない二原子物質なのである。そのため、窒素を手の届く形状に変えて、「固定」するのは非常に難しい。十九世紀末には、窒素をどう固定するかを考えだすことが、文明そのものの進歩にとってきわめて重要であることが明らかになった。化学が人類の救助に駆けつけなければならなかったのだ。

一九〇八年に発見され、今日もなお使われている解決策は、ハーバー・ボッシュ法と呼ばれる。表面的には、この方法は愉快なほど簡単だ。地球の大気で最もありふれた気体である窒素と、宇宙全体で最も豊富にある元素の水素だけが原材料で、反応器のなかで一対三の割合で混ぜ合わせ、NH_3、つまりアンモニアを生成する。窒素は単純に空気から吸い取ればよく、水素は今日ではメタンからつくるが、水を加水分解しても集められる。窒素に変化を促すには、二つの原子をつなぎ合わせている頑丈な絆を断ち切らなければならず、それには触媒が必要となる。鉄の多孔性の形状に、効果を高めるための促進剤として水酸化カリウム（一五六ページで見てきた苛性カリ）を加えると、この反応を充分に推し進める役割をはたす。反応は決して完全ではないので、ガスの温度を下げて目的とする産物をアンモニアの雨として凝縮させ、それを排水して溜め、まだ反応していないガスは反応器のなかで繰り返し再利用して、ほぼすべてがうまく変換するまでつづける。しかし、なんでもたいがいそうだが、難しいのは細部で、ハーバー・ボッシュ法は実際には、うまくやり通すにはかなり厄介なものだ。

多くの化学反応は基本的に一方向のものだ。これらは反応物質を一方通行で再結合させて生産物をつくる。たとえば、蠟燭を燃やすと、蠟状の炭化水素の分子が燃焼プロセスによって酸化して水と二酸化炭素になるが、逆方向の変換は同時には決して起こらない。だが、可逆反応の化学プロセスもあり、その場合は二つの相反する変化が双方向に同時に起こる。「反応物」が「生成物」に変換されるが、これらは同時に元の物質に戻ってもいる。窒素と水素の混合物とアンモニア間の変換は、そのような可逆のプロセスであり、求めている化合物のほうへバランスを傾けるためには、反応器内の条件を入念に整えなければならない。アンモニアを生成したければ、これは高温（四五〇℃前後）かつ猛烈に高圧（二〇〇気圧前後）を保つことを意味する。反応器と配管のこうした極端な状態が、ハーバー・ボッシュ法の実施をじつに厄介なものにしている。やはり溶鉱炉での加熱を必要とするこれまで見てきた重要なプロセス——ガラス製造や金属の溶錬——よりもはるかに、窒素固定の実践は熟練した工学技術のわざなのである。大破局後の社会が適切な反応器を探しだせなければ、産業規模の圧力鍋の建設の仕方を学ぶ必要があるだろう。

窒素ガスを説き伏せて水素と結びつけ、アンモニアをつくるのは最初の一歩に過ぎない。窒素が固定されたら、それをより一般的に役立つ化学物質、硝酸に変えなければならない。アンモニアを高温の変換器で酸化させる。これは単なる炉ではなく、基本的にアンモニア・ガスそのものを燃料として、白金ロジウムを触媒に使う容器である。実際にはこれは、汚染排出ガスを減らすために車の排気管に差し込まれている触媒コンバーターのなかに見つかる合金なので、比較的容易に探しだせるはずだ。生成された二酸化窒素はその後、水のなかに吸収されて硝酸になる。

これらの産物――アンモニアと硝酸――はいずれも農地にじかに散布して、作物の生長を促すことはできない。前者はあまりにもアルカリ性で、後者はあまりにも酸性であるためだ。しかし、両者を単純に混ぜて中和させ硝酸アンモニウムの塩を生成すれば、これには入手可能な窒素が二倍詰まっているわけなので、理想的な肥料になる。第7章で見たように、硝酸アンモニウムも分解すると麻酔効果のある亜酸化窒素を放出するので、医療でも役に立つ。これもまた強力な酸化剤なので、爆発物をつくるうえでも利用できる。*したがって産業化した文明へと成熟しつつある大破局後の社会にとってハーバー・ボッシュ法は、不可欠な硝酸塩を供給するために動物の糞尿を堆肥にするかグアノを集め、木灰を水に浸け、硝石の鉱床を掘るといった作業に依存する事態から解放してくれるのだ。そして代わりに、大気中に事実上無限に存在する窒素の利用を可能にしてくれるのである。

今日、ハーバー・ボッシュ法は年間およそ一億トンの合成アンモニアを生成しており、

*二トン以上の硝酸アンモニウムの肥料が、オクラホマシティ連邦政府ビル爆破事件でティモシー・マクヴェイのトラックの荷台に積まれたほか、一九四七年には二〇〇〇トン以上の化合物を積んだ船がテキサスシティの港で火災に遭い、核爆発以外では世界最大級の爆発が起きた。

そこから製造される肥料が世界の人口の三分の一を支えている。この化学反応によって腹をすかせた二三億ほどの口が満たされているのである。そして、僕らが食べる食品の原材料は体の細胞に同化するので、体内のタンパク質の半分ほどは人間の技術力によって人工的に固定された窒素からできている。見方によれば、僕らはなかば産業的に製造されているのである。

第12章　時間と場所

「一代過ぎればまた一代が起こり、永遠に耐えるのは大地」
――「コヘレトの言葉」一章四節（『聖書』新共同訳、日本聖書協会より）

「廃墟が私のなかでかき立てる考えは壮大だ。万物は無に帰し、万物は滅び、万物は去り、世界だけが残り、時間だけがつづく」

――『一七六七年のサロン』ドゥニ・ディドロ

前章では、復興に向けて急成長する社会の世代が必要とするものを支えるのにふさわしい、かなり複雑な産業規模の化学まで検討してきた。今度は根本的なものへ再び戻ることにしよう。生存者たちはまったく何もない状態から、二つの主要な問いに答えるためにどう対処できるだろうか？「いまは何時なのか？」と「ここはどこなのか？」である。これは決してつまらない頭の体操などではない。自分の足跡を時空のなかでたどれることは、きわめて重要だ。最初の質問は、一日のなかの時間の経過を計り、月日および季節を追うのを可能にするもので、農業をうまく営むうえでの必須条件である。どんな観測をすれば、暦を驚くほど正確に再構築することができ、お望みなら、未知のはるか未来において、それが何年であるかも計算できるようになるだろうか（タイムトラベルの映画でヒーローがつぶやく典型的な質問だ）。二番目は、馴染みのある陸標（ランドマーク）がなくなったときに、地球のどこに自分がいるのかをたどるために重要だ。これは自分が行きたい場所に関連して、いまどこにいるのかを突き止めるのに欠かせない情報であり、貿易や探検のための航海を可能にする。

まずは時間から見てゆこう。

時間を告げる

どんな文明にとっても基本的なことは、季節のなかの時間の経過を追って、種まきと収穫に最適の時期を知ることであり、それによって厳しい冬や乾季の到来に備えられるようにすることだ。また、社会がより複雑になるにつれて、日課がより厳密に定められるようになり、一日のなかの時間を知ることがますます重要になる。時計は異なる活動ごとの継続時間を管理し、市民の暮らしの速度を同調させるうえで欠かせない。職人の勤務時間から、市場の開始および終了時間まであらゆるものが、また宗教社会では礼拝の場所での集会時間もが、時間の進み具合に合わせて演出されている。

原理上は、一定の速度で進むどんなプロセスでも利用すれば、時間を計ることができる。歴史的には多数の方法が用いられているので、時計が一つも残らなければ、復興初期には役に立つだろう。そのなかには、水時計のように一定量で滴る水も含まれていた。時間は、貯水槽か容器の側面に刻まれた目盛りで示された。もしくは砂などの粒状の素材を小さな穴からわずかに流れださせるか、ランプに残る油の量や、丈の高い蠟燭の脇に刻んだ目盛りでも計ることができた。

水時計と砂時計は似たような重力の法則で動くが、水時計の場合、水圧によって底から液体が押しだされるのとは異なり、砂時計の流量は残りの砂からなる円柱の高さには総じて無関係なので、より優れたこの計時装置が十四世紀から普及した。しかし、砂時計は継続時間を計ることはできても、それ自体はいまが何時であるかは告げられない（夜明けから厳密に砂時計を繰り返し反転させるシステムがあれば別だが）。では、どうすれば自明の第一原理からいまは何時か決められるだろうか？

今日、猛烈に忙しい現代の暮らしの構造は掛け時計やスケジュール帳によって定められているが、これらは僕らが暮らしつづけている原初のリズムを形式化したものに過ぎない。僕らの日常経験という時間の尺度では、地球の自然のリズムは大半の人間にとって、昼夜の定期的な交替や、緩やかな季節の移り変わりはともかく、それ以上となると意識するにはゆっくり過ぎる。かりにダイヤルをひねったら周囲の時間の経過が速められるとして、それによってこうした惑星の周期性がより明確になることを想像してみよう（以下の説明は北半球からの視点で見たものだが、南半球にいても原理は同じである）。

太陽が急速に空を駆け巡ると、地面の影は大きく揺れ動き、影を投げかける物体の根元をぐるりと回転する。太陽が西へと移動して、やたらに短い日没後に視界から消えると、空からは色が失せて藍色になり、夜間の真っ暗闇になる。天空の隅々に広がる恒星は見慣れた動かない点ではなく、大空のドームの周囲を回る細い光の帯となっている。恒星の軌跡はたがいに入れ子構造になって同心円を描き、その中心の天の北極では、動きはまったく見られない。こうして描かれたパターンのいちばんの中心には、一つの恒星、ポラリスが、つまり北極星があり、その周囲でほかの星は渦を描くように見えるが、やがて空は夜明けとともに再び明るくなる。

次に気づくのは、空を移動する太陽の燃えるような通り道が何週間も経つとずれてくることだ。代わりにその弧はゆっくりと下がってはまた上がってゆく。夏のあいだ太陽の弧は最も高い位置にあって、昼間の時間が暖かく長くなるが、冬になると太陽はまるで近道をするかのように、地平線の上にわずかに顔をだしたかと思うとまた沈んで見えなくなる。この経路が最も高くなる時期と最も低くなる時期で、太陽の弧の移動は遅くなり、制止したかのように見えたあと、再び反対方向へ戻ってゆく。これをソルスティス（太陽が立ち止まるという意味のラテン語から）〔至点〕と呼ぶ。冬至（南半球ではこの日が夏至になる）は一年で最も日が短く、これはまた太陽が地平線上で最も南から昇る日でもある。ストーンヘンジのような古代の天文学関連の場所は、これらの特別な日の日の出の位置に巨石が並べられている。*

では、こうした自然のリズムと周期をどう使えば、時間が決められるだろうか？最も基本的なレベルでは、太陽が空を旅するのは、地球が自転するからで、**その延長で考えると、影の位置の変化は一日の時間を示している。木陰または海岸でパラソルの日陰にいようと試みたことがある人ならば、影がいかに移動するか敏感に気づくだろう。それなら、地面に棒を真っすぐに立てれば、その影の回転は時間の経過を示すことになる。これがもちろん、日時計の本質だ。影がいちばん短い時間が正午、つまり南中時だ。

*マンハッタンの碁盤目状に平行した通りは、天の北極から東に約三〇度の方角に沿っており、年に二回（五月末と七月なかば）にマンハッタンは都市サイズのストーンヘンジになり、太陽が峡谷のような通りの中心線に沈んでゆく。

**確証が必要であれば、太陽が空を移動するのも、夜間に星空の天蓋が回転するのも、これらの天体の動きではなく、地球の動きによるものであることを示せばよい。長い紐から円錐形の重い錘を、室内で風が吹き込んでこない場所に吊るし、それを注意深く真っすぐ前後に、決して横にぶれないように揺らし始める。この「フーコーの振り子」は一日を経るあいだに地面の上を回転するように見えるだろう。だが、振り子は空間に宙づりになっていて、それをねじ曲げさせる力はない。実際、振り子は地球そのものがその下で自転するあいだ、同じ方向に揺れているのだ。

機械式時計の主要部品。錘が落下（左下）してギアチェーンが動くと、脱進機（上）が左右に揺れ、そのたびに噛み合っていた歯車が解放され、歯の一目盛り分だけ回転する。脱進機には、振り子（ここには描かれていない）の規則正しい揺れが組み合わさる

最も正確な結果をだすには、棒は天の北極の方向へ傾けるべきだ。三三二ページで見たように、北極星によって示される方向だ。

急ごしらえで日時計をつくるには、棒の根元の周囲に半球形の覆いをこしらえるか、円弧を描き、一定間隔で時刻目盛りを刻む。半球形ならば、天空を日時計の湾曲した表面にそのまま投影することができる。平板な円形の日時計のほうがずっとつくり易いが、時刻目盛りを刻む作業がより複雑だ。正午付近では朝や夕方にくらべて、影がゆっくりと動くからだ。一日は好きなだけ多くの時間に分割することができる。一日を一二時間ごとに二分割する僕らの習慣は、バビロニア人に端を発する（そして

これは黄道帯の十二宮と結びついているのかもしれない。太陽と惑星が軌道を描いて空を巡っているかのように見える星座の帯だ)。

だが、時間を管理するうえで起きた僕らの歴史上の主要な革命であり、復興期に目指すべき技術は、機械式「時計仕掛け」の時計をつくる技術だ。* これは心臓のようにリズミカルに鼓動して時を刻む、素晴らしい仕掛けである。この動きのためには、四つの主要部品が必要となる。動力源、振動子(オシレーター)、調速機(ガバナー)、それに時計仕掛けの歯車だ。

あらゆる機械の主要な部分は動力源であり、これを提供する最も単純な方法は軸の周囲に巻きつけた紐に吊るした錘で、この錘が重力で下がるにつれて軸が回る仕組みだ。錘を単純に地面にまっすぐ落とすのではなく、その溜めたエネルギーの解放をいかに調整して、時計仕掛けのゆっくりとしたムーブメントを動かすかが主たる問題である。この機能をはたす装置は脱進機(エスケープメント)と呼ばれ、これについてはこのあとすぐにまた触れることにしよう。

＊こうした時計は十三世紀末の修道院に最初に登場し、そのチャイムが修道士たちを祈りに呼んでいた。実際には、重要な仕組みは時計の文字盤と針よりも一世紀以上早くできていた(秒針はさらに三〇〇年後まで登場しなかった)。最も初期の時計は時間を表示できなかったが、ベルを鳴らす独創的な自動装置だった(それどころか、英語で時計を表わすクロックという名称はベルを意味するケルト語に由来する)。

機械式時計の鼓動する心臓、すなわち規則的なタイミング信号をだす部分は、振動子と呼ばれる。これに相当する理想的なローテクの解決策は、単純な振り子だ。硬い棒の先についた揺れる塊である。ここで利用する物理の原理は、振り子の周期――小さい角度で揺れた場合に最初の位置まで戻るのに要する時間――が、その棒の長さによって決まるというものだ。〔揺れ幅が小さい場合〕振り子は、摩擦や空気によって徐々に揺れ幅が減りはしても、まったく一定の周期で揺れつづけ、この規則性ゆえに時計のためのじつに有益な部品となる。三つ目の要素である調速機は、振動子からのタイミング信号を統合する不可欠な役割をはたし、動力源を調整する。振り子の脱進機はギザギザの歯車〔ガンギ車〕で、振り子とともに揺れる二股のレバー〔アンクル〕と噛み合ったり離れたりを繰り返す。揺れて最高位置に達すると、解放された脱進機が駆動錘に引っ張られてもう一目盛りぐるりと進み、斜めの歯が振り子を軽く促して揺れつづけさせる。そのため、この独創的な装置は揺れる錘の規則的な衝動をとらえて、溜めたエネルギーを一度に一進みずつ吐きだす。適切な長い振り子と駆動錘の高い位置からの落下という二重の要求から、多くの時計の設計は決まり、そのため丈の高いグランドファーザー時計のような外観になった。

このあとは、脱進機の一目盛りごとの回転を、文字盤の短針のために一二時間ごとに一周する被駆動輪と、これに六〇対一の割合で歯車を噛み合わせている長針の動きとを調節するために、要するに計算を行なってくれる歯車のシステムを設計するだけの、比較的単純な問題となる。僕らが一時間を六〇分に分割する〔英語で分を表わすミニットという名称は、ラテン語で最初の小さい部分を意味するパルテス・ミヌティアエ・プリマエに由来する〕のも、これをさらに六〇秒に分ける〔ラテン語ではパルテス・ミヌティアエ・セコンダエ〕のも、古代バビロニア以来の遺産である。振り子時計は自然現象を正確に測定し実験することも可能にし、僕らの歴史において科学革命を通して調査道具をいちじるしく進歩させるために貢献した発展となった。*

日時計の移りゆく影によって示される〔日照〕時間の長さは、一年を通して変動する。〔昼間を一二等分して時間を決めていたため〕冬の時間は夏の時間よりも短い。一年を通じてわずか二日間だけ、太陽時間は〔昼夜で〕均等になる。イークィノックス〔分点〕（つまり文字どおり、「イコール・ナイト」〔ノックスはラテン語で夜の意〕、同等の夜を意味し、これは昼夜がどちらも一二時間だからだ）。** こうした特別の日は春と秋に訪れる。その日の正午に赤道に立てば、太陽がちょうど真上を通過するので、自分の影が足下で

*すべての時計は基本的になんらかの規則的なプロセスの振動を数え、計算結果を表示する装置である。現代の時計は原理上これとなんら変わりがないが、ただより速く、より正確に定期振動する異なる物理現象を利用しているに過ぎない。デジタル時計では水晶の電子振動を、原子時計ではセシウムの蒸気の電磁波振動を数える。

**実際には日光が地球の大気で屈折して、薄明の時間帯があるため、昼間のほうがやや長い。

消える。春分でも秋分でも、その日の朝は太陽が真東（観測した天の北極から直角の位置）から昇るので、どこにいても簡単にわかる。この標準的な分点の時間（ちなみに、後述するが、これは砂時計によって日時計から割りだせる）を、機械式時計は数えるように設計されている。日時計は見かけの太陽時間として知られるものを示している。これは機械式時計によって刻まれた固定の分点時間による平均太陽時よりも、一六分もずれが生じうる。そのため、機械式時計の普及とともに混乱のもとがやってきた。二つの時間制度のうち、どちらを意味しているのか、だ。機械による均一の時間なのか、それとも日の出からの時間を数える太陽時なのか。こうして十四世紀からは、「スリー・オクロック」〔三時〕というように、「オヴ・ザ・クロック」〔時計の〕時刻などとして、時間を特定する必要がでてきた。

実際には、お宅の壁に掛かっている現代の時計の文字盤と古代の日時計の技術のあいだには、さらに深い歴史的つながりがある。時針が文字盤のまわりを回って時を表示する機械式時計は、日時計の影の線を読むことに慣れていた人びとが本能的に理解できるように設計されていた。最初に登場したのは中世ヨーロッパの都市で、北半球では日時計の指針の影はつねに同じ方向に回る。「時計回り」として、それゆえに採用された短針の進む方向である。復興期に機械的に進歩した南半球の文明が時計を再発明したら、針は代わりに僕らが反時計回りだと考える方向に回転するかもしれない。

一日の時間を正確に刻むことに関しては、これまでにしよう。では、もっと長い時間の周期を追うために、ごく基本的な段階から対処するとしたら、何ができるだろうか？季節の変化を感じ、暦を復活させるために。

暦の復活

地面に立てた棒のところにまた戻ってみよう。一日のあいだにその影が短くなったり長くなったりするのをどうすれば追えるかは、すでに検討してきた。連続して何日間も正午の影の長さを書き留め、要するに太陽の最大高度を計測すれば、地球が太陽を周回するにつれて季節が移り変わる周期性に気づくだろう。*

＊太陽の周囲を回るのが地球であって、その逆ではないことを、どうすれば証明できるだろうか（したがって、僕らは太陽系の中心という特権的な場所にいるわけではないことを）？　必要なのはそれにふさわしい正確な時計だけだ。幾晩か経つうちに、それぞれの星が毎晩ほぼちょうど四分ずつ遅く昇ることに気づくだろう。動いているのがコマのように地軸のまわりを自転する地球だけであれば、星は毎晩まったく同じ動きで回って見えてくるはずだ。だが、実際には、地球の位置が少しずつずれてゆくので、昨夜と同じ光景が見えてくるまでに、若干の時間がかかる。四分は二四時間のほぼ三六五分の一に相当する。地球は一年かけて太陽のまわりを巡る旅で、一日分だけ前に進んだわけである。

少しだけ夜更かしをして太陽の動きではなく夜空の動きを観測すれば、一年を細分化して、季節周期のなかでどれだけ進んだかをたどるうえで、目印となる天体をはるかに多く選ぶことができるだろう。特定の場所から見える星座の多くは、一年を通して変化する。たとえば、お馴染みのオリオン座は天の赤道に位置するので、北半球では冬のあいだしか見られない。より正確に言えば、個々の星はまず見えてきたあと、特定の日にちに再び消える（それによって一年が三六五日であることを正確に数えさせてくれる）。こうした星々の出来事は僕らが決めた一年の特別な日付――夏至・冬至および春分・秋分――と結びつけられるので、月日が一年のどこまで進んだかをたどり、季節がいつ変わるかを予測するために利用できる。たとえば、古代エジプト人は夜空でいちばん明るい星、シリウスが〔しばらく見えなかった期間後の夜明け前に〕初めて姿を見せるころ、ナイル川が氾濫して土壌が再び潤うと予測していた。

このように、いくつかの原始的な観測を書き留めておくことで、三六五日＊からなる一年を再構築し、一年を均等に四分割する役目をはたす分点と至点を手帳に書き込めるようになる。季節の移り変わりを記す時の記念碑であり、農業を調整するものだ。秋分と春分――前述したように、僕らの時計による時間を決定するのにも役立つ日だ――は、（北半球では）それぞれ九月二十二日と三月二十日前後に訪れ、冬至と夏至は十二月二十一日および六月二十一日の付近になる。したがって、生存者があまりにも後退して、誰も記録を取らない時代がつづいて歴史の糸が途切れたとしても、天体の時計仕掛けにしばし目を向ければ、まだいまが何時であるかを解明できるようになるだろう。お望みとあらば、一月から十二月までの一二カ月というよく見慣れた形式のグレゴリオ暦を復活させ、自分で決めた特別な日を基準に暦を再び連動させられるだろう。

しかし、誰も日誌をつけることなく何世代もが過ぎたら、今年が何年か計算することは可能だろうか？　いまの文明が壊滅的に衰退したあと、暗黒時代はどれだけつづいたのか？　それを知る一つのよい方法は、夜空にちりばめられている星に関する驚くべき事実を理解できるかどうかによる。

一晩のあいだに星は、ピンで無数の穴を開けた広大な円蓋が頭上でつまさき旋回する

＊実際には、復興から最初の数十年にわたってつけてきた記録から、三六五日の暦では、季節ごとに星座が見えてくる日付が着実に遅くなってゆくことに気づくだろう。この事実は一年の長さが実際にはちょうど三六五日ではなく、わずかに長いことを物語る（考えてみれば、太陽を回る地球の軌道が、地軸のまわりを自転するのにかかる時間のちょうど倍数になると期待する理由はどこにもない）。一四六〇年が経つと、標識にした現象は丸一年分遅れて、もともとそれを観察した日に戻るだろう。したがって、星の背景と比較すると、地球は一四六〇年間に三六五日分余計に自転することになる。そのため、毎年、四分の一日の余分を考慮しなければならず、さもなければ暦は戸惑うほど季節とずれたものになってしまう。このため、紀元前四六年にユリウス・カエサルは日付の再調整を命じ、閏年を設けて季節と暦が歩調を合わせられるようにした。

ように、空を動いてゆき、それぞれの光の点はほかの点にたいして定まった配置を保ちつづける。星座のパターンである。だが、圧倒される現実は、人間の生涯を途方もなく超えた時間の尺度では、すべての星が実際にはたがいに追い越し合っているということだ。もし時間を先送りできれば（今回は地球の自転による回転に対抗して）、星々が暗い海に浮かぶ泡粒のように、空一帯で渦を巻きながら、たがいのあいだをすり抜けているのが見えるだろう。これは固有運動として知られるもので、ほかの太陽が独自の軌道で銀河系の中心の周囲を回っているために引き起こされるものだ。

近い将来のいずれかの時点の年代を決めるうえで観測すべききわめて有益な対象は、バーナード星として知られる。これは地球に最も近い恒星の一つだが、太古の小さな太陽で、情けないほどぼんやりと赤い輝きを放っているため、ごく近い距離にあるにもかかわらず、肉眼では見えない。ただしバーナード星は、レンズまたは反射鏡の口径が数センチ程度の小さな望遠鏡があれば、簡単に探しだせる。観測するのはいくらか難しいが、この星は天空にある自然の時の標識として役に立ちうる。バーナード星は地球との距離が近いため、天空で知られている星のなかで固有運動が最も速い。毎年一〇・三秒角ほど空を突き進んでいる。これは大した数字に思えないかもしれないが、まわりのすべての星とくらべると猛烈な速さであり、人間の生涯のあいだにこの星は満月の半径分ほどの距離を移動する。となると、将来にその年が何年か知るために、復興する文明が必要とすることは、左図に描かれた空の一画を観測して——写真を使えばさらに容易だ

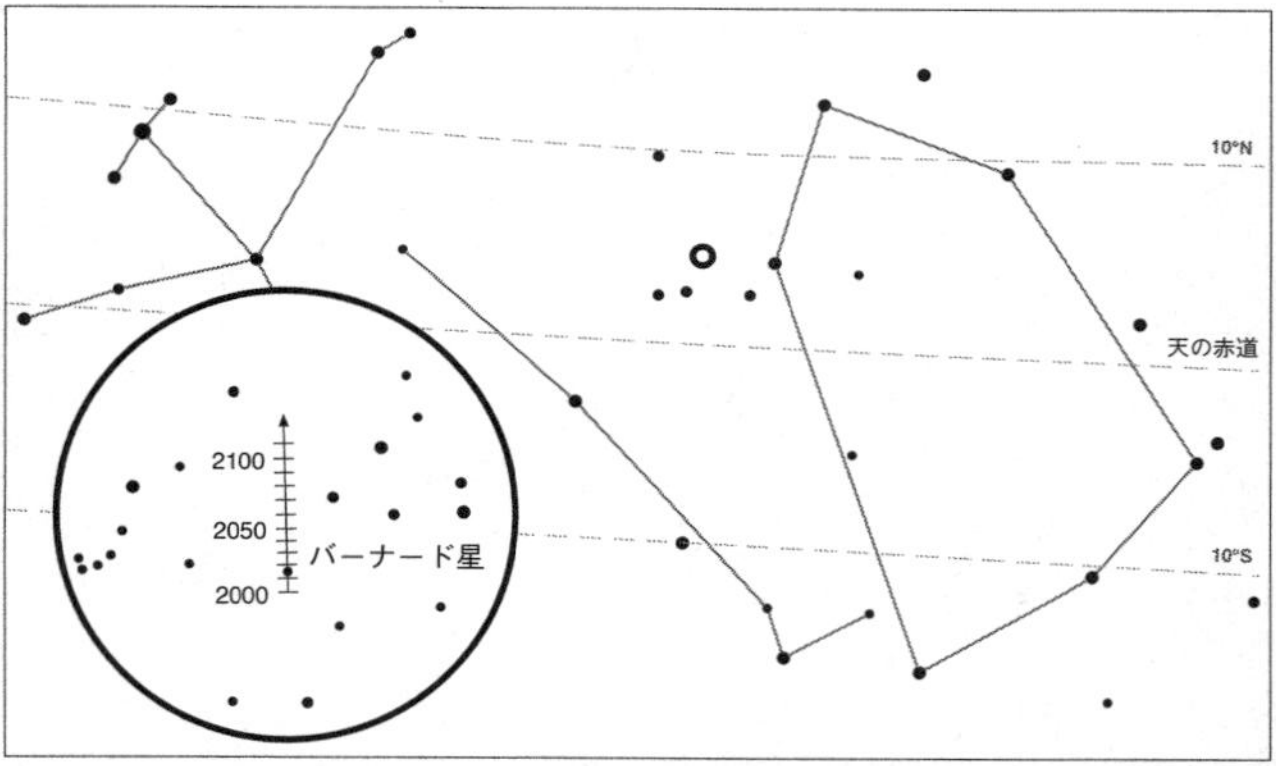

バーナード星の固有運動は夜空でいちばん速いので、観測すれば歴史的記録が途切れたあとも、現代の年代を再び確認するのに利用できるだろう

――バーナード星の現在位置を記録し、その時間の軌跡からその時点の年を読みとることだ。

もっとずっと長い時間の尺度で言えば、地球の歳差運動も利用できる。回るコマのように、地球の回転軸も時間とともに徐々に円を描いてよろめく。北極星のポラリスはたまたま、現在の地軸の向きと同じ線上にあるので、この一点だけが天空を回転しないように見える。現在、地軸は南の空では何もない一帯を通過しているので、「南極星」に相当する星はない。一〇〇〇年もたてば、北極は何もない空をさまよってほかの星の近くを通るようになり、西暦二万五七〇〇年ごろには完全に一周し終えて、キリストの生誕時の位置に戻るだろう（このさまよいのもう一つの結果は、太陽の通り道〔黄

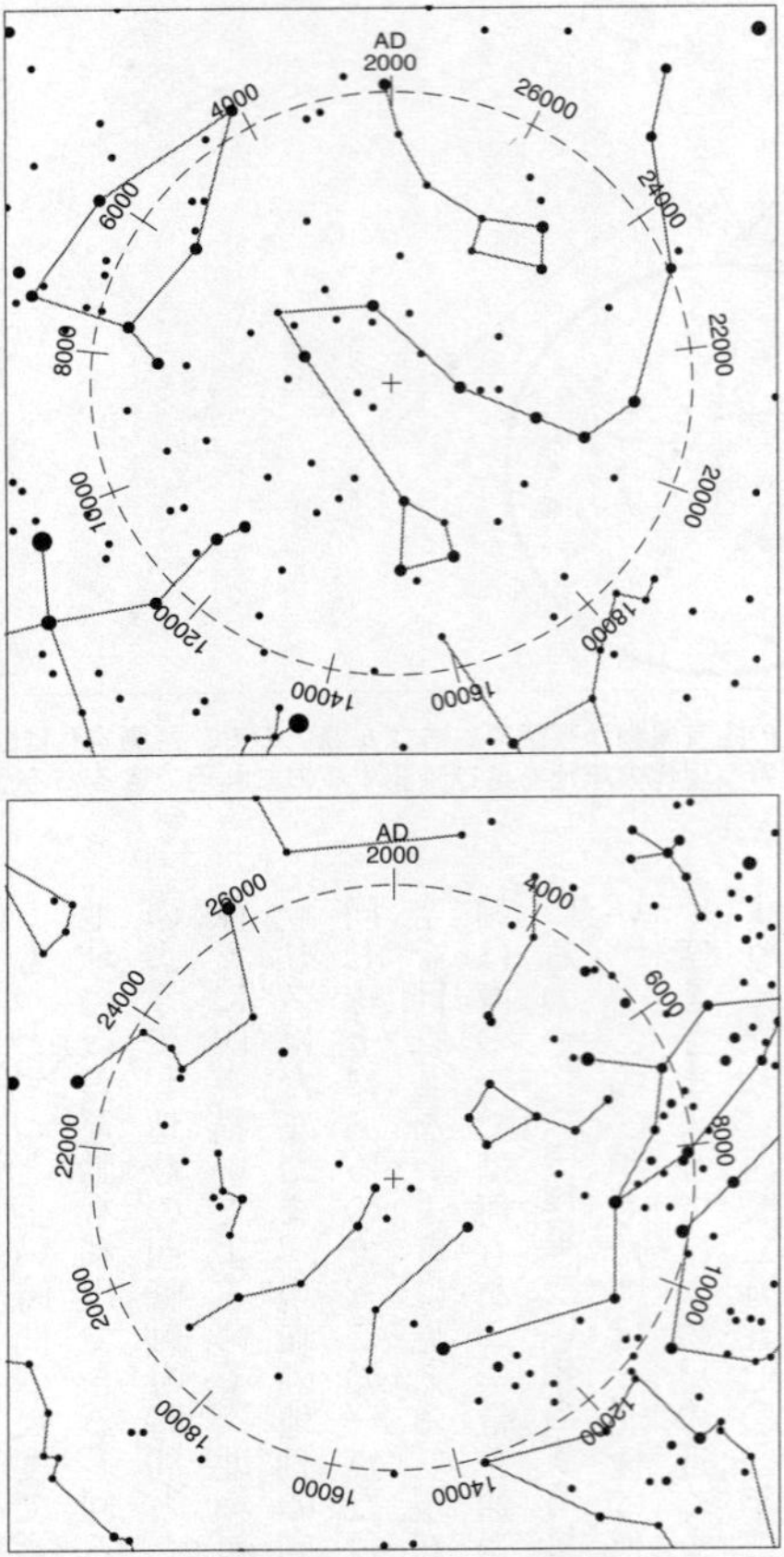

地軸が次の26,000年間に歳差運動をつづけるなかで、
円を描いて移動する天の北極（上）および南極（下）

道）が天の赤道と交わる点、つまり春分と秋分もまた空を漂うことで、そのためこの過程は分点歳差と呼ばれる）。現代の天の極がどこにあるかを見極めるのは、比較的単純な作業だ。とりわけ、基本的な写真の技術が再開発されていて、（一五分間やそこら露光して）地球の自転によってたなびいた星の軌跡をとらえられるのであれば簡単だ。それを前ページの図に描かれた星図の年代史とくらべ、いまがどの千年紀であるかを読み取ればよい。

地球のさまざまな動きを記録すれば、何時であるかがわかるようになり、農業のために季節の変わり目を予期する暦を再構築できるようになる。しかし、自分が地球のどこにいるかを見極めるにはどうすればよいだろうか？　また、その延長線で、異なる場所間の効率のよい道筋を見つける方法をどうすれば学べるだろうか？

ここはどこ？

見慣れた陸標のあいだの陸地をさまようことや、船で海岸線沿いに進むのであればさして難しいことはない。だが、頼りになるこうした目印から離れて、たとえば、見渡す限り何もない大海原を渡るとしたら、正しい方向に進んでいると確信するために何ができるだろうか？　中国の船乗りはまず十一世紀に自然の磁鉄鉱（英語のロードストーンという名称は、中世の英語で「導く石」を意味する）による驚くべき方向探知の性質を利用し、のちに磁化した鉄針を使った。この方位磁針は、おのずから回転して地磁気線に平行した方向を向くため、両極間に縦に並ぶことでその役目をはたす。北を指す磁針の先端がこの装置で明確になるのだ。方位磁針があれば、ほかになんら目印となるものがない場所で一定の方向に進みつづけることが可能になるが、二つ（またはそれ以上）の陸標が目に入れば、その方角を知ることで、自分の位置を地図または海図上で正確に三角法によって計算することもできる。晴れた日の夜空なら北ないし南は正確に見つけられるが、曇っている日には方位磁針は航行用の素晴らしい道具になる。だが、地球の自転による天の極と、鉄分を豊富に含む流動する地球の中心部によって生じる磁極は、完全には一致しないことに注意する必要がある。赤道ではこの差異はわずか数度だが、どちらかの極に近づくにつれて、真北を指す磁針の誤差は増大する。

まったく何もない状態にまで退行せざるをえず、磁石がどこにも見つからなくても、電気を使えば一時的な磁場をいつでも生みだせる。第8章で、原始的な電池は二種類の金属を交互に重ねることでつくれることを見てきた。これを使えば、銅の塊を伸ばしてつくった電線を巻いてコイル状にしたものに電流を流すことで、電磁石ができる。この電磁石に電圧を加えれば、磁針にぴったりの細い針などの鉄製品を永久に磁石に変えることができる（本当に一から始めるのであれば、そもそもの金属の製錬方法を第6章で確認すること）。

方位磁針は方向を教えてくれるほか、以前に描かれた海図や陸標があれば、現在位置も教えてくれる。しかし、地表のどんな地点にいて自分の位置を知るための、より一般的なシステムについてはどうだろうか？　本章で取り組んだ二つの根本的な疑問——いまが何時かと、ここはどこなのか——は、思っている以上に深く結びついているのである。

現在位置を割りだすうえで解決しなければならない最初の問題は、地球のすべての地点に個別の番地をつけるシステムを考案することだ。湖ならば町から南西に三マイル先にあると説明しても構わないが、新しく発見された島の場所であれば、あるいは実際、何もない海の真っ只中にいる現在の自船位置であればどうだろうか？　重要なのは、地球そのものに関して、自然の座標系を見つけだすことだ。

ニューヨークのように、厳密に管理された碁盤目状の設計の都市で自分の居場所を探すのは、比較的簡単だ。「大通り（アヴェニュー）」はすべておおむね北東に向かっており、「通り（ストリート）」はそれらを直角に横切っていて、大半の道路には連番が振られている。マンハッタンならどこへ行くにも造作ない。大通りを目当ての通りとの交差点に達するまで歩いていったら、今度は目的地までその通りを歩けばよいのである。ミッドタウンのある場所の住所は、それが位置する交差点を記入すれば済むくらい単純だ。二三丁目ストリートと七番街アヴェニューという具合に。あるいは、会話ではストリート名をアヴェニュー名の前に言うことに誰もが合意すれば、必要なのは一対の記号だけだ。（23、7）もしくは（4、ブロードウェイ）のように。この場合の住所は、ラベルよりはるかに多くの意味がある。これは市内の場所を正確に示す座標点なのだ。そして、交差点の標識を見て、碁盤目内の自分の現在位置を見ることで、ブロック沿いに、あるいはブロックを越えて目的地までたどり着く最短距離をすぐに把握できる。

同様の座標系は地球全体にも利用できる。地球はほぼ完璧な球形で、自転軸によって北極と南極が定まり、赤道はこの惑星の腹部まわりを通る環状線になっている。この球体の形状ゆえに、理想的な碁盤目の都市で行なわれるように、一定の距離で区切るのではなく、一定の角度で区切った線で分割するのは道理にかなっている。というわけで、北極に立って南へ紐を発射させるところを想像してみよう。それが地球をぐるりと回って南極にたどり着いたら、一〇度分だけ回転してもう一本の紐を放ち、同じことを三六〇度回転して一周するまで繰り返す。同様に、両極の中間地点で地球をぐるりと巡る輪としてすでに定義された赤道から始めて、北および南へ向かいながら一〇度移動するごとに小さくなってゆく輪をはめてゆくところも想像してみよう。極まできたら九〇度である。

両極のあいだを南北に走るこれらの線は経度と呼ばれ、赤道の南北双方で、東西方向に地球を囲む輪は緯度である。緯線は平行に走り、経線はそれと垂直に交わる。したがって、世界の腹帯近くでは、緯度と経度の座標はマンハッタンの平面におけるストリートとアヴェニューの方式に近いものになるが、極に近づくにつれて、地球が球形であるために四角い碁盤目はどんどん歪んでゆく。マンハッタンの道路でもそうだが、スタート地点を決めて、番号を振った座標点をそこと関連づける必要がある。赤道は明白な〇度の緯線だが、経度の番号付けにはそれに相当する自然の〇度の標識はない。僕らは純粋に歴史的な慣習から、ロンドン郊外のグリニッジの経度を「本初子午線」としてたまたま使うようになった。

この世界共通の番地システムを使って自分が地球上のどこにいるか明確にするのに必要なことは、赤道より北もしくは南に何度――自分のいる緯度――で、本初子午線から東もしくは西に何度――自分のいる経度――であるかを述べるだけである。現在、僕のスマートフォンは、北緯五一・五六度、西経〇・〇九度にいると告げている（僕はグリニッジの近くのロンドン北部にいる）。

したがって、僕らが定めた最初の問題――既知の場所から場所へどうたどり着くか――は、二つの別々の質問にきれいに分かれるのだ。自分のいる緯度をどう割りだすのか、および自分のいる経度はどうすればわかるのか、である。

緯度を求めるのは、実際にはかなり易しい。夜空にはふんだんに模様があり、充分過ぎるほどの情報を提供してくれる。星々の軌跡が描く円の中心で動かないポラリスは、北極では真上〔九〇度〕にあるので、赤道から現在位置の角距離〔つまり緯度〕が、地平線や水平線からこの星を見上げた角度と同じであるのは当然である。いまどの緯度にいるのかを決める問題は、そのまま星の高度の測定に変換できるのである。

最も単純な方法としては、周囲にあるがらくたを集めて航海用の四分儀〔象限儀〕をつくればよいだろう。厚紙か薄い板で四分の一円をつくり、弧に沿って〇度から九〇度まで角度を再分割して目盛りを書き込む。直線の辺の一方に〔照準器として〕V字形に切り込んだものを二カ所に取りつけ、目標物がその直線に沿って見えるようにしたうえで、角部分に測鉛線を付けて真下に垂らして、目盛り上の高度を示すようにする。とくに高度な機器ではなくても、このような基本的な装置で北極星を観測できるようになり、それによって自分が何度の緯度にいるかが、数度の誤差で発見できるようになる。これは赤道からどれだけ北にいるかを数百キロ以内の誤差で知ることと等しい。

一七五〇年代に、それよりはるかに巧妙で精巧な機器が開発され、今日でも電源が故障したり、GPSが使えなかったりした場合の予備の航行機器として広く利用されている。六分の一円を利用することにもとづく六分儀――この特性から、前身である四分儀、および八分儀以来のパターンを踏襲してそう名づけられた――は、二つの対象物間の角度を測ることができる。航行に最も役に立つ六分儀は、太陽や北極星、それどころかほかのどんな星でも、地平線からどれだけの仰角にあるか、きわめて正確に教えてくれる。そのような非常に役立つ装置の設計も、後知恵として複製するなら容易で、復興期の文明が金属を加工し、レンズを研磨し、銀めっきをして鏡をつくれるだけの基本的な能力を復活させられれば、もう六分儀をつくるためにあらかじめ必要な技術を手に入れたことになる。

六分儀の骨組みは円を六〇度に分割したくさび形で、ピザの一切れの先端を空に向け

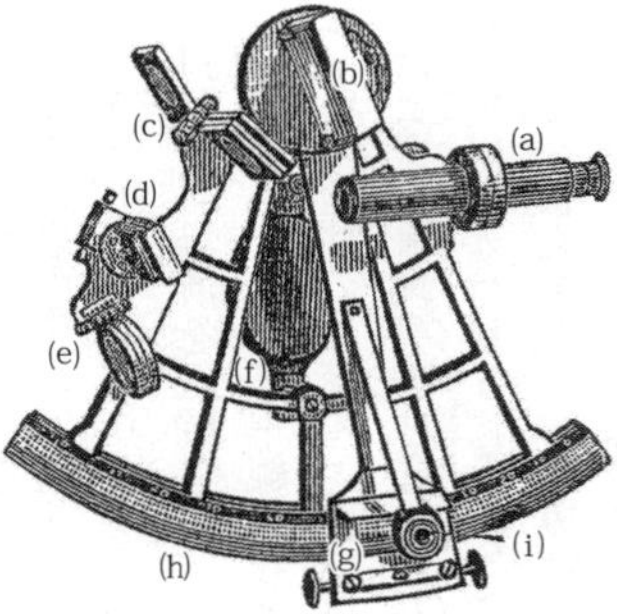

観測用望遠鏡(a)、半透鏡(d)、および角度目盛り(h)のある六分儀

て垂直に立てたものとよく似ている。その先端から回転するアームがぶら下がり、円周部分に刻まれた角度目盛りを指し示す。六分儀の主要部分は前方の辺に取りつけた半分だけ銀めっきされた鏡で、ガラスのままの部分からは前方が見えたままにしたものだ。アームの旋回軸に傾けて取りつけてある指標鏡が、そこに映った鏡像を下にある半透鏡に反射させるため、操作者は二つの景色を隣り合わせで見ることになる。

六分儀を使うには、まず観測用の小さい望遠鏡をのぞき、前方の半透鏡を通してこの機器の傾きを調節し、水平線と平行にする。次にアームを回転させ〔指標鏡が上空に向けられ〕、太陽もしくは、目的の星の鏡像がまるで逆にするすると降りてきて水平線に並ぶかのように見えるまで動かす（二枚の鏡のあいだには黒いガラスをはさんで、まぶしさで目を傷めないようにする）。天体の高度は、回転するアームが指す下の円周部分の目盛りから読み取る。

天空のパターンを再び学習し、季節ごとに最も明るい目印となる星の位置を星座表に記録したら、北極星が曇って見えないときでも、こうした星の観測を利用して、緯度を求めることができる。また、日付ごと、緯度ごとの太陽の南中高度を一覧表にすれば、六分儀と暦を使って昼間に移動中でも、自分のいる緯度を知ることができるし、経路をたどることもできる。読み取り方さえわかれば、空は素晴らしい複合機器になる。つまり、方位磁針でもあり、現地時刻を知るための時計でもあるのだ。

自分の居場所を正確に示すために必要な座標点の二番目の数字、経度は、あいにく非常に手強い。本初子午線からどれだけ東に進んだかを知るために、天体を利用するのは難しい。地球の自転によって自分がつねにその方向へ進んでいるからだ。ニューヨークのたとえを無理矢理に応用するとすれば、十七世紀の船乗りは自分がどのストリートを進んでいるかは簡単にわかったが、どのアヴェニューにいるのか知ることは不可能に近かった。彼らの唯一の頼みは、推測航法で——方向とおよその速度を推測し、未知の潮流によって針路を大幅に外れたところへ押しやられていないことを願いながら——適切な緯度まで進むことだけだった。目標地点を見過ごしていないと確信がもてる場所で、彼らはその緯度沿いに真東または真西に向かうと、運がよければ、いずれ目的地にたどり着くのだった。

地球は東の方向へ自転するため、太陽は見かけ上で空を移動し、夜間には星が渦を巻く。太陽の位置から、僕らはいまが何時であるかを知る（先に見た日時計の原理まで戻って）。したがって、自分の経度を求める――選んだ基準線から世界をどれだけ回ったか――ということは、要するに、基準線と自分の現在位置のあいだでそれぞれ、同じ瞬間にそれが一日のうちの何時であるかを探りだすことなのだ。地球は二四時間に三六〇度回転するので、南中時の一時間のずれは、経度にすると一五度の違いに等しい。そのため、自分のいる経度を求めるには、時間の計測を空間に置き換えることになる。実際には、経度に関する解決策は、ほぼ誰もが身をもって体験しているのだ。現代の高速の航空機輸送は、体が適応するより前にまるで異なった現地時間で動く遠隔地に僕らをテレポートさせる。GPSが開発される以前に、航海者たちは時差ボケの背後にあるのと同じ原理を利用していたのだ！

となると、自分の位置を正確に突き止めるために欠かせない二番目の座標を知るには、まず六分儀を使っていまいる場所の現地時刻を知り〔太陽の南中時刻を突き止め〕、それを本初子午線の現在の時刻とくらべればよい。だが、問題は基準線の時刻を地球の遠く離れた場所にどうやって伝えるかだ。

経度の問題は最終的に、適切な時計を開発することで解決した。外洋の縦揺れにも横揺れにも影響されず、数カ月から数年におよぶ航海のあいだ充分に正確に動きつづけるものだ。振り子や錘式では、航海用の時計としては役に立たないので、これら双方の機能の代わりとなったのがぜんまいバネだった。ひげぜんまいを使うと、それに適した振動子がつくれる。右へ左へと回転する錘の付いた輪〔テンプ〕の軸の周囲に巻かれた極細の金属の渦巻きだ。機能的には振り子と似ているが、左右いずれかに回り切った状態からの復元力は、重力の代わりにぜんまいが巻かれることでもたらされている。固く巻かれたぜんまいバネは、その張力にエネルギーを蓄えており、時計仕掛けを動かす駆動力も与えることができる。これは徐々に降りてゆく錘よりもずっとコンパクトな動力源だが、ぜんまいバネをこのような方法で利用すると、新たな問題が生じ、それもまた別の発明によって解決しなければならない。問題は、ぜんまいが緩むにつれて、ぜんまいバネのおよぼす力が変化することだ。最初が最も強く、溜められた張力が解放されるにつれて次第に弱くなってゆく。この動力を均一化して、時計の進み具合を一定にする最善の方法は、巻いたバネの末端をフュジーと呼ばれる円錐形の巻き上げ装置に巻いた鎖につなぐことだ。こうすれば、バネが解けるにつれてどんどんフュジーの太くなった部分に作用するようになり、〔より大きな直径によって〕強い力を受けられるので、弱くなっていた力をうまく補うようになる。

適度に複雑な仕組みの時計で、湿度や気温の変動（それによって潤滑油の粘度やぜんまいの硬さが変わる）をはじめとするさまざまな変化を自動的に調節するメカニズムを内蔵したものは驚くべき機器であり、時間そのものを、まるで精霊を〔魔法のランプに〕閉じ込めるかのごとく、完璧に保存して閉じ込められる魔法の檻のようだ。* 文明の再建の期間にこの地点まで直行しようとする際の難点は、問題の解決方法がわかっていたところで、ときにはそれでは充分ではないことだ。落とし穴は往々にしてきわめて洗練された細部にあるのであって、高度な文明への復興期には、そのような飛躍をするための近道や好機はかならずしもないかもしれない。凝り性で偏執的な時計師のジョン・ハリソンは生涯の大半を費やして、その役目を充分にはたす正確な航海用の時計〔クロノメーター〕を設計してつくりあげ、その過程で必然的に多くの新しいメカニズムも発明した。たとえば、摩擦を大幅に減らす保持器に入った転がり軸受や、温度の上昇による膨張を相殺するバイメタル板などである。

では、この問題に対処する別の方法があるだろうか？　もちろん、信頼性のある時計かデジタル腕時計が残っていたら、出発するときに一つを現地時間に合わせ、旅のあいだそれをポケットに入れておき、行き先の現地時間（これはやはり六分儀で観測して決定する必要がある）と比較して、現在地の経度を理解するだけで充分だ。しかし、もう残された時計がなかったとしたら？

十八世紀初頭に遭遇した問題は、現地時刻を知ることはできても、グリニッジの現在

＊大型の測量船はしばしば誤差を平均化するためと、万一の場合に備えて数台のクロノメーターを搭載していた。一八三一年に出帆したイギリス海軍のビーグル号は二二台ものクロノメーターを積み、見知らぬ土地の位置を正確に決定できるようにした（ガラパゴス諸島もそうした一つで、この島で野生生物を観察したことから、ダーウィンは革命的な理論を考えついた）。

の時刻を遠くで知るすべがなかったことだった。ハリソンがやがて見出した解決策は、グリニッジ時間のコピーをもちだすことだったが、グリニッジが世界各地の船にその時間をどうにか定期的に伝えられるようになっても、同じくらい功を奏するだろう。一つの無謀な提案は、大洋の真っ只中に錨を下ろした信号船によるネットワークを構築して、ロンドンの正午の瞬間を知らせる大砲の音をリレーさせるというものだった。だが、広大な距離に信号を送るための、それよりはるかに実際的な方法を、僕らはいまでは知っている。無線だ。

科学のさまざまな発見と技術による網目をくぐり抜け、別の道を通って復興する大破局後の文明は、地球各地を航行するための別の解決策にたどり着くかもしれない。原始的な無線機（第10章参照）を組み立てるほうが、充分に正確な時計をつくるための、とてつもなく複雑な仕組みと補正のメカニズムを再現するよりは容易だと考えるかもしれない（とはいえ、これは明らかにそれぞれの技術の復興の度合いに左右される。極小の歯車やぜんまいと電子部品の相対的な複雑さをどう比較できるだろうか？）。時報の信号は、経度の基準線として選ばれたどこかの本初子午線から放送し、地上局や船を経由して遠く離れた地域にまで伝えることができる。この方法ならば、復興の初期段階で目にする光景は、木造船体の帆船が世界の海を渡る、帆船時代とよく似たものになるかもしれないが、若干の違いがあるだろう。メインマストに取りつけられた信号用のアンテナとなる金属の導線だ。

都市のまばゆい照明と現代の産業化文明の光害は、僕らの多くから天空との密接な関係を奪い去ってしまった。だが、大崩壊後には天体の配置に再び慣れ親しみ、季節の移り変わりとの関係を取り戻す必要があるだろう。これは見当違いで古臭い、天文学上のつまらない問題などではない。それによって農作業の時期を計画できるので、飢え死にを免れられ、大自然のなかで方向を見失うのも防げるのである。

第13章　最大の発明

「探検を終わりにはするまい
われらのすべての探検の終わりは
出発地点にたどり着くことだ
そしてその場所を初めて知るのだろう」
——『四つの四重奏』T・S・エリオット

本書のなかで、僕らはどんな文明にとってもきわめて重要な多くのテーマを検討してきた。持続可能な農業や建築材料、それに復興する社会が大破局後により発展した段階の世代まで進歩したら必要となるであろう高度な技術などだ。これまで入り組んだ知識の網の目を抜ける近道を模索し、出発点となるどんな技術を目指すべきで、どのように中間段階を一足飛びしてより優れた、ただし達成可能な解決策に達するかを検討してきた。

しかし、このマニュアルに提示した重要な知識がすべてあっても、新しい社会が技術的に高度な段階に到達できる確証はない。歴史を通して多くの優れた社会が繁栄し、その知識の宝庫と技術力はその時代の世界の輝かしい宝石となってきたが、大半はいつの時点かで立ちゆかなくなって膠着状態に陥る。それ以上は進歩しない均衡状態だ。あるいは、まったく崩壊してしまう。それどころか、僕らのいまの文明が進歩をつづけていることのほうが、歴史的には特異な事例なのだ。ヨーロッパの社会はルネサンス、農業革命および科学革命、啓蒙主義、そして最終的に産業革命を通して発展し、僕らが今日暮らす、機械化および電化し、地球規模で相互につながりあった社会を生みだした。しかし、科学の発展や技術革新がこのまま持続するという必然性はどこにもなく、活気あふれる社会ですらさらに前進する勢いを失いうる。

中国はとりわけ興味深い典型例となっている。何世紀ものあいだ、中国文明は技術的に世界のどの国よりもはるかに優れていた。中国は近代の馬の首輪や手押し車、紙、木版印刷、羅針盤、火薬を発明した。どれも本書で見てきた世界を変えた発明だ。中国の繊維製造業者は、一つの動力源で複数台の紡績機を動かして糸をつくり、機械式の綿織機と高度な織機を操作していた。中国では石炭が採掘され、これをコークスに変換する方法を発見して、大きな縦型水車やトリップハンマーを利用し、高炉を使って銑鉄をつくり、それを精錬して錬鉄にすることに関してはヨーロッパより一五〇〇年は先駆けていた。十四世紀末には中国は、ヨーロッパでは一七〇〇年代になるまでどこにも見られなかったような技術的進歩を遂げており、独自の産業革命を始める準備が整っているかに見えた。

だが、意外なことに、ヨーロッパが長い暗黒時代を抜けだしてルネサンス時代に入ろうというころに、中国の進歩は揺らぎ、やがては止まってしまった。中国の経済はおおむね国内の通商によって成長しつづけたし、増えつづける人口は恒常的に高い生活水準を享受していた。しかし、重要な技術の進歩はそれ以上には起こらず、むしろ一部の新技術はのちに忘れられていった。それから三世紀半後にはヨーロッパが追いつき、イギリスは産業革命に突入した。

では、十四世紀の中国ではなく、それどころか十八世紀ヨーロッパのほかのどんな国々でもなく当時のイギリスに、何がこの変革をもたらすプロセスを促進させたのだろうか？　なぜそこで、なぜその時代だったのか？

産業革命は、繊維製品の生産効率を上げた——紡績と機織りを機械化し、従来は小規模な家内制の活動であったものを、集中管理された大きな工場内に移動した——ほか、製鉄および蒸気動力も進歩させた。そして、産業化はいったん進み始めると、そのプロセスが独自に動きだし、変革は加速した。石炭火力の蒸気機関による炭鉱の排水ポンプは、さらに多くの石炭を採掘させ、それが高炉の燃料となってさらに多くの鉄や鋼鉄が生産され、今度はそれがさらに多くの蒸気機関やほかの機械を製造するのに使われたのである。しかし、そもそもこうしたことすべてを可能にした条件は、かなり特定のものだ。もちろん、工学や冶金学にある程度は習熟していることが、人類の重労働を軽減するための機械を建設するうえで必要だが、産業革命を引き起こした主要な要因は知識ではなかった。それは特定の社会経済的な環境だったのだ。

すでに人手による従来の方法で達成されていたことを、複雑かつ高価な機械なり工場なりを建設して成し遂げるには、なんらかの利益がなければならない。その点、十八世紀のイギリスでは、産業化に必要な推進力と機会を提供した要因が特殊に重なり合っていたのだ。当時、イギリスには豊富なエネルギー（石炭）があっただけでなく、経済は高い労働力（高額賃金）によって動かされ、かたや資本は安かった（大事業を起こすための融資が得られた）。そうした状況が労働力から資本とエネルギーへの置き換えを奨励したのである。労働者は自動化された紡績機や織機のような機械に取って代わられたのだ。イギリスの経済状況には、最初の産業資本家にとって莫大な利益を生む潜在力があった。そして、これこそが機械に投資するために多額の資本を彼らにださせる誘因となったのである。一方、十四世紀末の中国では、石炭鉱業があって、コークスを燃料とする高炉や機械化された織物業は存在したものの、産業革命の推進につながる経済状況がなかった。中国では労働力は安く、産業資本家になりうる人びとも効率を改善する技術革新からの利益をほとんど期待できなかった。

となると、科学の知識と技術力は文明の発展のために必要ではあるが、それだけで充分とは限らないのだ。大破局後の社会が原始的な田舎暮らしにまで後退させられたら、本書が提供する重要な知識がすべて揃っていても、いずれ産業革命2・0版をくぐり抜けるという保証はない。つまるところ、社会経済的な要因によって、科学的探究が盛んになるかどうか、あるいは技術革新が採用されるかどうかが決まるのだ。大破局後に生き残った人びとが僕らの発展の経路に沿って産業化された暮らしまで進歩を遂げることを望むという前提が、本書を通してその根底にあった。技術が人びとをかならずしも幸福にしないのではないかという議論にまで僕は立ち入りたくないが、責め苦のように辛い、居心地の悪い生活様式を強いられ、最低限の医療しか手に入らず、生きるために苦闘する社会は、自分たちの生活水準を上げるために科学の原理を応用できることを明らかに感謝するだろうというのは、僕には確かな主張に思える。しかし、技術的に発展する文明はどこで頂点に達し、それ以上に進歩しても〔投資に見合う収益がない〕収穫逓減が起きるのだろうか？　おそらくそのような文明は安定した経済を実現し、適度な人口で、天然資源を持続可能なかたちで利用できる能力に達したら、ある技術水準で、それ以上は進歩も後退もしない、平衡状態に達するのかもしれない。

科学的方法

本書はもちろん、新たな世界を一から再建するのに必要となるすべての情報を網羅した全書ではない。手つかずのままになった材料は多数ある。本書では有機分子の合成や変換よりも、肥料や試薬をつくるのに役立つ無機化学におもに焦点を当ててきた。過去一世紀のあいだに有機化学は重要性を増してきた。原油のごく一部を加工し、精製して薬品となる自然の化合物をより効力の高いものに変え、食糧生産をより安定させるために殺虫剤や除草剤を合成し、自然界で見つかるどんな材料にもない性質をもつまったく新たな領域も生みだした。プラスチックである。

本書では生物学については、自分の食糧とし、健康を維持するために、特定の動物または植物の種をどう育成するか、あるいは微生物をどう管理するかという問題と関連して論じてきた。しかし、生命が実際に分子レベルでどんな仕組みになっているのかは、まだ詳しく見ていない。たとえば、なぜ僕らは酸素を吸って二酸化炭素を吐きだす必要があり、その一方で植物は太陽光のエネルギーを使ってその反対の化学工程を推し進めているのか、といった問題だ。

本書では材料工学の多くの原理は省略し、すべての基本的要素をかいつまんで見てきたに過ぎない。原子の構造や自然の四つの基本相互作用〔物理学で素粒子の運動を支配する相互作用〕だ。すべての原子が安定しているわけではなく、放射性のものは驚愕するほど破壊的な武器をつくる可能性をもつ。しかし放射性物質は平和利用できる動力源にもなるほか、地球の年代を測るものにもなり、太古の世界の目がくらむような穴をのぞかせてもくれる。地球科学では、たとえばプレートテクトニクス論は飛ばしてきた。広大な大陸が、風の強い湖面に浮かぶ木の葉のように地球の表面上を流されていて、ときおりたがいにぶつかり合って隆起し、山脈全体をつくりあげるという呆気にとられるような概念だ。世界がつねにいまあるような状態ではなく、戸惑うほど古いものだということを深く認識するには、世代ごとのわずかな変化がもたらす進化論を理解する必要がある。こうしたことはみな、復興する社会が再び探究し、調査によってみずから解き明かしてゆく必要のある知識の核心部分であると同時に、本書が提示するもろもろのヒントのあいだにある隙間を埋めてくれ、それはやがて今日、僕らが集団としてもっている知識の宝庫を再建することになるだろう。*

では、どうすれば自分で何かを発見できるだろうか？ 世界を再び学ぶのに必要な道具はなんだろうか？ 前章の根本に立ち返る手法をつづけ、自分で新しい知識、すなわち科学を生みだす最も効果的な戦略を見てみよう。

あらゆる科学的調査の基本は、宇宙は本来、機械的であり、その構成要素は宇宙を支配する法則に従って秩序正しい方法で相互に作用しているのであって、神々の気まぐれによるのではないことを理解することだ。根底にあるこうした法則は、身をもってじかに体験し観察したことにもとづく、筋の通った考えによって明らかにできる。何よりもまず、科学は実証できなければならず、原則としては個別に確認し、立証されなければならない。結論は、論理だけにもとづくわけにはいかない。あるいは過去または現在の権威（それどころか、お手元にある本書）による宣言を鵜呑みにすることもできない。したがって、周囲の世界を自分の利益のために操作し、人工物をつくるか、特定の効果を利用する技術を生みだそうと思うならば、まずは自然の法則を徹底して理解しなければならない。この理解は世界を観察し、その動きにパターンを見出すことによってのみもたらされる。同じくらい重要なことに、予測していたパターンに差異が生じれば、それにも気づく必要がある。新たな自然現象を表わす異常だ。たとえば、導線の横にある方位磁針が揺れることや、カビの周囲に細菌のいない円形部分が広がっている現象などだ。これには物事を正確に測定し、自然のさまざまな側面を比較して、時間とともにどう変化するか監視するために、数字で、つまり数値で表わせる必要がある。

となると、科学の絶対的な根幹は、計測器を入念に設計して組み立てることと、そうした数値を数える単位であることになる。たとえば、一定間隔で刻み目があるまっすぐな棒は、最も単純な計測器だ。長さを測る物差しである。しかし、測った物体の大きさが刻み目六つ分だと誰かに伝えるには、自分が使っている単位を相手が知らなければならない。つまり、刻み目と刻み目のあいだの正確な間隔だ。したがって、科学を一から

＊本書の読者の多くは、重要だと考えるテーマが見過ごされていることに驚かれていることと思う。復興のために欠かせない知識となると判断したものは、できる限り含めるように努めたつもりではあるが。人間の進化や太陽系の惑星に関する知識がなくても、機能する技術文明を再建することはできるが、農地を効率よく肥沃に保ち、化学的にアルカリを生産するすべがなければ、それは不可能だからだ。とはいえ、文明の一からの再建を加速するうえで不可欠な知識だと個人的にお考えのものがあれば、ウェブサイト（The-Knowledge.org）を通じてその理由とともにぜひご教示願いたい。

復興させる鍵は、一連の計測器具の製作にある。大破局後の社会はいずれにせよ、度量衡のシステムが必要になるだろう。文明の基本的な機能には、建設や旅における距離の表示や、容器内の液体量の計測や、あるいは取引される固形産物の重量測定、農地の管理や課税、および一日における異なった市民活動の時間配分などが含まれる。こうした基本的な特性——長さ、体積、重さ、時間——であれば、僕らも自分の感覚でじかに体験するし、これらを数値で表わすのは容易だ。それ以外の熱や電流のしびれなどの特性も、やはり自分で感じとるものだが、それを測るにはうまく設計された機器が必要になる。

科学の道具

大半の社会は距離、容積、重さに関する独自の計測方法を考案する。採用されるたいがいの単位は、日常生活に関連する人間の尺度にもとづく。重さ一ポンド〔約四五〇グラム〕は片手に載せられるくらいの肉または穀物を表わし、一秒はほぼ一回の心臓の鼓動に相当する時間の区分だ。実際、昔ながらの多くの単位は体の寸法にもとづいている。フィート〔足、約三〇センチ〕、インチ〔親指〔の横幅、約二・五センチ〕〕、キュービット〔前腕〔腕尺、四三〜五三センチ〕〕、マイル〔ローマ式の一〇〇〇パッスス〔二〇〇〇歩、約一・四八キロ〕〕などである。しかし、こうした単位の問題点は、人ごとに差異がでるだけでなく、とてつもなく面倒な換算率になることだ。たとえば、一マイルは一七六〇ヤードに等しく、五二八〇フィートであり、六万三三六〇インチなのである。理想的には相関する単位からなる標準的なセットがあって、都合よく階層化した記数法になっていてほしい。

今日、世界中の科学者のあいだで使われており、国の行政や通商でほぼ世界的に使用されているのは、一七九〇年代にフランス革命による熱狂的な再編の真っ只中に考案されたメートル法だ。*

この国際単位系（SI、フランス語のシステム・アンテルナシオナルの頭字語）は、長さ、質量、時間、温度を含む七つの基本的な単位を定めただけであり、その他の計量はすべて、当然ながらこれらの単位を組み合わせることで生みだせる。基本単位の倍数は便利な一〇を底とするものとし、その他の進法は除外され、その旨が合意のうえの接

＊このシステムをまだ完全に採用していないわずかな国がアメリカとイギリスで、両国では時代遅れの単位が存続しており、道路標識と車のスピードメーターではマイルが使われ、レストランやパブでは飲み物がパイント〔イギリスでは約五七〇ｃｃ、アメリカでは約四七〇ｃｃ〕で給仕される。歴史的な理由としては、ナポレオンが一七九八年に会議を招集して、新しいメートル法を国際的に採用することを奨励した際に、英語圏を除外したことがある。イギリス軍はフランスの艦隊をナイルの海戦で沈没させたばかりだったため、パーティーに招かれなかったのである。

頭辞で示された。たとえば、メートルは長さの標準単位で、それより小さいものはメートルの何分の一——一〇〇分の一なら一センチメートル、一〇〇〇分の一なら一ミリメートル——として表現され、長い距離で、たとえば一〇〇〇メートルにおよべば、一キロメートルといった倍数で表わされた。

メートルと並んで、二つ目の基本単位は時間に関するもの、秒だ。たった二つの基本的特性を利用し、その組み合わせまたは比率を使うだけでも、その他多くの単位をつくることができる。二つの距離を掛け合わせれば（長方形の土地の縦と横など）面積が得られ、それゆえに面積にはつねに距離の二乗の単位がつく。三次元の掛け算をすれば体積が得られ、長さの三乗の単位になる。量を時間で割れば、どれだけ速く変化するか、つまり変化率が得られる。したがって、距離を時間で割れば、キロ毎時のような速度の単位となり、それをさらに時間で割れば、何かがどれだけ速度を上げているか、もしくは落としているか、すなわち加速度と減速度を示すことになる。単位はどんどん組み合わせて派生させ、さらに多くの物理的特性を表わすことができる。質量の基本単位はキログラムで、物体の密度——それゆえに浮くか沈むか——はその質量を体積で割ることで求められる。質量と速度を掛け合わせれば、運動量が求められ、動く物体のエネルギーがわかる。

　そうなると、この度量衡と単位のシステムを、目盛り付きの計量容器や定規のセット、あるいは動いている時計や温度計が見つからなかったとしたら、どうやって基本から再構成すればよいのだろうか？

メートルを第一の基礎単位として始めれば、そこから多くのほかの単位を派生させられる。内側の辺がいずれも一〇センチメートル（自分が決めたメートルの一〇分の一）の立方体の容器をつくろう。この容器の容積は一〇〇〇立方センチメートル、もしくは一リットルだ。容器に冷たい蒸留水を満たすと、水はちょうど一キログラムの質量になるだろう。まともなてんびん秤（必要であれば、まっすぐな硬い棒を真ん中から吊るしてもよい）があれば、この一リットルの水を使って、その質量を支点に近づけたり遠ざけたりすることで、この単位の何分の一でも、倍数でも、つくりだすことができる。時間を再び取り戻すのであれば、前章で見てきた振り子を利用しよう。きっかり一秒間に一方向に（つまり半周期）揺れる振り子の長さは九九・四センチなので、たとえ一メートルの振り子を使ってもかなり正確で、誤差は三ミリ秒以下、つまり瞬きの一〇〇分の一以下である。* このように、メートルだけから始めても、容積（リットル）、質量（キログラム）、および時間（秒）のメートル単位を再構築できるのだ。

とはいえ、一メートルの長さを、大破局後の生存者にどうやって定義し、そこからその他すべての単位を取りだせるようにできるだろうか？　まあ、右のページに描かれた線は、一センチメートルずつなので、これからその他の単位も再構築できるだろう。

これまで論じてきた量はいずれも、非常に原始的な道具――目盛り付きの物差しやてんびん秤――で測ることができるが、気圧や気温のように、物理的にはっきりと理解できない特性を測る正確な計器や機器を、一から考案するにはどうすればよいだろうか？新しい機器を設計するのに必要な一般原理は、世界の内側の仕組みを科学的に精査するうえで欠かせない。奇妙な新しい現象にでくわして、それを理解したい場合にはなおさらだ。

発明する必要が生じる最初の科学機器の一つは、第8章で述べたように、吸引ポンプが井戸の水を約一〇メートル以上汲みあげられないという不思議な現象と密接に結びついている。長い管に水を入れて両端を封じたあと、それを高い塔から吊るしてみよう。下端を水の容器のなかに浸けてから、下側の封を取り外す。水は重力によって管から流れでるが、すべてではない。この実験をどう設定しても、管内の水柱はつねに一〇・五メートル前後に留まることがわかるだろう（不思議なことに、これは吸引ポンプが井戸から吸いあげられる水の最高の高さと同じなのだ）。管の上部には、水が流れでたあとに残された空洞があり、そこにはまだ空気が再び入り込めず、真空であることがわかるだろう。水柱の重さは圧倒的な空気の海、すなわち大気が底部におよぼす力で支えられている。周囲の圧力が変化すると、〔支えられている〕水柱の高さが上下することでそれが明らかになる。これは実用可能な圧力計なのだ。濃厚な液体を使えば、より実用的な気圧計になる。水銀の場合、大気圧はわずか七六センチに等しい（水では一〇メートル以上だが）。

そのような気圧計であれば、どんなガラス管でも製作できる。そして、そうした装置の素晴らしさは、当然ながら使用される管の直径が違っても（直径が全長でつねに一定である限り）変わらない点にある。水銀柱の太さが増せば、より多くの重みで下に引きおろされるが、それを押し戻す大気圧も増すために、完全に釣り合いがとれる。水銀柱の気圧計は、どんな製作方法をしても、すぐさま同じ答えをだすのである。

新しい計測機器が手に入るようになると、世界を調査するそれまでにない手段が提供されるため、矢継ぎ早に新発見がなされるようになる。たとえば、新しい気圧計をもって山に登り、高度とともに気圧がどれだけ変わるかを調べてみるとよい。あるいは、自分のいる場所で細かく変動する気圧と天気のパターンの相関関係を探ってみるのもいい。今日でも医者はまだ血圧を、それに対応する水銀柱の高さの単位で読み取る。約八〇㎜Hgが拍動と拍動のあいだ〔いわゆる下の血圧〕の正常値である。

＊（三六九ページ）実際、歴史的には議論は逆の方向に進み、十七世紀には一メートルをきっかり一秒の半周期をもつ振り子の長さとして定義してはどうかと提案された。そのため、「ミーター」という言葉〔メートルと同じ綴りで、韻律、拍子の意味〕には詩や音楽のリズムという意味もあるのだ。だが、この提案は断念され、代わりに地球の大きさを基本にする案が採用された。地球の表面における場所ごとの重力の違いが、振り子のリズムにもたらす影響ゆえである。

温度を測るには、それより少々の頭のひねりが必要となる。物体の温度は僕らの感覚によって明らかになる。何かが熱いか冷たいかは、感じ取れるのだ。しかし、その主観的な経験を正確に測定する装置をどうやってつくり、どうすれば熱さを数値に変えられるだろうか？　そのコツは、個人的な感覚と相関する物理的な効果に目を向けることだ。熱くなるにつれて、膨張する物質がよくあることに気づくだろう。次のステップはこの物理的現象を利用して、温度を客観的に表現できる装置をつくることだ。熱を感じ取る簡単な装置は、長くて細いガラス管をなかば液体で満たし、両端を封じればできあがる。このような装置は、膨張の目に見える効果を最大限にする。このガラス管を定規に固定すれば、液体の柱の上部の高さが、遭遇している温度の代用データを提供する。こうすれば、自分が主観的に知覚したものとは別個に、物同士を相対的に測ることができる。

しかし、温度を変えた場合に見られる液体柱の高さの変化、およびそこから得られる測定値は、使用した計器の大きさやそれ以外の特異性に大きく左右される（先に見た気圧計の単純さとは異なる）。自分が得た結果を、ほかの誰の結果とも比較できないだろう。必要なのは、誰もが依拠でき、自分の計器に印をつけられる標準的な目盛りだ。そのためには、固定の点を決める方法が必要になる。まったく同じ温度ならばつねに物質に生じる出来事や状態で、温度の基準として役立つものだ。水を基準に温度の目盛りを刻むのは自然に思える。この物質の状態変化は、冬の凍りついた朝から湯気を立てる鍋まで、日常生活の範囲内で起こるからだ。最高および最低の固定点がわかれば、その間を都合のよい割り切れる数字で分割して、意味のある温度の目盛りをつくるのは単純なことだ。摂氏目盛りは固定点として水の凍結と沸騰を基準にしており、それぞれ〇度と一〇〇度で生じるとして定義する。* しかし、水をその液体として使用する代わりに水銀を使えば、はるかに均一に膨張して正確な温度計となることに気づくだろう。水銀の沸点を超えた温度でも使用できる温度計には——たとえば、窯や炉で使用するために——別の物理現象を利用する必要がある。たとえば、電気を検査すれば、導線の抵抗が温度とともにしばしば上昇することがわかるはずだ。

科学的方法——つづき

となれば、これはどんな特質を計測するうえでも、信頼のおける手法を考案する基本的なプロセスとなる。復興する文明が自然の奇妙な新現象を発見するにつれ、科学研究の新たな分野が登場する。こうした現象の特性を分離し、それを安定して計測できるものに変換する手段が考案されなければ、それらが理解され、技術的に応用できるように

*現実には、沸騰のプロセスは気泡を形成する容器のなめらかさなど、その他の要因に左右されるので、空気中で飽和状態にありもうもうと湯気を立てる蒸気のほうが、より一定で信頼のおける基準となる。

はならない。たとえば、最初に電気に遭遇したとき、研究者はこの新しい現象の特性を定量化しようと苦労したあげくに、自分たちが受ける衝撃の度合いを主観的に測るはめになった。しかし、この現象を調べるにつれ、再現できる効果が観察され、計測するために利用できるようになった。電流計の目盛り盤の周囲で、針をそらす運動作用などの利用である。しかも、こうした科学計器はただ研究室用の装置であるばかりではない。子供が発熱しているのを知るための体温計にもなれば、家庭での電力消費量を測定するメーターにもなり、大地震の前触れとなる揺れを見張る役目をする地震計や、病院の血液検査でトレーサーを検知する分光器などにもなる。

世界を測定するこれらの装置、および計器が頼りにする標準化された単位は、科学の基本的な道具だ。世界の知識は熱心に調査することによってのみ集められる。あるいは、より好ましいのは、特定の側面を細かく調査するために、不自然な状況を入念につくりだすことだ。これが実験の本質だ。

実験は人為的に制約された状況をつくって、邪魔になるか、複雑化させる要因を取り除こうとする方法で、それによってごくわずかな特徴だけがどんな働きをするか注視できるようにするものだ。実験では森羅万象に明確に表現された疑問を突きつけ、それがどう答えるかを熱心に見守る。実験は、自然が偶然にしか見せないものへの不満に対処し、異なった方法で突つきながら自然そのもののきっちりと定義づけられた相をあらわにする。複雑な要因はすべて制御して、ただ一つだけを突き止めたら、次へと進むなりする。そうして、系統的にシステムを調べあげたら、いずれすべての部分がどう組み合わさっているのか理解できるだろう。

人間の感覚を拡大して、異なった種類の試験結果——温度計、顕微鏡、または磁気センサーなど——を測定するだけでなく、特定の実験に伴い綿密な制約のあるシナリオでは、新しい機器が必要になることもよくある。自分の研究のために特別な状況をつくりだすように設計され、製作された特殊な機器だ。それと同じくらい重要なこととして、自分の実験の観察と結果は数値で記録する必要がある。起こった出来事は彩り豊かに質的に、かつ計測による量的な精密さも伴って描写しなければならない。しかし数学の言語は、結果を正確に比較するためのデータの列挙をはるかに超えて、自然の動きやパターンや、その部分同士の相互関係を正確に描写する有力な道具として取り入れることができる。方程式は複雑な現実を要約したもの、つまりその本質なのだ。要するに、これまで観測されたことのない新しい状況で、予想される結果を計算できるのだ。言い換えれば、正確な予測ができるのである。*

しかし、たとえ丹念に観測をつづけ、複雑な実験を行ない、方程式で凝縮しても、科

*数学は本書では深く検討しなかったテーマの一つだ。計算は明らかに工学的設計において重要であり、数学は物理の法則を宣言する言語でもあるが、それ自体は本書の扱う範囲では一般原理の説明には役立たない。

学の絶対的な本質は、どの説明が最も正しい可能性があるか決めるメカニズムを提供することだ。想像力のある人なら誰でも、世界のあり方を巧みに説明する物語をこしらえることはできる。雨はどこからくるのかとか、物が燃えるとどうなるのか、あるいはヒヨウが斑になったわけ、などだ。だが、そうした物語は、最も正しい可能性があるものを選ぶための信頼できる方法ができるまでは、楽しい気晴らし——因果関係を説明するなぜなぜ物語——でしかない。

科学者はそれまでの知識と、仮説と呼ばれる、すでに〔おおむね〕確立された説にもとづいて最も有力な説を打ち立て、この物語のさまざまな予測を試すために実験を考案する。仮説を系統的に突つき、小突いてそれがどの程度うまく作用するのか調べたり、競合案のどちらを選ぶべきか告げたりする。そして仮説が実験や観察による試練にもたびたび耐え、不足部分が見つからなければ、それは確固たる理論となり、僕らは安心してそれを使って、知られていない別の側面を説明できるようになる。しかしそれでも、どんな理論も永久に破られないわけではない。のちに説明のつかない新たな観察結果でもでてくれれば、理論は崩れ、損なわれてゆく可能性もあり、やがてよりデータに即した説明によって取って代わられるかもしれない。科学の本質は、自分が間違っていたことを繰り返し認め、新しいより包括的なモデルを受け入れることにあるので、その他の信念体系とは異なり、科学の実践は僕らの物語が時を経るにつれて着実により正確になることを保証するのである。

　このように、科学は自分が何を知っているかを並べているわけではない。むしろ、どうやってわかるようになるかに関するものなのだ。結果ではなく過程なのであり、観察と理論のあいだを行ったり来たりする果てしない会話なのであり、どの説明が正しく、どれが間違っているのかを決める最も効果的な方法なのである。それゆえに科学は世界の仕組みを理解するための、これほど有益な体系となっている。知識を生みだす、強力なマシンなのだ。そして、だからこそ科学的手法そのものが、あらゆるもののなかで最大の発明なのである。

　しかし、大破局後の世界の苦難のなかでは、知識をそれ自体のために集めることにすぐさま関心をもつことはないだろう。その理解を応用して、自分の状況を改善するのに役立てたいものだ。

科学と技術（テクノロジー）

　科学的理解を実用化することが技術の基本だ。あらゆる技術の動作原理は、特定の自然現象を利用している。たとえば時計は、ある一定の長さの振り子はつねに同じリズムで揺れるという発見を利用し、この安定した規則性が時を計るのに使えるのだ。白熱灯は電気抵抗で針金が熱くなり、非常に熱くなった物体は光を放つという事実を活用している。それどころか、最も単純な技術を除けばどんな技術も、ありとあらゆる異なった現象を利用し、さまざまな効果を制御および調整して意図した目的を達成するようにしている。新しい技術はかならず古い技術に立脚しており、以前に開発された解決方法を借りて、在庫部品のように、それを新たな状況に応用している。発明のなかで新しいのは、往々にして既存のパーツの独創的な組み合わせだけであり、本書でも二つの事例を取りあげてじっくり検討した。印刷機と内燃機関だ。新しい技術はいずれも新たな機能か利点をもたらすが、今度はそれがさらなる革新へと取り込まれてゆく。技術はもっと多くの技術を生むのだ。

本書を通して見てきたように、歴史のなかで科学と技術は密接にかかわり合ってきた。研究者はそれまで知られていなかった現象を、主として観察結果が既存の現象では説明がつかないことを示して発見し、それからそのさまざまな効果を探究して、どうすればそれを最大限にでき、制御できるかを学ぶ。こうしたもろもろの原理を活用することで道具が発明され、人間の重労働を軽減したり、日常生活を豊かにしたりするためのほかの発明につながる。奇妙な代物（オディティ）を、日用の必需品（コモディティ）に変える過程だ。新しい原理の活用は新たな科学機器の製造につながり、新鮮な方法で自然を吟味し測定する実験が可能になり、それがさらなる根本的な発見ともっと多くの自然現象の発掘を推し進めるようになる。科学と技術は密接な共生関係にあるのだ。科学の発見が技術の進歩を促し、それがまたさらに多くの知識を生みだすのである。

もちろん、技術革新がすべて近年の発見から直接生まれたわけではない——糸車は実用的な問題解決の産物だ——し、産業革命の有名な象徴となった蒸気機関ですら、もともと理論的な考察よりも、技術者たちの経験にもとづくノウハウと実践的な勘からおもに開発された。それどころか、発明家が自分の創造物の背後にある動作原理を正しく理解していなかったのに、効果を発揮したものも歴史上にはあった。たとえば、保存のために食品を缶詰にする慣行は、細菌説が受け入れられ、微生物による腐敗が発見されるよりはるか昔に開発された。

　関連する現象が科学的に正しく理解されても、実用的な発明を生みだすには、想像力と創造力で一飛びするよりはるかに多くのことが求められる。成功につながったどんな技術革新も、長い計画期間に工作しては設計の欠陥を改善する作業をつづけなければ、安全に動いて広く普及するようにはならない。これこそ、アメリカの発明家のトマス・エディソンが、一%のひらめき（インスピレーション）のあとに言及した、九九%の汗（パースピレーション）を垂らす部分なのだ。科学を動かすのと同じ厳格で秩序だった調査が、技術革新においても必要になる。この場合は、自然界ではなく、僕ら自身の人工的産物を分析することだ。出現しようとしている技術を実験して、その欠陥を理解し、効果を上げるのである。

　大破局から生き残った人びとは、科学の知識と批判的な分析の重要性をありがたく思うだろう。それらは既存の技術をできる限り維持するのに必要になるだろうが、世代を経るにつれて、迷信と魔術によって理性が封じ込められないように、社会はみずからを守らなければならない。そして独自の技術力を急速に獲得するために、探究心と分析力に富み、証拠重視のものの考え方を育む必要がある。これは生存者が燃やしつづけなければならない炎だ。理性的に考えることによって、僕らは農業の生産性を大いに改善することができたのだ。棒やフリント石器に留まらない材料を使いこなして、自分たちの筋肉を超えた動力源を利用し、人間の足ではとうていたどり着けない遠方まで自分たちを運ぶ乗り物を建造したのだ。僕らの近代の世界をつくりあげたのは科学であり、それをまた再建するためにも科学は必要となるだろう。

おわりに

本書にできるのは、現代の知識と技術という壮大な建築物を垣間見せることに過ぎない。しかし、これまで探究してきた分野は、発生期の文化を急速な復興のなかで育むうえでも、その他すべての分野を再学習させるためにも、最も重要となるだろう。文明があらゆる基礎的なものを実際にどのように集め、つくっているのかを見ることで、現代の暮らしのなかで当たり前になっていたものを、本書のための調査のなかで僕が感謝したように、読者の方々もありがたく思うようになってくれたらと僕は期待している。豊富で多様な食品や、見事な効き目の薬品、楽で快適な旅、それに大量のエネルギーなどだ。

ホモ・サピエンスは一万年ほど前に地球に初めて明らかな痕跡を残した。それとともに、世界の大型哺乳類の半数が突如として姿を消した。人類はそのチームワークと、石斧と石の先端部をもつ槍で改善した狩りの技術で、この絶滅を引き起こした有力な容疑者だ。それから一万年以上のあいだ、地中海周辺と北ヨーロッパの森林は、人びとが定住し周囲の土地を開墾するにつれて着実に破壊されていった。三〇〇年前、人口が急速に増加し、農業に適した土地は徐々に隅々まで耕作されるようになった。景観だけでなく、地球全体の化学的性質にも大規模な変化があった。何億年ものあいだ蓄積されてきた炭素が地中から掘りだされ、高まる熱気とともに大気に放出されたのだ。大気中の二酸化炭素の濃度が上昇して、世界の気候そのものに影響を与え、地球温暖化、海面上昇、海の酸性化が進んでいる。点在していた町や都市は、細菌のコロニーのように、膨れあがっては合体し、道路はなだらかに起伏する一帯をリボンのように覆い、大きな都市部ではぐるりと環状になり、主要なインターチェンジでは見事に複雑な立体交差になってもつれ合う。増えつづける金属の乗り物の群れが世界の陸と海を慌ただしく行き交い、空を縦横に飛び、なかには大気を打ち破る乗り物もある。夜には、この休みなくつづく熱気を帯びた活動は宇宙からはっきりと見え、大陸では人工照明の網目が、まばゆく点と線のネットワークになって際立つ。

そして、沈黙が訪れる。

世界を結ぶ交通網が不意に停止し、光の網目は薄暗くなり、消えてゆき、都市は錆びて崩れゆく。

再建するまでどのくらいの年月がかかるだろうか？　技術社会は世界規模の大破壊のあと、どのくらい早く回復するだろうか？　文明を再建する鍵は本書のなかにあるかもしれない。

The-Knowledge.org

さらに多くの資料や推薦図書、動画を研究して、コミュニティページ〔掲示板〕で議論をつづけよう。あなたなら、どんな知識を残そうと思うだろうか？

@KnowledgeCiv

@lewis_dartnell

謝辞

本書の表紙には筆者の名前が書かれているが、大勢の人びとが労を惜しまず、専門知識で僕を助けてくださらなければ、この本が決して日の目を見なかったのは言うまでもない。というわけで、まずは僕の素晴らしい著作権エージェントのウィル・フランシスから始めたい。二〇〇八年に拙著『Life in the Universe』を読んで連絡をくれ、以来、長年にわたって指導し励ましつづけてくれてありがとう、ウィル。いや、正直に言おう。ただ頭の片隅で構想を練りまわしていた段階を乗り越えるよう僕をせっついて、実際に調査し、本を書くよう叱咤激励してくれたことを……。ジャンクロウ&ネズビット社のロンドン代理人事務所のカースティ・ゴードン、レベッカ・フォランド、ジェシー・ボタリル、およびニューヨーク事務所のP・J・マークとマイケル・スティーガーにもさんざんお世話になったことを感謝したい。

ザ・ボドリー・ヘッド社のスチュアート・ウィリアムズとペンギンUS社のコリン・ディッカーマンには、このアイデアに多大な熱意を示し、僕がこの野心的なプロジェクトを本当にやり遂げると信じてくださったことに感謝する。コリン、そしてとくにイェルク・ヘンスゲン（ザ・ボドリー・ヘッド）には、僕の原稿の内容をよく把握して手際よく編集していただいたことを非常に感謝している。完成した本の洗練されたところはいずれも、僕が初稿で提出した荒削りの石の塊に埋もれていた彫像を見出し、研磨してくれたお二人の卓越した職人技によるものだ。アキフ・サイフィとマリー・アンダーソンにもいろいろ助けていただいたし、スコット・モイヤーズ（ペンギン）はコリン・ディッカーマンからスムーズに仕事を引き継いでくださった。キャスリン・エールズ（ザ・ボドリー・ヘッド）には、ページを彩る素晴らしい画像を確保するために尽力してくれたことに深く感謝の意を表わしたい。おかげで文章に臨場感が生まれた。マリア・ガーバット＝ルセロとウィル・スミス（ザ・ボドリー・ヘッド）およびサマンサ・チェイ・パク、サラ・ハットソン、トレイシー・ロック（ペンギン）には、本書の広報とマーケティングに力を貸してくれたことを感謝したい。

本書が取り扱うテーマはじつに多岐にわたるので、自分の専門分野から大きく逸脱することになった。調査研究では、途方もなく多様な領域の人びとと出会うことになったが、赤の他人を助けるために人びとが費やしてくれた時間と労力に、僕はたびたび心温まる経験をした。そのような数々の好意はじつに計り知れないもので、次のようなものが含まれていた。突然の問い合わせeメールにも回答して有益な情報をくれ、ほかにどこを探せばよいかこっそり教えてくれる。小さい子供のように「なぜ」「何が」「どうやって」を繰り返す僕の相手をし、頭を悩まされることに同意してくれる。イラストを手伝い、原稿を読んで大間違いがないかチェックし、寛大にも長時間僕に付き合い、彼らの専門分野の詳細と歴史をゆっくり（しかも繰り返し！）説明してくれる、などだ。というわけで、以下の方々に心から深く感謝を捧げる。ポール・アベル、ジョン・アガー、リチャード・アルストン、スティーヴン・バクスター、アリス・ベル、ジョン・ビンガム、ジョン・ブレア、キース・ブラニガン、アラン・ブラウン、マイク・バリヴァント、ドナル・ケイシー、アンドリュー・チャプル、ジョナサン・コウイー、トマス・クランプ、サム・デイヴィ、ジョン・デイヴィス、オリヴァー・ドゥペイエ、クラウス・ドッズ、ジュリアン・エヴァンズ、ベン・フィールズ、スティーヴ・フィンチ、クレイグ・ガーシェイター、ヴィンス・ジンジャリー、ヴィナイ・グプタ、リック・ハミルトン、ヴィンセント・ハムリン、コリン・ハーディング、アンディ・ハート、レベカ・ヒギット、ティム・ハンキン、アレックス・クラリス・アイザック、リチャード・ジョーンズ、ジェイソン・キム、ジェームズ・ニール、ロジャー・ニーボーン、モニカ・コパースカ、ナンシー・コーマン、ポール・ランバート、サイモン・ラング、マーコ・ラングブローク、ピート・ローレンス、アンドルー・メイソン、ゴードン・マスタートン、リッチ・メイナード、スティーヴ・ミラー、マーク・ミオドーニク、ジョン・ミッチェル、ジニー・ムーア、テリー・ムーア、フランシスコ・モルシロ、ジェームズ・マーセル、ジェニ・オスマン、サム・ピニー、デイヴィッド・プライアー、アントニー・クォレル、ノア・ラフォード、ピーター・ランサム、キャロル・リーヴス、アルビー・リード、アレグザンダー・ローズ、スティーヴン・ローズ、アンドルー・ラッセル、ティム・サモンズ、アンドレア・セラ、アニータ・セヤニ、ジェームズ・シャーウィン＝スミス、トニー・サイザー、ウィリアム・スレイトン、サイモン・スモールウッド、フランク・スウェイン、ステファン・ジェルクン、イアン・ソーントン、トマス・スウェイツ、フィローズ・ヴァスニア、アレックス・ウェイクフォード、マイク・ウェア、サイモン・ワトソン、アンドルー・ウェア、キャシー・ウェイレン・モス、ソフィー・ウィレット、エマ・ウィリアムズ、アンドルー・ウィルソン、ピーター・ウィルソン、ロフティ・ワイズマン、およびマレク・ジーバートの各氏である。

もし文明が本当につぶれたとしたら、どなたかを僕の大破局後のサバイバル・チームにお迎えできたら光栄です！

マックス・リヒター、アルヴォ・ペルト、ゴッドスピード・ユー！・ブラック・エンペラー、M83、トム・ウェイツ、ケイト・ラズビー、それにジョン・ボーデン（あなたの「ソングズ・フロム・ザ・フラッドプレイン」はおそらく大破局後を歌ったジャンルで最高のフォーク・アルバムだろう……）のみなさまにも、僕の仕事部屋で音楽を提供してくれたことを感謝する。それからノアとファット・キャットの双方のカフェも、執筆しながら長時間モカを飲んでは、唇を嚙んでいる僕に我慢してくれてありがとう。お宅の店のポーク・ベリー・サンドイッチは文明社会の頂点だ。

家族と友人たちにも、夕食のテーブルやパブで僕がたびたび大破局後の話題をもちだすのを笑って耐えてくれ、研究で冒険に乗りだす僕に調子を合わせてくれた礼を述べたい。最後かつ最も重要な感謝はもちろん、僕の素晴らしい妻に。ヴィッキーはこの長い執筆過程を通して僕を辛抱強く支えてくれ、数多くの週末がノートパソコンに身をかがめている不機嫌な夫のせいで失われるのにもじっと耐え、「背景調査をする」ために寒々とした大破局後の映画や小説で一人寂しい夕べを過ごしたあと、苦もなく僕の気分を盛りあげてくれた。

訳者あとがき

現代文明の最大の利器は自動車だろうか、コンピューターだろうか。大勢の人が一日の多くの時間を、小さな画面に釘付けになって過ごしていることを考えれば、近年はスマホかもしれない。いずれにせよ、いまではこうしたＩＴ機器を使いこなし、必要な情報をインターネットで迅速に引きだせる人が、文明の最先端にいるような錯覚をいだきがちだ。しかし、かりに世界の電力網が壊滅的な打撃を受けて、復旧の見込みが限りなくなったら、どうだろうか？　3・11後の計画停電の際に、私も久しぶりに大辞典を引っ張りだして訳文を手書きしたことで、いくらかそれに似た体験をした。だが、もし印刷所がすべて破壊され、紙も鉛筆も生産できなくなってしまったら？　本書は、万一そんな事態が起きた場合に、人類は狩猟採集生活にまで戻ることなく、これまで築きあげてきたような文明を再建しうるのか、という思考実験をテーマとする。

原題は The Knowledge という何やらピンとこないタイトルで、How to Rebuild Our World from Scratch（この世界をどう一から再建するか）という副題がついている。英語のknowledgeに相当する日本語は「知識」だろうが、この言葉はもともと仏教用語で、「物事の正邪などを判断する心のはたらき」や、仏教指導者の「善知識」、そこから転じて寄進を意味したまったく別の言葉だった。それがいつの間にか「ある事項について知っていること」という漠然とした抽象名詞に変わったらしい。『この世界が消えたあとの　科学文明のつくりかた』という邦題に決まるまで、紆余曲折した原因がこのあたりにある。ところが、文明という概念もじつに曖昧で、「四大文明」のような古代文明を思い浮かべる人もいるだろうし、明治時代に福沢諭吉が紹介したような、野蛮から半開、文明へと進む、人類の発展段階として解釈する人もいるだろう。近年はとみに、科学など信じられないという声を聞くので、科学文明など再建しなくていい、という人すらでてくるに違いない。アメリカでは進化論を否定するような宗教界の動きが盛んだが、日本でも福島の原発事故のあと、科学への不信感をあらわにする人が増えている。テクノロジーという言葉が科学技術と訳されるせいか、多くの人がサイエンスとテクノロジーを混同しているところにも問題はある。

著者のルイス・ダートネルはレスター大学の特別研究員で、宇宙生物学を研究するかたわら科学の普及活動にも携わり、新聞・雑誌での科学記事でたびたび受賞しているほか、講演やテレビ出演をするなど勢力的に活動する若手研究者だ。「科学の本質は、自分が間違っていたことを繰り返し認め、新しいより包括的なモデルを受け入れることにあるので、その他の信念体系とは異なり、科学の実践は僕らの物語が時を経るにつれて着実により正確になることを保証するのである」と、彼は書いている。人類が何千年もわたって、ときには偶然の出来事から、利用するようになった技術の根底にある法則を科学者が解き明かすことによって、さらに新たな技術が生まれ、その技術からさらなる原理が見えてくる。人類がそうして蓄えてきた膨大な知識を、どうすれば失うことなく後世に伝えられるのかが、本書の挑戦するテーマだ。

「技術が人びとをかならずしも幸福にしないのではないかという議論」にまでは、本書は立ち入らない。著者の意味する文明は、明治の初めに福沢諭吉が理解していたような、西洋の従来の文明論とかなり近い。すなわち文明とは、農業という非自然的な営みを効率よくこなして大勢の人口を養い、エネルギーを利用して高温や動力を手に入れ、筆記や印刷によって情報を蓄積および普及できることなのである。石灰、カリ、ソーダ灰、硝石、テレピン油、エタノール、金属、ガラス、レンガ、セメントといった物質や材料の大量生産が、文明の基礎だったというものだ。文明開化した人間は、野蛮または未開の人間よりも優れているなどと一部の西洋人が主張したこともあって、西洋文明だけが文明ではない、世界各地に古代より文明はあったという反論が巻き起こり、のちに後者が主流となった。ギリシャ・ローマの文明はメソポタミアとエジプトの古代文明の遺産を多く受け継いでいるし、交易などを通じてインダスや中国の文明ともつながっていたので、農業革命や産業革命を経て一気に勢力を増した西洋人だけが文明人であるという主張は、いまでは当然ながら否定される。

とはいえ、文明の基礎として著者が位置づけるこうした条件のじつに多くが、日本では江戸時代まで欠如していた事実は、一度見直す必要があるだろう。日本の農業では幕末まで畜力すらほとんど使われず、人口の八割を占める農民が人力と人糞を駆使して食糧生産に当たっていた。幕府からの要請で長崎海軍伝習所の教官として来日していたオランダ人たちは、工場を建てるためにまずレンガづくりから指導しなければならなかった。一八四〇年代に佐久間象山は藩にショメルの百科事典を購入してもらい、鞜野村などを調査して灰汁塩(ポットアス)（カリ）やテレメンテイナ（テレピン油）の製造を試み、「阿蘭陀渡りの通り」の「ギヤマン」をつくってみせ、硝石は渋や湯田中の湯治客の屎尿(しにょう)を使って生産してはどうかと提案している。幕末の日本人にとって蘭書に書かれていたことはまさしく「知識」であったのだ。明治の財閥は鉱山や炭鉱の開発、製鉄、セメント、窒素、紡績、ガラスなどで財をなした。江戸時代までの日本はどう贔屓目に見ても「半開」であり、「苟モ一国文明ノ進歩ヲ謀ルモノハ欧羅巴ノ文明ヲ目的トシテ議論ノ本位ヲ定メコノ本位ニ拠テ事物ノ利害得失ヲ談ゼザル可ラズ」という諭吉の言葉ももっともなのだ。なんとしても文明国になるべく、世界各地で何千年もかけて完成の域にまで達した種々の技術の習得に邁進した結果が、いまの技術大国ニッポンなのである。この世界が崩壊したあと、いまの文明を再建できるのかという本書の思考実験は、そんな日本人にとって明治以来の国の歩みを振り返る機会になるかもしれない。

訳者は典型的な文系人間で、物理や化学にはとりわけ暗く、農耕具も織機も工作機械も使ったことはないし、金属の製錬や鋳造はもちろん、ラジオも組み立てたことがなかった。それだけに、インターネットという文明の利器どころか、まともな辞書すらない江戸時代に、見たこともない物質について翻訳し、和紙を巻いて絶縁した銅線でコイルをつくって実験をした先人たちの苦労が身にしみてわかった。そして、物事の原理を探りつづけ、身を危険に晒しながらも技術の確立に努めてきた古今東西の科学者や技術者に、遅ればせながら深い敬意をいだくようになった。すべての技術が人間の幸福につながるわけではもちろんない。だが、間違いは認め、より正しい方向に軌道修正すればよいのであって、科学という学問自体に不信感をいだくのは、人類の歩みそのものを否定することでしかないだろう。

本書の翻訳に携わることができたおかげで、日々当たり前のように接してきたもろもろの事物に目を向けられるようになった。末筆ながら、都合で締め切りが延び延びになってしまうのを辛抱強く待ってくださり、不備きわまりない訳稿を読んで、適切なアドバイスを下さった河出書房新社の九法崇さんには、心から感謝する。そして、訳者の大小さまざまな間違いや勘違いを見つけ、読み易い文章に直してくださった校正者の方にも、この場を借りてお礼を申しあげる。

二〇一五年四月

東郷えりか

文庫版追記

二〇一四年に刊行された原書の冒頭で、著者は想像力をたくましくして人類の文明に大破局が訪れるシナリオをあれこれと並べた。著者も、そんな事態が近々起こるだろうという危機意識から本書を執筆したのではなく、むしろ科学と技術の歴史を振り返る手段として、かりに大破局が訪れたら、という思考実験を行なったのだろう。ところがそれ以来あいにく、彼の空想した大破局が、軍事面でも地球科学面でも現実問題となり始めた感がある。

一般書にしては、かなり専門的に突っ込んだ内容の本書だが、日本でも多くの読者に読んでいただき、版を重ねたおかげで、このたび文庫化される運びとなった。文庫化に際して、わかりづらい表現を改め、若干の間違いを訂正させていただいたので、ご家庭の書棚に備えおく一冊として、科学や技術とは縁遠かった方々にもお読みいただければうれしい。むろん、本書は飽くまでも知識の種でしかなく、それぞれの技術の原理をおよそ理解する程度にしかならない。本書を叩き台に、若い世代の人が一人でも多く、文明の基礎となる技術に関する知識を身につけ、生きる力をつけてくれることを願いたい。

かく言う私も、本書を訳していたころは、石鹼くらいはカリからつくってみたいと思ったのに、目の前の仕事に追われて、すでにその手順すらうろ覚えになっている。それでも、本書の仕事で得た大まかな知識はその後さまざまな面で役に立った。たとえば、明治の建物に誇らしげに残されている当時の窓ガラスを見たときには、ローマ人は一世紀ごろから窓ガラスを使っていたのに、中国では十世紀になってもまだ窓に油紙を使っていたという著者の指摘が思いだされた。一八六二年刊行の五雲亭貞秀の『横浜開港見聞誌』にある「商館二階坐敷にて酒茶遊楽の図」には、「真面の障子ハビイドロを用ゆる」と書かれ、海上に浮かぶ外国船が眺められる窓ガラスが、これぞ文明とばかりに背景一面に描かれていた。薩摩の留学生がロンドンに着いて洋装に変身した際に、懐中時計をもらって有頂天になった心情も、時計の歴史を知ればこそよくわかる。

折しも、今年は明治維新一五〇周年に当たる。当時の日本人が受けた衝撃を理解するためにも、ぜひこの文庫版をお読みいただきたい。

二〇一八年八月

東郷えりか

p.370 気圧計と温度計の発明： Crump (2001), Chang (2004)
p.375 科学革命と科学がいかに実践されるか： Shapin (1996), Kuhn (1996), Bowler (2005), Henry (2008), Ball (2012)
p.378 科学と技術の共生： Basalla (1988), Mokyr (1990), Bowler (2005), Arthur (2009), Johnson (2010)

p.325 ハーバー・ボッシュ法：Standage (2010), Kean (2010), Perkins (1977), Edgerton (2006)

第12章　時間と場所

Eric Bruton, *The History of Clocks & Watches*
Adam Frank, *About Time*（『時間と宇宙のすべて』アダム・フランク著、水谷淳訳、早川書房、2012年）
Dava Sobel, *Longitude: The True Story of a Lone Genius Who Solved the Greatest Scientific Problem of His Time*（『経度への挑戦』デーヴァ・ソベル著、藤井留美訳、角川文庫、2010年）

p.329 二番目の題辞：引用はGoodman (1995)からのドゥニ・ディドロの言葉。Yale University Pressの許可を得て再掲載。
p.331 水時計にくらべて安定した砂時計：Bruton (2000)
p.333 日時計：Oleson (2008)
p.333 都市サイズのストーンヘンジとしてのマンハッタン：Astronomy Picture of the Day, 12 July 2006 http://apod.nasa.gov/apod/ap060712.html
p.335 機械式時計：Usher (1982), Bruton (2000), Gribbin (2002), Frank (2011)
p.336 60秒、60分、24時間：Crump (2001), Frank (2011)
p.338「オクロック」：Mortimer (2008)
p.340 シリウスのヒライアカル・ライジング（旦出）：Schaefer (2000)
p.341 グレゴリオ暦の復活：暦を別の方法で再設定する一つの提案についてはPappas (2011)を参照のこと。
p.348 正確な時計ができる以前の緯線沿いに進んだ航海：Usher (1982)
p.353 経度の問題の解決：Sobel (1996)
p.353 ぜんまい時計：Usher (1982), Bruton (2000)
p.355 ビーグル号に積まれた22台のクロノメーター：Sobel (1996)

第13章　最大の発明

p.358 題辞：引用は1943年に発表されたＴ・Ｓ・エリオットの『四つの四重奏』の4番目の詩、「リトル・ギディング」から。（『四つの四重奏』岩崎宗治訳、岩波文庫、2011年）
p.359 技術の進歩と中国の歴史に必然的な関係は見られない：Mokyr (1990)
p.360 18世紀イギリスの産業革命：Allen (2009)
p.367 メートル法と英米2国がそれを採用しなかった理由：Crump (2001)

p.280 ベリー類のインク：HowToons (2007)
p.280 没食子インク：Finlay (2002), Fruen (2002), Smith (2009)
p.281 印刷機が社会におよぼした影響：Broers (2005), Farndon (2010)
p.282 印刷機の開発：Usher (1982), Mokyr (1990), Finlay (2002), Johnson (2010)
p.291 初歩的なラジオ送信機と受信機：Crump (2001), Field (2002), Parker (2006)
p.297 塹壕／捕虜収容所のラジオ：Wells, Ross (2005), Carusella (2008)、および戦争捕虜たちによるさらなる創意工夫はGillies (2011) を参照のこと。

第11章　応用化学

Kevin M. Dunn, *Caveman Chemistry: 28 Projects, from the Creation of Fire to the Production of Plastics*
Sam Kean, *The Disappearing Spoon: and other true tales from the Periodic Table*（『スプーンと元素周期表――「最も簡潔な人類史」への手引き』サム・キーン著、松井信彦訳、早川書房、2011年）
Joel Mokyr, *The Lever of Riches: Technological Creativity and Economic Progress*

p.302 題辞：引用はダグラス・クープランドの1992年の小説*Shampoo Planet*より。©1992 by Douglas Campbell Coupland. All rights reserved. Atria / Scribner / Gallery Publishingの許可を得て再掲載。(『シャンプー・プラネット』、森田義信訳、角川書店、1995年）
p.303 水の電気分解：Abdel-Aal (2010)
p.304 アルミニウム：Johnson (1977), Kean (2010)
p.304 電気分解と新しい元素の発見：Gribbin (2002), Holmes (2008)
p.306 周期表：Fara (2009), Kean (2010)
p.309 不老不死の薬としての黒色火薬：Winston (2010)
p.311 ニトログリセリンとダイナマイト：Mokyr (1990)
p.312 写真術の応用：Gribbin (2002), Osman (2011)
p.314 原始的な写真術：Sutton (1986), Ware (1997), Crump (2001), Ware (2002), Ware (2004)
p.317 産業化学：Mokyr (1990)
p.318 ソーダの需要：Deighton (1907), Reilly (1951)
p.319 ルブラン法、初期の産業による公害、ソルベー法：Deighton (1907), Reilly (1951), Mokyr (1990)
p.324 サー・ウィリアム・クルックスの引用：Standage (2010)
p.324 窒素は最も不活性な二原子物質：Schrock (2006)

(1990), Eisenring (1991)

第9章　輸送機関

p.247 題辞：引用はロアルド・ダールの1975年の児童書*Danny, the Champion of the World*より。(『ダニーは世界チャンピオン』ロアルド・ダール著、クェンティン・ブレイク絵、柳瀬尚紀訳、評論社、2006年)
p.250 ルドルフ・ディーゼルの引用：Goodall (2009)
p.250 バイオエタノール：Solar Energy Research Institute (1980), Goodall (2009)
p.251 バイオディーゼル：Rosen (2007), Strawbridge (2010)
p.252 ガス袋の乗り物：House (1978), Decker (2011b)
p.253 木材ガス化装置：FAO Forestry Department (1986), LaFontaine (1989), Decker (2010b)
p.254 木を燃料にしたタイガー戦車：Krammer (1978)
p.256 グアユールゴムノキ：National Academy of Sciences (1977)
p.258 牛を利用：Starkey (1985)
p.258「喉・腹帯式」馬具：Mokyr (1990)
p.260 馬利用のピーク：Edgerton (2006)
p.260 帆：Farndon (2010)
p.261 キューバで動物の牽引力が復活：Edgerton (2006)
p.264 ペニー・ファージング自転車と現代の安全型自転車：Broers (2005)
p.265 内燃機関と動力車の仕組み：Bureau of Naval Personnel (1971), Hillier (1981), Usher, (1982)
p.270 新しい技術の本質と、既存の機械的解決策の組み合わせとしての自動車：Mokyr (1990), Arthur (2009), Kelly (2010)
p.272 電気自動車の歴史：Crump (2001), Edgerton (2006), Brooks (2009), Decker (2010c), Madrigal (2011)

第10章　コミュニケーション

J. P. Davidson, *Planet Word*

p.274 題辞：引用は1818年に発表されたパーシー・ビッシュ・シェリーの十四行詩、*Ozymandias*「オジマンディアス」より。
p.276 紙の歴史：Mokyr (1990)
p.277 製紙：Vigneault (2007), Seymour (2009)
p.277 セルロース繊維の化学的解放：Dunn (2003)

p.210 手術の原則：Cook (1988)
p.211 麻酔薬：Dobson (1988)
p.212 亜酸化窒素：Gribbin (2002), Holmes (2008)
p.213 原始的な顕微鏡のつくり方：Casselman (2011)
p.215 レーウェンフック：Crump (2001), Macfarlane (2002), Gribbin (2002), Sherman (2006)
p.215 抗生物質の偶然の発見：Lax (2005), Kelly (2010), Winston (2010), Pollard (2010)
p.217 マルクス・テレンティウス・ウァロ：Rooney (2009)
p.218 ペニシリンの抽出と大量生産：Lax (2005)

第8章　人びとに動力を――パワー・トゥ・ザ・ピープル

Godfrey Boyle and Peter Harper, *Radical Technology*（『ラジカルテクノロジー』ピーター・ハーパーほか編、槌屋治紀訳、時事通信社、1982年）
Alexis Madrigal, *Powering the Dream: The History and Promise of Green Technology*
Abbott Payson Usher, *A History of Mechanical Inventions*

p.220 題辞：引用はパット・フランクが核戦争後を描いた1959年の小説*Alas, Babylon*（題名はヨハネの黙示録18章10節に由来）。©1959 by Pat Frank. Harper Collins PublishersおよびPaul S. Levine Literary Agencyの許可を得て再掲載。
p.222 ローマの水車：Usher (1982), Oleson (2008)
p.223「暗黒」と言われる中世の主要な技術革新：Fara (2009)
p.224 風車：McGuigan (1978a), Mokyr (1990), Hills (1996), Decker (2009)
p.224 運動を変換する仕組み：Hiscox (2007), Brown (2008)
p.227 水車と風車の重要性：Basalla (1988)
p.227 水車と風車の多様な用途：Usher (1982), Solomon (2011)
p.229 蒸気機関：Usher (1982), Mokyr (1990), Crump (2001), Allen (2009)
p.229 吸引ポンプ：Fraenkel (1997)
p.232 ボルタ電池：Gribbin (2002)
p.233 バグダッドの電池：Schlesinger (2010), Osman (2011)
p.235 電磁波の発見：Crump (2001), Gribbin (2002), Hamilton (2003), Fara (2009), Schlesinger (2010), Ball (2012)
p.238 昔ながらの四枚羽根の風車を改良：Watson (2005)
p.238 チャールズ・ブラッシュの発電風車：Hills (1996), Winston (2010), Krouse (2011)
p.240 水力タービン：McGuigan (1978b), Usher (1982), Holland (1986), Mokyr

p.178 完全装備の金属加工場：Gingery (2000a, b, c, d & e)
p.179 小規模な鋳造場と金属鋳造：Aspin (1975)
p.181 鉄の製錬：Johnson (1977), Allen (2009)
p.184 中国の高炉：Mokyr (1990)
p.185 ベッセマー法：Mokyr (1990)
p.186 ガラス製造：Whitby (1983)
p.188 鉛クリスタルガラス：MacLeod (1987)
p.190 科学におけるガラスの中心的役割：Macfarlane (2002)

第7章　医薬品

Murray Dickson, *Where There Is No Dentist*（『医療に恵まれないところでの歯科保健の手引き――歯科保健の国際協力活動マニュアル』マレイ・ディクソン著、歯科保健医療国際協力協議会訳、口腔保健協会、1992年）
Roy Porter, *Blood and Guts: A Short History of Medicine*（『人体を戦場にして――医療小史』ロイ・ポーター著、目羅公和訳、法政大学出版局、2003年）
Anne Rooney, *The Story of Medicine*（『医学は歴史をどう変えてきたか――古代の癒やしから近代医学の奇跡まで』アン・ルーニー著、立木勝訳、東京書籍、2014年）
David Werner, *Where There Is No Doctor*（『医者のいないところで――村のヘルスケア手引書』デビッド・ワーナー著、キャロル・サマン／ジェーン・マックスウェル協力、河田いこひ訳、シェア＝国際保健協力市民の会、2009年）

p.194 題辞：引用は、Diamond（2005）に引用されていたジョン・ロイド・スティーヴンズの文章より。（『文明崩壊――滅亡と存続の命運を分けるもの』ジャレド・ダイアモンド著、楡井浩一訳、草思社文庫、2012年）
p.196 動物由来の病気：Porter (2002), Rooney (2009)
p.196 公衆衛生の重要性：Mann (1982), Conant (2005), Solomon (2011)
p.197 コレラ：Clark (2010)
p.198 経口補水療法：Conant (2005)
p.201 秘密にされていた産科鉗子：Porter (2002)
p.201 自動車部品の保育器：Johnson (2010), http://designthatmatters.org/impact/#ourwork
p.204 偶然だったX線の発見：Gribbin (2002), Osman (2011), Kean (2010)
p.207 柳の樹皮とアスピリン：Mokyr (1990), Pollard (2010)
p.209 壊血病と最初の臨床試験：Osman (2011)

後の小説*Oryx and Crake.*より。O. W. Toad Ltd © O. W. Toad 2003の代理としてBloomsbury Publishing PLCおよびCurtis Brown Group Ltd, Londonに許可を得て再掲載。(『オリクスとクレイク』畔柳和代訳、早川書房、2010年)
p.142 歴史のなかの熱エネルギー:Decker (2011a)
p.143 産業革命におけるコークスの重要性:Allen (2009)
p.144 雑木林からの薪:Stanford (1976)
p.144 木炭:Goodall (2009)
p.147 製鋼用のブラジルの木炭:Kato (2005)
p.147 予備の技術:Edgerton (2006)
p.151 石灰の焼成:Wingate (1985)
p.152 手洗いと胃腸・呼吸器系の病気の減少:Bloomfield (2009)
p.153 歴史を通してのアルカリの重要性:Deighton (1907), Reilly (1951)
p.158 木材の熱分解:Dumesny (1908), Dalton (1973), Boyle (1976), McClure (2000)
p.160 第一次世界大戦中のアセトン不足:David (2012)
p.163 硫酸:McKee (1924), Karpenko (2002)

第6章　材料

Kevin M. Dunn, *Caveman Chemistry: 28 Projects, from the Creation of Fire to the Production of Plastics*
Albert Jackson and David Day, *Tools and How to Use Them: An Illustrated Encyclopedia*
Carl G. Johnson and William R. Weeks, *Metallurgy*
Richard Shelton Kirby et al., *Engineering in History*

p.166 題辞:引用はウォルター・M・ミラー・ジュニアが1960年に書いた、核のホロコーストから長い歳月を経たあとの世界の小説*A Canticle for Leibowitz*より。(『黙示録3174年』吉田誠一訳、創元SF文庫、1971年)
p.166 木材:Forest Service Forest Products Laboratory (1974)
p.171 ローマのポッツォラーナ・セメント:Oleson (2008)
p.172 基本的な建設テクニック:Leckie (1981), Stern (1983), Lengen (2008)
p.174 鉄筋コンクリート:Stern (1983)
p.175 製鉄:Weygers (1974), Winden (1990)
p.176 硬化と焼戻しの道具:Gentry (1980)
p.177 酸素アセチレン溶接機:Parkin (1969)
p.177 アーク溶接機:The Lincoln Electric Company (1973)
p.178 道具の製作と使用:Weygers (1973), Jackson (1978)

第4章　食糧と衣服

Agromisa Foundation, *Preservation of Foods*
Felipe Fernández-Armesto, *Food: A History*
Joan Koster, *Handloom Construction: A Practical Guide for the Non-Expert*
Michael Pollan, *Cooked: A Natural History of Transformation*（『人間は料理をする』マイケル・ポーラン著、野中香方子訳、NTT出版、2014年）
John Seymour, *The New Complete Book of Self-sufficiency*
Tom Standage, *An Edible History of Humanity*
Carol Hupping Stoner, *Stocking Up: How to Preserve the Foods You Grow, Naturally*
Abbott Payson Usher, *A History of Mechanical Inventions*

p.109 題辞：引用は、ローマの遺跡を嘆く無名のサクソン人著者による8世紀の断片的な詩「廃墟」より。英訳はTainter (1988)。
p.112 食品保存：Agromisa Foundation (1990), The British Nutrition Foundation (1999), Stoner (1973)
p.114 間に合わせの薫製装置：Stoner (1973)
p.117 ニシュタマリ：Fernandez-Armesto (2001)
p.118 穀物の下ごしらえ：UNIFEM (1988)
p.120 サワードウの準備：Avery (2001a & b), Lang (2003)
p.124 モンゴルの蒸留器：Sella (2012)
p.128 ジーアポット：Löfström (2011)
p.128 アインシュタインの冷蔵庫：Silverman (2001), Jha (2008)
p.128 コンプレッサーの冷蔵庫と吸収冷却による設計：Cowan(1985), Bell (2011)
p.132 ウールの紡績：Wigginton (1973)
p.135 単純な機織り：Koster (1979)
p.137 ボタン：Mokyr (1990), Mortimer (2008)
p.138 紡績と機織りの機械化：Usher (1982), Mokyr (1990), Allen (2009)

第5章　物質

Alan P. Dalton, *Chemicals from Biological Resources*
William B. Dick, *Dick's Encyclopedia of Practical Receipts and Processes*
Kevin M. Dunn, *Caveman Chemistry: 28 Projects, from the Creation of Fire to the Production of Plastics*

p.140 題辞：引用は マーガレット・アトウッドが 2003年に書いた大破局

p.63 GPS精度の低下：pers. comm. USCG Navigation Center
p.64 貯蔵された医薬品が効力を失うまでどれだけもつか：Cohen (2000), Pomerantz (2004)
p.68 自家発電：Clews (1973), Leckie (1981), Rosen (2007), Madrigal (2011)
p.71 ゴラジュデの急ごしらえの水力発電：Sacco (2000)
p.73 初歩的なプラスチックのリサイクル：Vogler (1984)

第3章　農業

Mauro Ambrosoli, *The Wild and the Sown: Botany and Agriculture in Western Europe, 1350-1850*
Percy Blandford, *Old Farm Tools and Machinery: An Illustrated History*
Felipe Fernández-Armesto, *Food: A History*
John Seymour, *The New Complete Book of Self-sufficiency*
Tom Standage, *An Edible History of Humanity*

p.77 題辞：引用はジョン・ウィンダムが1951年に大破局後をテーマに書いた小説*The Day of the Triffids* (Penguin, 2001)より。David Higham Associates Ltdの許可を得て再掲載。(『トリフィド時代――食人植物の恐怖』井上勇訳、創元SF文庫、2010年)
p.84 土壌成分：Stern (1979), Wood (1981)
p.86 農具：Blandford (1976), FAO (1976), Hurt (1982)
p.88 牛にプラウを引かせる：Starkey (1985)
p.94 穀類：FAO (1977)
p.94 人類は直接にしろ間接にしろ草を食べて生きている：このことがもたらしうる結果は、ジョン・クリストファーの小説『草の死』で見事に追究されている。同書では滅亡をもたらすのは人類に感染するウイルスではなく、植物の病原菌で、それによって草類が全滅する。
p.102 堆肥：Gotaas (1976), Dalzell (1981), Shuval (1981), Decker (2010a)
p.104 バイオガス：House (1978), Goodall (2009), Strawbridge (2010)
p.105 バンガロールの蜂蜜吸いのトラック：Pearce (2013)
p.106 ディロダート肥料：http://austintexas.gov/dillodirt
p.106 ロンドンの過リン酸肥料工場：Weisman (2008)
p.106 カナダのカリ：Mokyr (1990)
p.107 食糧生産の罠：Standage (2010)

（ただし、ここにあげた大破局後のサバイバル・ガイドで言及された助言のなかには、とくに医療関連でお勧めできないものがある点は注意を促すべきだろう。）

p.33 題辞：引用はドゥニ・ディドロの『百科全書』から、「百科全書」の定義の箇所。Yeo (*Rameau's Nephew and Other Works,* Hackett, 2001, p.290)に引用してあったものを、Hackett Publishingの許可を得て再掲載。英訳はJacques Barzun and Ralph Bowen。
p.39 黒死病とそれが社会におよぼした結果：Sherman (2006), Martin (2007)
p.39『アイ・アム・レジェンド』シナリオ：Richard Matheson, *I Am Legend* (1954)（『アイ・アム・レジェンド』リチャード・マシスン著、尾之上浩司訳、ハヤカワ文庫、2007年）
p.40 人口回復に必要な理論上の最小の人数：Murray-McIntosh et al. (1998), Hey (2005)
p.42 自然の復活と都市の崩壊：Spinney (1996), Weisman (2008), Zalasiewicz (2008)
p.48 大破局後の気候：Stern (2006), Vuuren (2008), Solomon (2009), Cowie (2013)

第2章　猶予期間

Godfrey Boyle and Peter Harper, *Radical Technology*（『ラジカルテクノロジー』ピーター・ハーパーほか編、槌屋治紀訳、時事通信社、1982年）
Jim Leckie et al., *More Other Homes and Garbage: Designs for Self-sufficient Living*
Alexis Madrigal, *Powering the Dream: The History and Promise of Green Technology*
Nick Rosen, *How to Live Off-grid*
John Seymour, *The New Complete Book of Self-sufficiency*
Dick and James Strawbridge, *Practical Self Sufficiency*
Jon Vogler, *Work from Waste: Recycling Wastes to Create Employment*

p.51 題辞：引用はダニエル・デフォーの1719年の小説『ロビンソン・クルーソー』から。Project Gutenberg から入手できる。http://www.gutenberg.org/ebooks/521
p.51 万全に備えて重大な危機を生き延びる：Clayton (1980), Edwards (2009), Martin (2011), Rawles (2009), Stein (2008), Strauss (2009), United States Army (2002)
p.55 水の浄化：Huisman (1974), VITA (1977), Conant (2005)
p.61 イギリスの食糧：DEFRA (2010), DEFRA (2012)

T・S・エリオット著、岩崎宗治訳、岩波文庫、2010年)

p.23 一から始める暮らしを描いた物語：すでに言及した『ロビンソン・クルーソー』と『スイスのロビンソン』のほかにも、再びやり直すための重要な知識を使うテーマを追った小説はいろいろある。たとえば、マーク・トウェインが1889年に書いた、タイムトラベルしてしまった人の物語、*A Connecticut Yankee in King Arthur's Court*（『アーサー王宮廷のヤンキー』大久保博訳、角川文庫、2009年)、H・G・ウェルズの1895年の小説*The Time Machine*（『タイムマシン』池央耿訳、光文社古典新訳文庫、2012年)、および現代の共同体がそっくり青銅器時代に戻ってしまう内容のS. M. Stirling著*Island in the Sea of Time* (1998) などである。

p.24 手押し車：Lewis (1994)

p.25 一足飛び：Davison et al. (2000), *Economist* (2006), *Economist* (2008a, b), McDermott (2010)

p.25 日本の一足飛び：Mason (1997)

p.27 中間的もしくは適切な技術：Rybczynski (1980), Carr (1985)

p.30 再利用：Edgerton (2007)

第1章　僕らの知る世界の終焉

Bruce D. Clayton, *Life After Doomsday: Survivalist Guide to Nuclear War and Other Major Disasters*

Aton Edwards, *Preparedness Now! (An Emergency Survival Guide)*

Dan Martin, *Apocalypse: How to Survive a Global Crisis*

James Wesley Rawles, *How To Survive The End Of The World As We Know It: Tactics, Techniques And Technologies For Uncertain Times*

Laura Spinney, 'Return to paradise: If the people flee, what will happen to the seemingly indestructible?'

Matthew R. Stein, *When Technology Fails: A Manual for Self-Reliance, Sustainability and Surviving the Long Emergency*

Neil Strauss, *Emergency: One Man's Story of a Dangerous World and How to Stay Alive in it*

United States Army, *Survival (Field Manual 3-05.70)*

Alan Weisman, *The World Without Us*（『人類が消えた世界』アラン・ワイズマン著、鬼澤忍訳、ハヤカワ文庫、2009年)

John 'Lofty' Wiseman, *SAS Survival Handbook: The ultimate guide to surviving anywhere*（『最新SASサバイバル・ハンドブック』ジョン・ワイズマン著、高橋和弘／友清仁訳、並木書房、2009年)

Jan Zalasiewicz, *The Earth After Us: What Legacy Will Humans Leave in the Rocks?*

リー・ダウンロードできるものに関してはその URL も記した。

序章

Nick Bostrom and Milan Ćirković (eds), *Global Catastrophic Risks*
Jared Diamond, *Collapse: How Societies Chose to Fail or Survive*（『文明崩壊——滅亡と存続の命運を分けるもの』ジャレド・ダイアモンド著、楡井浩一訳、草思社文庫、2012年）
Paul and Anne Ehrlich, 'Can a collapse of global civilisation be avoided?'
John Greer, *The Long Descent*
Bob Holmes, 'Starting over: Rebuilding Civilisation from Scratch'
Debora MacKenzie, 'Why the demise of civilisation may be inevitable'
Jeffrey Nekola, et al., 'The Malthusian Darwinian dynamic and the trajectory of civilization'
Glenn Schwartz and John Nichols (eds), *After Collapse: The Regeneration of Complex Societies*
Joseph Tainter, *The Collapse of Complex Societies*

p.13 モルドヴァにおける技術的後退：Connolly (2001)
p.13「わたくし、鉛筆」'I, Pencil'：Read (1958), Ashton (2013)も参照。
p.13 トースター製造プロジェクト：Thwaites (2011)（『ゼロからトースターを作ってみた』トーマス・トウェイツ著、村井理子訳、飛鳥新社、2012年）
p.18 あらゆる季節を乗り越えられる本（エッセイ）a book for all seasons：Lovelock (1998).ラヴロックの提案への反論、Greer (2006)、および重大な知識をページ順に並べ保存するという最近の提案にたいする以下の反論も参照のこと。Kelly (2006), Raford (2009), Rose (2010)およびKelly (2011)。タイムトラベラー必携のユーモアたっぷりのTシャツはこちら。http://www.topatoco.com/bestshirtever
p.18 人類の知識の安全な保管庫としての百科全書：Yeo (2001)
p.19 アポロ計画：http://www.nasa.gov/centers/langley/news/factsheets/Apollo.html
p.19 ウィキペディアのために費やされた一億人時間：Shirky (2010)
p.20 リチャード・ファインマンの引用：The Feynman Lectures on Physics (1964), Atoms in Motionは現在以下で手に入る。http://www.feynmanlectures.caltech.edu
p.22「これらの断片で自分の廃墟を支えてきたのだ」'These fragments I have shored against my ruins'：T. S. Eliot, *The Waste Land*, 1922（『荒地』

in the Sea of Time は不可解な出来事によって青銅器時代に連れ戻されたあと、島の全島民がいかに生き残るかを描く。George R. Stewart 著、*Earth Abides* は疫病による大破局から復興する社会を追い、ジョン・クリストファーの『草の死』（片岡義男訳、ハヤカワ SF シリーズ、1971年）は人間には直接影響しないが、あらゆる草が枯れる病気によってもたらされる大惨事を描く。コーマック・マッカーシーの『ザ・ロード』（黒原敏行訳、ハヤカワ epi 文庫、2010年）は、とくに明記されない大災害後の無法の世界で生存を賭けて苦闘する父と息子の過酷な物語で、デイヴィッド・ブリンの『ポストマン』（大西憲訳、ハヤカワ文庫、1998年）は文明崩壊後の権力闘争を扱い、リチャード・マシスンの『アイ・アム・レジェンド』（尾之上浩司訳、ハヤカワ文庫、2007年）は最後の生存者である人間の話を語る。Pat Frank の *Alas, Babylon* とネヴィル・シュートの『渚にて――人類最後の日』（佐藤龍雄訳、創元 SF 文庫、2009年）はどちらも核戦争直後を描き、ウォルター・M・ミラー・ジュニアの『黙示録3174年』（吉田誠一訳、創元 SF 文庫、1971年）は核の大惨事から何世紀も経てからの古代の知識の保存を考える。Russell Hoban 著、*Riddley Walker* もまた大破局後から何世代ものちの社会を描くが、放牧生活にまでは後退していない。マーガレット・アトウッドの『オリクスとクレイク』（畔柳和代訳、早川書房、2010年）と *The Year of the Flood*、および Jack McDevitts 著、*Eternity Road* とキム・スタンリー・ロビンスンの『荒れた岸辺』（大西憲訳、ハヤカワ文庫、1986年）も大破局後の世界の暮らしに関する興味深い見方を示す。ほかに読む価値があるのは、大破局後のフィクションを収録した選集、*Ruins of Earth*（Thomas M. Disch 編）、*Wastelands: Stories of the Apocalypse*（John Joseph Adams 編）および *Mammoth Book of Apocalyptic SF*（Mike Ashley 編）である。

廃墟と崩壊してゆく都市空間の誘惑的な美という、第1章のテーマを描いた文学は多数ある。以下に近年の優れた書を3冊あげる。Andrew Moore の *Detroit Disassembled* の写真、Sylvain Margaine 著、*Forbidden Places*, RomanyWG 著、*Beauty in Decay*.

ほかにも本書の各章で取りあげた一般的テーマに関して最も関連性のある情報源をいくつかと、個々の箇所に関する資料を参考文献としてリストにしてみた。これらの書の多くは Appropriate Technology Library（ATL、適切な技術図書）の参照番号がタイトルのあとに括弧書きされている。ATL は自給自足のすべと初歩的な技術を提供する実用的な情報のために選ばれた1,000冊以上のデジタル書籍からなり、Village Earth から DVD または CD-ROM で手に入る（http://www.villageearth.org/appropriate-technology）。引用情報は参考文献に記したほか、*The Knowledge* のウェブサイト（The-Knowledge.org）にも引用文献すべての入手先へのリンクが張ってあり、フ

資料文献

以下に選んだ若干の書は歴史における科学と技術の発展を論じており、本書の多くの章を執筆するうえで欠かせない資料となったため、本書のテーマに関連して読むべき優れた文献として推薦したい。

W. Brian Arthur, *The Nature of Technology: What It Is and How It Evolves*（『テクノロジーとイノベーション――進化／生成の理論』W・ブライアン・アーサー著、日暮雅通訳、みすず書房、2011年）
George Basalla, *The Evolution of Technology*
Peter J. Bowler and Iwan Rhys Morus, *Making Modern Science: A Historical Survey*
Thomas Crump, *A Brief History of Science: As seen through the development of scientific instruments*
Patricia Fara, *Science: A Four Thousand Year History*
John Gribbin, *Science: A History 1543-2001*
John Henry, *The Scientific Revolution and the Origins of Modern Science*（『一七世紀科学革命』ジョン・ヘンリー著、東慎一郎訳、岩波書店、2005年）
Richard Holmes, *The Age of Wonder: How the Romantic Generation discovered the beauty and terror of science*
Steven Johnson, *Where Good Ideas Come From: The Natural History of Innovation*（『イノベーションのアイデアを生み出す七つの法則』スティーブン・ジョンソン著、松浦俊輔訳、日経BP社、2013年）
Joel Mokyr, *The Lever of Riches: Technological Creativity and Economic Progress*
Abbott Payson Usher, *A History of Mechanical Inventions*

本書が扱うテーマの多くは、大破局後の世界の状況や原始的な手段を復活させる行動を含めて、小説のなかで探究されてきたものなので、ここに充分に読む価値のある作品をいくつかあげておく。ダニエル・デフォーの『ロビンソン・クルーソー』（平井正穂訳、岩波文庫、1967-71年）およびヨハン・ダヴィッド・ウィースの『スイスのロビンソン』（宇多五郎訳、岩波文庫、1950-51年）はいずれも、難破して何もない状態にまで突き落とされたあとで、工夫を重ねて生き残る物語である。マーク・トウェインの『アーサー王宮廷のヤンキー』（大久保博訳、角川文庫、2009年）は偶然にタイムトラベルしてしまった人の苦労を語り、S. M. Stirling 著、*Island*

Winden, John van, *General Metal Work, Sheet Metal Work and Hand Pump Maintenance (ATL 04-134)*, TOOL Foundation, 1990.

Wingate, Michael, *Small-scale Lime-burning: A practical introduction (ATL 25-675)*, Practical Action, 1985.

Winston, Robert, *Bad Ideas? An arresting history of our inventions*, Bantam Books, 2010.

Wiseman, John 'Lofty' , *SAS Survival Handbook: The ultimate guide to surviving anywhere* (revised edition), Collins, 2009.（『最新SASサバイバル・ハンドブック』ジョン・ワイズマン著、高橋和弘／友清仁訳、並木書房、2009年）

Wood, T. S., *Simple Assessment Techniques for Soil and Water (ATL 05-213)*, CODEL, Environment and Development Program, 1981.

Yeo, Richard, *Encyclopaedic Visions: Scientific Dictionaries and Enlightenment Culture*, Cambridge University Press, 2001.

Zalasiewicz, Jan, *The Earth After Us: What Legacy Will Humans Leave in the Rocks?*, Oxford University Press, 2008.

Directorate, 2002.

Usher, Abbott Payson, *A History of Mechanical Inventions* (revised edition), Dover Publications, 1982. First published 1929.

Vigneault, François, 'Papermaking 101', *Craft*, 5, November 2007.

VITA, *Using Water Resources (ATL 12-327)*, Volunteers in Technical Assistance, 1977.

Vogler, Jon, *Work from Waste: Recycling Wastes to Create Employment (ATL 33-804)*, ITDG Publishing, 1981.

—, *Small-Scale Recycling of Plastics (ATL 33-799)*, Intermediate Technology Publications, 1984.

Vuuren, D. P. van, M. Meinshausen et al., 'Temperature increase of 21st century mitigation scenarios', *Proceedings of the National Academy of Sciences*, 105(40): 15258-15262, 2008.

Ware, Mike, 'On Proto-photography and the Shroud of Turin', *History of Photography*, 21(4): 261-269, 1997.

—, 'Luminescence and the Invention of Photography', *History of Photography: "A Vibration in The Phosphorous"*, 26(1): 4-15, 2002.

—, 'Alternative Photography', 2004, http://www.mikeware.co.uk

Watson, Simon and Murray Thomson, *Feasibility Study: Generating Electricity from Traditional Windmills*, Loughborough University, 2005.

Weisman, Alan, *The World Without Us*, Virgin Books, 2008.（『人類が消えた世界』アラン・ワイズマン著、鬼澤忍訳、ハヤカワ文庫、2009年）

Wells, Lieutenant Colonel R. G., 'Construction of Radio Equipment in a Japanese POW Camp', http://www.zerobeat.net/qrp/powradio.html

Werner, David, *Where There Is No Doctor: A Village Healthcare Handbook*, Hesperian Health Guides, 2011.（『医者のいないところで——村のヘルスケア手引書』デビッド・ワーナー著、キャロル・サマン／ジェーン・マックスウェル協力、河田いこひ訳、シェア＝国際保健協力市民の会、2009年）

Westh, H., J. O. Jarløv et al., 'The Disappearance of Multiresistant Staphylococcus aureus in Denmark: Changes in Strains of the 83A Complex between 1969 and 1989', *Clinical Infectious Diseases*, 14(6): 1186-1194, 1992.

Weygers, Alexander G., *The Making of Tools (ATL 04-103)*, Van Nostrand Reinhold Company, 1973.

—, *The Modern Blacksmith (ATL 04-108)*, Van Nostrand Reinhold Company, 1974.

Whitby, Garry, *Glassware Manufacture for Developing Countries (ATL 33-792)*, Intermediate Technology Publications, 1983.

Wigginton, Eliot (ed.), *Foxfire 2: Ghost Stories, Spring Wild Plant Foods, Spinning and Weaving, Midwifing, Burial Customs, Corn Shuckin's, Wagon Making and More Affairs of Plain Living (ATL 02-33)*, Anchor, 1973.

Solomon, Susan, Gian-Kasper Plattner et al., 'Irreversible climate change due to carbon dioxide emissions', *Proceedings of the National Academy of Sciences*, 106(6): 1704-1709, 2009.

Spinney, Laura, 'Return to paradise: If the people flee, what will happen to the seemingly indestructible?', *New Scientist*, 2039, 20 July 1996.

Standage, Tom, *An Edible History of Humanity*, Atlantic Books, 2010. First published 2009.

Stanford, Geoffrey, *Short Rotation Forestry: As a Solar Energy Transducer and Storage System (ATL 08-301)*, Greenhills Foundation, 1976.

Starkey, Paul, *Harnessing and Implements for Animal Traction: An Animal Traction Resource Book for Africa (ATL 06-294)*, German Appropriate Technology Exchange (GATE) and Friedrich Vieweg & Sohn, 1985.

Stassen, Hubert E., *Small-Scale Biomass Gasifiers for Heat and Power: A Global Review, Energy Series*, World Bank Technical Paper Number 296, 1995.

Stein, Matthew R., *When Technology Fails: A Manual for Self-Reliance, Sustainability and Surviving the Long Emergency*, Chelsea Green Publishing, 2008.

Stern, Nicholas, *The Stern Review on the Economics of Climate Change*, HM Treasury, 2006.

Stern, Peter, *Small Scale Irrigation (ATL 05-217)*, Intermediate Technology Publications, 1979.

—, (ed.) *Field Engineering (ATL 02-71)*, Practical Action, 1983.

Stoner, Carol Hupping, *Stocking Up: How to Preserve the Foods You Grow, Naturally (ATL 07-292)*, Rodale Press, 1973.

Strauss, Neil, *Emergency: One Man's Story of a Dangerous World and How to Stay Alive in it*, Canongate Books, 2009.

Strawbridge, Dick and James Strawbridge, *Practical Self Sufficiency: The Complete Guide to Sustainable Living*, Dorling Kindersley, 2010.

Sutton, Christine, 'The impossibility of photography', *New Scientist*, 25 December 1986.

Tainter, Joseph A., *The Collapse of Complex Societies*, Cambridge University Press, 1988.

Thwaites, Thomas, *The Toaster Project: Or a Heroic Attempt to Build a Simple Electric Appliance from Scratch*, Princeton Architectural Press, 2011.（『ゼロからトースターを作ってみた』トーマス・トウェイツ著、村井理子訳、飛鳥新社、2012年）

UNIFEM, *Cereal Processing (ATL 06-299)*, United Nations Development Fund for Women, 1988.

United States Army, *Survival (Field Manual 3-05.70)*, US Army Publishing ww2peopleswar/stories/70/a4127870.shtml

Rybczynski, Witold, *Paper Heroes: A Review of Appropriate Technology (ATL 01-11)*, Anchor Press, 1980.

Sacco, Joe, *Safe Area Goražde: The War in Eastern Bosnia 1992-95*, Fantagraphics, 2000.

Schaefer, Bradley E., 'The heliacal rise of Sirius and ancient Egyptian chronology', *Journal for the History of Astronomy*, 31(2): 149-155, 2000.

Schlesinger, Henry, *The Battery: How portable power sparked a technological revolution*, Smithsonian Books, 2010.

Schrock, Richard, 'MIT Technology Review: Nitrogen Fix', 2006, http://www.technologyreview.com/notebook/405750/nitrogen-fix/

Schwartz, Glenn M. and John J. Nichols (eds), *After Collapse: The Regeneration of Complex Societies*, The University of Arizona Press, 2010.

Sella, Andrea, 'Classic Kit-Kenneth Charles Devereux Hickman's Molecular Alembic', 2012, http://solarsaddle.wordpress.com/2012/01/06/classic-kit-kenneth-charles-devereux-hickmans-molecular-alembic/

Seymour, John, *The New Complete Book of Self-sufficiency*, Dorling Kindersley, 2009.

Shapin, Steven, *The Scientific Revolution*, The University of Chicago Press, 1996.（『「科学革命」とは何だったのか――新しい歴史観の試み』スティーヴン・シェイピン著、川田勝訳、白水社、1998年）

Sherman, Irwin W., *The Power of Plagues*, ASM Press, 2006.

Shirky, Clay, *Cognitive Surplus: Creativity and Generosity in a Connected Age*, Penguin, 2010.

Shuval, Hillel I., Charles G. Gunnerson and DeAnne S. Julius, *Appropriate Technology for Water Supply and Sanitation: Night-soil Composting (ATL 17-389)*, The World Bank, 1981.

Silverman, Steve, *Einstein's Refrigerator: And Other Stories from the Flip Side of History*, Andrews McMeel Publishing, 2001.

Smith, Gerald, 'The Chemistry of Historically Important Black Inks, Paints and Dyes', *Chemistry Eduction in New Zealand*, 2009.

Sobel, Dava, *Longitude: The True Story of a Lone Genius Who Solved the Greatest Scientific Problem of His Time*, Fourth Estate, 1996.（『経度への挑戦』デーヴァ・ソベル著、藤井留美訳、角川文庫、2010年）

Solar Energy Research Institute, *Fuel from Farms: A Guide to Small-scale Ethanol Production (ATL 19-417)*, United States Department of Energy, 1980.

Solomon, Steven, *Water: The epic struggle for wealth, power and civilization*, Harper Perennial, 2011.（『水が世界を支配する』スティーブン・ソロモン著、矢野真千子訳、集英社、2011年）

December 2011.

Parker, Bev, 'Early Transmitters and Receivers', 2006, http://www.historywebsite.co.uk/Museum/Engineering/Electronics/history/earlytxrx.htm

Parkin, N. and C. R. *Flood, Welding Craft Practices: Part 1, Volume 1 Oxy-acetylene Gas Welding and Related Studies (ATL 04-126)*, Pergamon Press, 1969.

Pearce, Fred, 'Flushed with success: Human manure's fertile future', *New Scientist*, 2904, 21 February 2013.

Perkins, Dwight, *Rural Small-Scale Industry in the People's Republic of China (ATL 03-75)*, University of California Press, 1977.

Pollan, Michael, *Cooked: A Natural History of Transformation*, Penguin, 2013.（『人間は料理をする』マイケル・ポーラン著、野中香方子訳、NTT出版、2014年）

Pollard, Justin, *Boffinology: The Real Stories Behind Our Greatest Scientific Discoveries*, John Murray, 2010.

Pomerantz, Jay M., 'Recycling Expensive Medication: Why Not?', *MedGenMed*, 6(2): 4, 2004.

Porter, Roy, *Blood and Guts: A Short History of Medicine*, Penguin, 2002.（『人体を戦場にして——医療小史』ロイ・ポーター著、目羅公和訳、法政大学出版局、2003年）

Raford, Noah and Jason Bradford, 'Reality Report: Interview with Noah Raford', July 17 2009, http://www.resilience.org/stories/2009-07-17/reality-report-interview-noah-raford

Rawles, James Wesley, *How To Survive The End Of The World As We Know It: Tactics, Techniques And Technologies For Uncertain Times*, Penguin, 2009.

Read, Leonard E., *I, Pencil: My Family Tree as Told to Leonard E. Read*, The Foundation for Economic Education, 1958. Reprinted 1999.

Reilly, Desmond, 'Salts, Acids & Alkalis in the 19th Century: A Comparison between Advances in France, England & Germany', *Isis*, 42(4): 287-296, 1951.

RomanyWG, *Beauty in Decay: Urbex: The Art of Urban Exploration*, CarpetBombingCulture, 2010.

Rooney, Anne, *The Story of Medicine: From Early Healing to the Miracles of Modern Medicine*, Arcturus, 2009.（『医学は歴史をどう変えてきたか——古代の癒やしから近代医学の奇跡まで』アン・ルーニー著、立木勝訳、東京書籍、2014年）

Rose, Alexander, 'Manual for Civilization', 2010, http://blog.longnow.org/02010/04/06/manual-for-civilization/

Rosen, Nick, *How to Live Off-grid: Journeys Outside the System*, Bantam Books, 2007.

Ross, Bill, 'Building a Radio in a P. O.W. Camp', 2005, http://www.bbc.co.uk/history/

社、2014年)
Martin, Sean, *The Black Death*, Chartwell Books, 2007.
Mason, Richard and John Caiger, *A History of Japan* (revised edition), Tuttle Publishing, 1997.
McClure, David Courtney, 'Kilkerran Pyroligneous Acid Works 1845 to 1945', 2000, http://www.ayrshirehistory.org.uk/AcidWorks/acidworks.htm
McDermott, Matthew, 'Techo-Leapfrogging At Its Best: 2,000 Indian Villages Skip Fossil Fuels, Get First Electricity From Solar', 2010, http://www.treehugger.com/natural-sciences/techo-leapfrogging-at-its-best-2000-indian-villages-skip-fossil-fuels- get-first-electricity-from-solar.html
McGuigan, Dermot, *Small Scale Wind Power*, Prism Press, 1978a.
—, *Harnessing Water Power for Home Energy (ATL 22-507)*, Garden Way Publishing Co., 1978b.
McKee, Ralph H. and Carroll M. Salk, 'Sulfuryl Chloride: Principles of Manufacture from Sulfur Burner Gas', *Industrial and Engineering Chemistry*, 16(4): 351-353, 1924.
Miller, Walter M., Jr, *A Canticle for Leibowitz*, Bantam Books, 2007. First published 1959.
Mokyr, Joel, *The Lever of Riches: Technological Creativity and Economic Progress*, Oxford University Press, 1990.
Moore, Andrew, *Detroit Disassembled*, Damiani, 2010.
Mortimer, Ian, *The Time Traveller's Guide to Medieval England*, The Bodley Head, 2008.
Murray-McIntosh, Rosalind P., Brian J. Scrimshaw, Peter J. Hatfield and David Penny, 'Testing migration patterns and estimating founding population size in Polynesia by using human mtDNA sequences', *Proceedings of the National Academy of Sciences*, 95(15): 9047-9052, 1998.
National Academy of Sciences, *Guayule: An Alternative Source of Natural Rubber (ATL 05-183)*, 1977.
Nekola, Jeffrey C., Craig D. Allen, James H. Brown et al., 'The Malthusian Darwinian dynamic and the trajectory of civilization', *Trends in Ecology & Evolution*, 28(3): 127-130, 2013.
Office of Global Analysis, *Cuba's Food & Agriculture Situation Report*, Foreign Agricultural Service, United States Department of Agriculture, 2008.
Oleson, John Peter (ed.), *The Oxford Handbook of Engineering and Technology in the Classical World*, Oxford University Press, 2008.
Osman, Jheni, *100 Ideas That Changed the World*, BBC Books, 2011.
Pappas, Stephanie, 'Is It Time to Overhaul the Calendar?', *Scientific American*, 29

for Fueling Internal Combustion Engines in a Petroleum Emergency, Federal Emergency Management Agency, 1989.

Lang, Jack, 'Sourdough Bread', 2003, http://forums.egullet.org/topic/27634-sourdough-bread/

Lax, Eric, *The Mould In Dr Florey's Coat : The Remarkable True Story of the Penicillin Miracle*, Abacus, 2005.

Leckie, Jim, Gil Masters, Harry Whitehouse and Lily Young, *More Other Homes and Garbage : Designs for Self-sufficient Living (ATL 02-47)*, Sierra Club Books, 1981.

Lengen, Johan van, *The Barefoot Architect : A Handbook for Green Building*, Shelter, 2008.

Lewis, M. J. T., 'The Origins of the Wheelbarrow', *Technology and Culture*, 35(3) : 453-475, July 1994.

Lincoln Electric Company, *The Procedure Handbook of Arc Welding (ATL 04-115)*, Lincoln Electric Company, 1973.

Lisboa, Maria Manuel, *The End of the World : Apocalypse and its Aftermath in Western Culture*, OpenBook Publishers, 2011.

Löfström, Johan, 'Zeer pot refrigerator', 2011, http://www.appropedia.org/Zeer_pot_refrigerator

Lovelock, James, 'A Book for All Seasons', *Science*, 280(5365) : 832-833, 1998.

Macfarlane, Alan and Gerry Martin, *The Glass Bathyscaphe : How Glass Changed the World*, Profile Books, 2002.

MacGregor, Neil, *A History of the World in 100 Objects*, Penguin, 2011.（『100のモノが語る世界の歴史』ニール・マクレガー著、東郷えりか訳、筑摩選書、2012年）

MacKenzie, Debora, 'Why the demise of civilisation may be inevitable', *New Scientist*, 2650, 2 April 2008.

MacLeod, Christine, 'Accident or Design? George Ravenscroft's Patent and the Invention of Lead-Crystal Glass', *Technology and Culture*, 28(4) : 776-803, 1987.

Madrigal, Alexis, *Powering the Dream : The History and Promise of Green Technology*, Da Capo Press, 2011.

Mann, Henry Thomas and David Williamson, *Water Treatment and Sanitation : Simple Methods for Rural Areas (ATL 16-381)* (revised edition), Intermediate Technology Publications, 1982.

Margaine, Sylvain, *Forbidden Places : Exploring our abandoned heritage*, Jonglez, 2009.

Martin, Dan, *Apocalypse : How to Survive a Global Crisis*, Ecko House Publishing, 2011.

Martin, Felix, *Money : The Unauthorised Biography*, The Bodley Head, 2013.（『21世紀の貨幣論』フェリックス・マーティン著、遠藤真美訳、東洋経済新報

262), Sunflower University Press, 1982.

Jackson, Albert and David Day, *Tools and How to Use Them : An Illustrated Encyclopedia (ATL 04-122)*, Alfred A. Knopf, 1978.

Jha, Alok, 'Einstein fridge design can help global cooling', *Observer*, 21 September 2008.

Johnson, Carl G. and William R. Weeks, *Metallurgy (ATL 04-106)*, 5th edn, American Technical Publishers, 1977.

Johnson, Steven, *Where Good Ideas Come From : The Natural History of Innovation*, Allen Lane, 2010.（『イノベーションのアイデアを生み出す七つの法則』スティーブン・ジョンソン著、松浦俊輔訳、日経BP社、2013年）

Karpenko, Vladimir and John A. Norris, 'Vitriol in the History of Chemistry', *Chemické Listy*, 96 : 997-1005, 2002.

Kato, M., D. M. DeMarini, A. B. Carvalho et al., 'World at work : Charcoal Producing Industries in Northeastern Brazil', *Occupational and Environmental Medicine*, 62(2) : 128-132, 2005.

Kean, Sam, *The Disappearing Spoon : and other true tales from the Periodic Table*, Black Swan, 2010.（『スプーンと元素周期表――「最も簡潔な人類史」への手引き』サム・キーン著、松井信彦訳、早川書房、2011年）

Kelly, Kevin, 'The Forever Book', 2006, http://www.kk.org/thetechnium/archives/2006/02/the_forever_book.php

—, *What Technology Wants*, Viking, 2010.（『テクニウム――テクノロジーはどこへ向かうのか？』ケヴィン・ケリー 著、服部桂訳、みすず書房、2014年）

—, 'The Library of Utility', 2011, http://blog.longnow.org/02011/04/25/the-library-of-utility/

Kirby, Richard Shelton, Sidney Withington, Arthur Burr Darling and Frederick Gridley Kilgour, *Engineering in History*, Dover Publications, 1990.

Koster, Joan, *Handloom Construction : A Practical Guide for the Non-Expert (ATL 33-778)*, Volunteers in Technical Assistance, 1979.

Krammer, Arnold, 'Fueling the Third Reich', *Technology and Culture*, 19(3) : 394-422, 1978.

Krouse, Peter, 'Charles Brush used wind power in house 120 years ago : Cleveland Innovations', 2011, http://blog.cleveland.com/metro/2011/08/charles_brush_used_wind_power.html

Kuhn, Thomas S., *The Structure of Scientific Revolutions*, 3rd edn, University of Chicago Press, 1996.（『科学革命の構造』トーマス・クーン著、中山茂訳、みすず書房、1971年）

LaFontaine, H. and F. P. Zimmerman, *Construction of a Simplified Wood Gas Generator*

—, *The Metal Shaper*, David J. Gingery Publishing LLC, 2000d.
—, *The Milling Machine*, David J. Gingery Publishing LLC, 2000e.
Goodall, Chris, *Ten Technologies To Fix Energy and Climate*, Profile Books, 2009.
Goodman, John (ed.), *Diderot on Art*, Yale University Press, 1995.
Gotaas, Harold B., *Composting: Sanitary Disposal and Reclamation of Organic Wastes (ATL 05-166)*, World Health Organization, 1976. First published 1956.
Greer, John Michael, 'How Not To Save Science', 2006, http://thearchdruidreport.blogspot.co.uk/2006/07/how-not-to-save-science.html
—, *The Long Descent: A User's Guide to the End of the Industrial Age*, New Society Publishers, 2008.
Gribbin, John, *Science: A History 1543-2001*, Penguin, 2002.
Hamilton, James, *Faraday: The Life*, HarperCollins, 2003.（『電気事始め——マイケル・ファラデーの生涯』J・ハミルトン著、佐波正一訳、教文館、2010年）
Henry, John, *The Scientific Revolution and the Origins of Modern Science*, 3rd edn, Palgrave Macmillan, 2008.（『一七世紀科学革命』ジョン・ヘンリー著、東慎一郎訳、岩波書店、2005年）
Hey, Jody, 'On the Number of New World Founders: A Population Genetic Portrait of the Peopling of the Americas', *PLoS Biology*, 3(6): e193, 2005.
Hillier, V. A. W. and F. Pittuck, *Fundamentals of Motor Vehicle Technology*, 3rd edn, Hutchinson, 1981.
Hills, Richard L., *Power from Wind: A History of Windmill Technology*, Cambridge University Press, 1996.
Hiscox, Gardner Dexter, *1800 Mechanical Movements, Devices and Appliances*, Dover Publications, 2007.
Holland, Ray, *Micro Hydro Electric Power (ATL 22-531)*, Intermediate Technology Publications, 1986.
Holmes, Bob, 'Starting over: Rebuilding Civilisation from Scratch', *New Scientist*, 2805, 28 March 2011.
Holmes, Richard, *The Age of Wonder: How the Romantic Generation discovered the beauty and terror of science*, HarperPress, 2008.
House, David, *The Biogas Handbook (ATL 24-568)*, Peace Press, 1978. Revised edition published by House Press in 2006.
HowToons, 'Pen Pal', *Craft*, 5, November 2007, http://www.arvindguptatoys.com/arvindgupta/penpal.pdf
Huisman, L. and W. E. Wood, *Slow Sand Filtration (ATL 16-376)*, World Health Organisation, 1974.
Hurt, R. Douglas, *American Farm Tools: From Hand-Power to Steam-Power (ATL 06-*

2009.
Ehrlich, Paul R. and Anne H. Ehrlich, 'Can a collapse of global civilisation be avoided?', *Proceedings of the Royal Society : B*, 280 : 1-9, 2013.
Eisenring, Markus, *Micro Pelton Turbines (ATL 22-543)*, SKAT, Swiss Center for Appropriate Technology, 1991.
FAO, *Farming with Animal Power (ATL05-150)*, Better Farming Series 14, Food and Agriculture Organization of the United Nations, 1976.
—, *Cereals (ATL 05-151)*, Better Farming Series 15, Food and Agriculture Organization of the United Nations, 1977.
—, Forestry Department, *Wood Gas as Engine Fuel*, Food and Agriculture Organisation of the United Nations, 1986.
Fara, Patricia, *Science : A Four Thousand Year History*, Oxford University Press, 2009.
Farndon, John, *The World's Greatest Idea : The Fifty Greatest Ideas That Have Changed Humanity*, Icon Books, 2010.
Ferguson, Niall, *Civilization : The West and the Rest*, Penguin, 2011. (『文明——西洋が覇権をとれた6つの真因』ニーアル・ファーガソン著、仙名紀訳、勁草書房、2012年)
Fernández-Armesto, Felipe, *Food : A History*, Macmillan, 2001.
Field, Simon Quellen, 'Building a crystal radio out of household items', *Gonzo Gizmos : Projects and Devices to Channel Your Inner Geek*, Chicago Review Press, 2002.
Finlay, Victoria, *Colour : Travels Through the Paintbox*, Hodder and Stoughton, 2002.
Forest Service Forest Products Laboratory, *Wood Handbook : Wood as an Engineering Material (ATL 25-662)*, US Department of Agriculture, 1974.
Fraenkel, Peter, *Water-Pumping Devices : A Handbook for Users and Choosers (ATL 14-370)*, Intermediate Technology Publications, 1997.
Frank, Adam, *About Time : Cosmology and Culture at the Twilight of the Big Bang*, OneWorld, 2011. (『時間と宇宙のすべて』アダム・フランク著、水谷淳訳、早川書房、2012年)
Fruen, Lois, 'The Real World of Chemistry : Iron Gall Ink', 2002, http://www.realscience.breckschool.org/upper/fruen/files/Enrichmentarticles/files/IronGallInk/IronGallInk.html
Gentry, George and Edgar T. Westbury, *Hardening and Tempering Engineers' Tools (ATL 04-98)*, Model and Allied Publications, 1980.
Gillies, Midge, *The Barbed-wire University : The Real Lives of Prisoners of War in the Second World War*, Aurum, 2011.
Gingery, David J., *The Charcoal Foundry*, David J. Gingery Publishing LLC, 2000a.
—, *The Drill Press*, David J. Gingery Publishing LLC, 2000b.
—, *The Metal Lathe*, David J. Gingery Publishing LLC, 2000c.

—, 'Gas Bag Vehicles', 2011b, http://www.lowtechmagazine.com/2011/11/gas-bag-vehicles.html
DEFRA, *UK Food Security Assessment: Detailed Analysis*, Department for Environment, Food and Rural Affairs, 2010.
—, *Food Statistics Pocketbook*, Department for Environment, Food and Rural Affairs, 2012.
Deighton, T. Howard, *The Struggle for Supremacy: Being a Series of Chapters in the History of the Leblanc Alkali Industry in Great Britain*, Gilbert G. Walmsley, 1907.
Department for Transport, *Vehicle Licensing Statistics*, 2013.
Diamond, Jared, *Collapse: How Societies Chose to Fail or Survive*, Penguin, 2005.（『文明崩壊――滅亡と存続の命運を分けるもの』ジャレド・ダイアモンド著、楡井浩一訳、草思社文庫、2012年）
Dick, William B., *Dick's Encyclopedia of Practical Receipts and Processes (ATL 02-26)*, Dick & Fitzgerald, 1872.
Dickson, Murray, *Where There Is No Dentist*, Hesperian Health Guides, 2011.（『医療に恵まれないところでの歯科保健の手引き――歯科保健の国際協力活動マニュアル』マレイ・ディクソン著、歯科保健医療国際協力協議会訳、口腔保健協会、1992年）
Dobson, Michael B., *Anaesthesia at the District Hospital (ATL 27-720)*, World Health Organisation, 1988.
Dumesny, P. and J. Noyer, *Wood Products: Distillates and Extracts*, Scott Greenwood & Son, 1908.
Dunn, Kevin M., *Caveman Chemistry: 28 Projects, from the Creation of Fire to the Production of Plastics*, Universal Publishers, 2003.
Economist, 'Behind the bleeding edge: Skipping over old technologies to adopt new ones offers opportunities-and a lesson', *The Economist*, 21 September 2006.
—, 'Of internet cafés and power cuts: Emerging economies are better at adopting new technologies than at putting them into widespread use', *The Economist*, 7 February 2008.
—, 'The limits of leapfrogging: The spread of new technologies often depends on the availability of older ones', *The Economist*, 7 February 2008.
—, 'Doomsdays: Predicting the End of the World', *The Economist*, 20 December 2012.
Edgerton, David, *The Shock Of The Old: Technology and Global History since 1900*, Profile Books, 2006.
—, 'Creole technologies and global histories: rethinking how things travel in space and time', *Journal of History of Science and Technology*, 1: 75-112, 2007.
Edwards, Aton, *Preparedness Now! (An Emergency Survival Guide)*, Process Media,

April 2001.

Cook, John, Balu Sankaran and Ambrose E. O. Wasunna (eds), *General Surgery at the District Hospital (ATL 27-721)*, World Health Organization, 1988.

Coupland, Douglas, *Shampoo Planet*, Simon & Schuster, 1992.（『シャンプー・プラネット』ダグラス・クープランド著、森田義信訳、角川書店、1995年）

—, *Girlfriend in a Coma*, Flamingo, 1998.

Cowan, Ruth Schwartz, 'How the Refrigerator Got its Hum', in *The Social Shaping of Technology*, MacKenzie, Donald and Judy Wajcman (eds), Open University Press, 1985.

Cowie, Jonathan, *Climate Change: Biological and Human Aspects*, Cambridge University Press, 2013.

Crump, Thomas, *A Brief History of Science: As seen through the development of scientific instruments*, Constable & Robinson, 2001.

Dalton, Alan P., *Chemicals from Biological Resources*, Intermediate Technology Development Group, 1973.

Dalzell, Howard W., Kenneth R. Gray and A. J. Biddlestone, *Composting in Tropical Agriculture (ATL 05-165)*, International Institute of Biological Husbandry, 1981.

David, Saul, 'How Germany lost the WWI arms race', 2012, http://www.bbc.co.uk/news/magazine-17011607

Davidson, J. P., *Planet Word*, Penguin, 2011.

Davison, Robert, Doug Vogel, Roger Harris and Noel Jones 'Technology Leapfrogging in Developing Countries-An Inevitable Luxury?', *The Electronic Journal of Information Systems in Developing Countries*, 1(5): 1-10, 2000.

Decker, Kris De, 'Wind powered factories: history (and future) of industrial windmills', 2009, http://www.lowtechmagazine.com/2009/10/history-of-industrial-windmills.html

—, 'Recycling animal and human dung is the key to sustainable farming', 2010a, http://www.lowtechmagazine.com/2010/09/recycling-animal-and-human-dung-is-the-key-to-sustainable-farming.html

—, 'Wood gas vehicles: firewood in the fuel tank', 2010b, http://www.lowtechmagazine.com/2010/01/wood-gas-cars.html

—, 'The status quo of electric cars: better batteries, same range', 2010c, http://www.lowtechmagazine.com/2010/05/the-status-quo-of-electric-cars-better-batteries-same-range.html

—, 'Medieval smokestacks: fossil fuels in pre-industrial times', 2011a, http://www.lowtechmagazine.com/2011/09/peat-and-coal-fossil-fuels-in-pre-industrial-times.html

Bostrom, Nick and Milan M. Ćirković (eds), *Global Catastrophic Risks*, Oxford University Press, 2011.

Bowler, Peter J. and Iwan Rhys Morus, *Making Modern Science: A Historical Survey*, The University of Chicago Press, 2005.

Boyle, Godfrey and Peter Harper, *Radical Technology: Food, Shelter, Tools, Materials, Energy, Communication, Autonomy, Community (ATL 01-13)*, Undercurrent Books, 1976.（『ラジカルテクノロジー』ピーター・ハーパーほか編、槌屋治紀訳、時事通信社、1982年）

British Nutrition Foundation, *Nutrition and Food Processing*, 1999.

Broers, Alec, *The Triumph of Technology* (The BBC Reith Lectures 2005), Cambridge University Press, 2005.

Brooks, Michael, 'Electric cars: Juiced up and ready to go', *New Scientist*, 2717, 20 July 2009.

Brown, Henry T., *507 Mechanical Movements: Mechanisms and Devices*, 18th edn, BN Publishing, 2008. First published 1868.

Bruton, Eric, *The History of Clocks & Watches*, Little, Brown, 2000.

Bureau of Naval Personnel, *Basic Machines and How They Work (ATL 04-81)*, Dover Publications, 1971.

Carr, Marilyn (ed.), *AT Reader: Theory and Practice in Appropriate Technology (ATL 01-20)*, ITDG Publishing, 1985.

Carusella, Brian, 'Foxhole and POW built radios: history and construction', 2008, http://bizarrelabs.com/foxhole.htm

Casselman, Anne, 'Microscope, DIY, 3 Minutes', 2011, http://www.lastwordonnothing.com/2011/09/05/guest-post-microscope-diy/

Chang, Hasok, *Inventing Temperature: Measurement and Scientific Progress*, Oxford University Press, 2004.

Clark, David P., *Germs, Genes & Civilization*, FT Press, 2010.

Clayton, Bruce D., *Life After Doomsday: Survivalist Guide to Nuclear War and Other Major Disasters*, Paladin Press, 1980.

Clews, Henry, *Electric Power from the Wind (ATL 21-466)*, Enertech Corporation, 1973.

Cohen, Laurie P., 'Many Medicines Are Potent Years Past Expiration Dates', *Wall Street Journal*, 28 March 2000.

Collins, H. M., 'The TEA Set: Tacit Knowledge and Scientific Networks', *Science Studies*, 4(2): 165-186, 1974.

Conant, Jeff, *Sanitation and Cleanliness for a Healthy Environment*, Hesperian Foundation, 2005.

Connolly, Kate, 'Human flesh on sale in land the Cold War left behind', *Observer*, 8

参考文献

Abdel-Aal, H. K., K. M. Zohdy and M. Abdel Kareem, 'Hydrogen Production Using Sea Water Electrolysis', *The Open Fuel Cells Journal*, 3: 1-7, 2010.

Adams, John Joseph (ed.), *Wastelands: Stories of the Apocalypse*, Night Shade Books, 2008.

Agromisa Foundation Human Nutrition and Food Processing Group, *Preservation of Foods (ATL 07-289)*, Agromisa Foundation, 1990.

Ahuja, Rajeev, Andreas Blomqvist, Peter Lorrson et al., 'Relativity and the lead-acid battery', *Physical Review Letters*, 106(1), 2011.

Allen, Robert C., *The British Industrial Revolution in Global Perspective*, Cambridge University Press, 2009.

Ambrosoli, Mauro, *The Wild and the Sown: Botany and Agriculture in Western Europe, 1350-1850*, Cambridge University Press, 2009.

Arthur, W. Brian, *The Nature of Technology: What It Is and How It Evolves*, Penguin, 2009.（『テクノロジーとイノベーション――進化／生成の理論』W・ブライアン・アーサー著、日暮雅通訳、みすず書房、2011年）

Ashton, Kevin, 'What Coke Contains', 2013, https://medium.com/the-ingredients-2/221d449929ef

Aspin, B. Terry, *Foundrywork for the Amateur (ATL 04-94)*, Model and Allied Publications, 1975.

Avery, Mike, 'What is sourdough?', 2001a, http://www.sourdoughhome.com/index.php?content=whatissourdough

—, 'Starting a Starter', 2001b, http://www.sourdoughhome.com/index.php?content=startermyway2

Ball, Philip, *Curiosity: How Science Became Interested in Everything*, The Bodley Head, 2012.

Basalla, George, *The Evolution of Technology*, Cambridge University Press, 1988.

Bell, Alice, 'How the Refrigerator Got its Hum', 2011, http://alicerosebell.wordpress.com/2011/09/19/how-the-refrigerator-got-its-hum/

Blandford, Percy, *Old Farm Tools and Machinery: An Illustrated History*, David & Charles, 1976.

Bloomfield, Sally F. and Kumar Jyoti Nath, *Use of ash and mud for handwashing in low income communities*, International Scientific Forum on Home Hygiene, 2009.

of Milling by John Storck and Walter Dorwin Teague (UMP, 1952), copyright 1952 by the University of Minnesota, renewed 1980. Illustration rights arranged with University of Minnesota Press through Japan UNI Agency, Inc., Tokyo

p. 225 Self-orientating turret windmill from 'Wind powered factories: history (and future) of industrial windmills' in Low-Tech magazine, article © Kris De Decker (edited by Vincent Grosjean)

p. 228 Crank and cam, illustration by Bill Donohoe

p. 239 Charles Brush's electricity-generating windmill, reproduced courtesy of the Western Reserve Historical Society. Illustration rights arranged with the Western Reserve Historical Society through Japan UNI Agency, Inc., Tokyo

p. 240 Pelton turbine reproduced courtesy of the A P Godber Collection, Alexander Turnbull Library

p. 253 Gas-bag bus © Scotsman Publications. Illustration rights arranged with the Scotsman Publications Ltd. through Japan UNI Agency, Inc., Tokyo

p. 255 Wood gasifier car © Mike LaRosa

p. 259 Makeshift horse-drawn trap © Sean Caffrey / Getty images

p. 267 Internal combustion engine, illustration by Bill Donohoe

p. 284 Mould for type casting, author's photograph

p. 299 Simple radio receiver: wiring diagram (top) by Bill Donohoe; photograph (bottom) reproduced courtesy of Tim Sammons

p. 322 Soda plant: photo (top) Solvay Process Co.'s works, Syracuse, N.Y., from the Library of Congress; diagram (bottom) by author

p. 334 Mechanical clock from *Meyers Konversationslexikon* by Joseph Meyer, reproduced courtesy of www.zeno.org

p. 343 Barnard's star, diagram by author

p. 344 Shifting of the celestial North and South poles, diagram by author

p. 351 Sextant, from p.1932 of *Webster's New International Dictionary of the English Language* (1911 edn), reproduced courtesy of Oxford Union Library

図版出典

p. 43　Second floor reading room of the Camden N. J. Free Public Library © Camilo José Vergara 2013. Illustration rights arranged with Camilo José Vergara through Japan UNI Agency, Inc., Tokyo

p. 71　Hydroelectric generators in Goražde : photographer © Nigel Chandler / Sygma / Corbis

p. 80　Svalbard Global Seed Vault : photograph © Paul Nicklen / National Geographic Society / Corbis ; map design by Darren Bennett, dkb creative

p. 87　Simple farming tools, illustration by Bill Donohoe

p. 90　Complex farming tools : plough from *Lexikon der gesamten Technik* by Herausgegeben von Otto Lueger ; harrow, seed drill and plough action from *Meyers Konversationslexikon* (1905-1909) by Joseph Meyer. All reproduced courtesy of www.zeno.org

p. 94　Cereal crops from *Meyers Konversationslexikon* by Joseph Meyer, reproduced courtesy of www.zeno.org ; page design by Bill Donohoe

p. 96　Mechanical reaper from *Meyers Konversationslexikon* by Joseph Meyer, reproduced courtesy of www.zeno.org

p. 133　Spinning wheel, from *The Wonderful Story of Britain : The New Spinning Machine* by Peter Jackson / Private Collection / © Look and Learn / The Bridgeman Art Library / Aflo

p. 135　Loom © Science Museum / Science & Society Picture Library. All rights reserved

p. 159　The pyrolysis of wood : (top) drawing of retort for wood distillation taken from p. 12 of *Wood products : distillates and extracts* by Dumesny and Noyer (1908) ; (bottom) diagram by author

p. 179　Rudimentary foundry, photographs reproduced by kind permission of David J. Gingery Publishing, LLC

p. 180　Lathe © Science Museum / Science & Society Picture Library. All rights reserved

p. 183　Blast furnace, illustration by Bill Donohoe

p. 199　Birthing forceps, reproduced courtesy of Historical Collections & Services, Claude Moore Health Sciences Library, University of Virginia

p. 223　Overshot waterwheel, fig. 56 on p.109 from *Flour for Man's Bread : A History*

本書は二〇一五年、小社より単行本として刊行された。

Japanese translation rights arranged
with JANKLOW & NESBIT (UK) LIMITED
through Japan UNI Agency, Inc., Tokyo

この世界が消えたあとの科学文明のつくりかた

二〇一八年 九 月二〇日 初版発行
二〇二一年一二月三〇日 5刷発行

著 者 ルイス・ダートネル
訳 者 東郷えりか

発行者 小野寺優
発行所 株式会社河出書房新社
〒一五一-〇〇五一
東京都渋谷区千駄ヶ谷二-三二-二
電話〇三-三四〇四-八六一一（編集）
〇三-三四〇四-一二〇一（営業）
https://www.kawade.co.jp/

ロゴ・表紙デザイン 粟津潔
本文フォーマット 佐々木暁
本文組版 有限会社中央制作社
印刷・製本 中央精版印刷株式会社

Printed in Japan ISBN978-4-309-46480-0

人間はどこまで耐えられるのか

フランセス・アッシュクロフト　矢羽野薫〔訳〕　46303-2

死ぬか生きるかの極限状況を科学する！　どのくらい高く登れるか、どのくらい深く潜れるか、暑さと寒さ、速さなど、肉体的な「人間の限界」を著者自身も体を張って果敢に調べ抜いた驚異の生理学。

「困った人たち」とのつきあい方

ロバート・ブラムソン　鈴木重吉／峠敏之〔訳〕　46208-0

あなたの身近に必ずいる「とんでもない人、信じられない人」――彼らに敢然と対処する方法を教えます。「困った人」ブームの元祖本、二十万部の大ベストセラーが、さらに読みやすく文庫になりました。

FBI捜査官が教える「しぐさ」の心理学

ジョー・ナヴァロ／マーヴィン・カーリンズ　西田美緒子〔訳〕　46380-3

体の中で一番正直なのは、顔ではなく脚と足だった！　「人間ウソ発見器」の異名をとる元敏腕FBI捜査官が、人々が見落としている感情や考えを表すしぐさの意味とそのメカニズムを徹底的に解き明かす。

快感回路

デイヴィッド・J・リンデン　岩坂彰〔訳〕　46398-8

セックス、薬物、アルコール、高カロリー食、ギャンブル、慈善活動……数々の実験とエピソードを交えつつ、快感と依存のしくみを解明。最新科学でここまでわかった、なぜ私たちはあれにハマるのか？

人生に必要な知恵はすべて幼稚園の砂場で学んだ 決定版

ロバート・フルガム　池央耿〔訳〕　46421-3

本当の知恵とは何だろう？　人生を見つめ直し、豊かにする感動のメッセージ！　“フルガム現象”として全米の学校、企業、政界、マスコミで大ブームを起こした珠玉のエッセイ集、決定版！

脳はいいかげんにできている

デイヴィッド・J・リンデン　夏目大〔訳〕　46443-5

脳はその場しのぎの、場当たり的な進化によってもたらされた！　性格や知能は氏か育ちか、男女の脳の違いとは何か、などの身近な疑問を説明し、脳にまつわる常識を覆す！　東京大学教授池谷裕二さん推薦！

アメリカ人はどうしてああなのか

テリー・イーグルトン　大橋洋一／吉岡範武〔訳〕 46449-7

あまりにブラック、そして痛快。抱腹絶倒、滑稽話の波状攻撃。イギリス屈指の毒舌批評家が、アメリカ人とアメリカという国、ひいては現代世界全体を鋭くえぐる。文庫化にあたり新しい序文を収録。

オックスフォード&ケンブリッジ大学　世界一「考えさせられる」入試問題

ジョン・ファーンドン　小田島恒志／小田島則子〔訳〕 46455-8

世界トップ10に入る両校の入試問題はなぜ特別なのか。さあ、あなたならどう答える？　どうしたら合格できる？　難問奇問を選りすぐり、ユーモアあふれる解答例をつけたユニークな一冊！

ザ・マスター・キー

チャールズ・F・ハアネル　菅靖彦〔訳〕 46370-4

『人を動かす』のデール・カーネギーやビル・ゲイツも激賞。最強の成功哲学であり自己啓発の名著！　全米ベストセラー『ザ・シークレット』の原典となった永遠普遍の極意を二十四週のレッスンで学ぶ。

感染地図

スティーヴン・ジョンソン　矢野真千子〔訳〕 46458-9

150年前のロンドンを「見えない敵」が襲った！　大疫病禍の感染源究明に挑む壮大で壮絶な実験は、やがて独創的な「地図」に結実する。スリルあふれる医学＝歴史ノンフィクション。

古代文明と気候大変動　人類の運命を変えた二万年史

ブライアン・フェイガン　東郷えりか〔訳〕 46307-0

人類の歴史は、めまぐるしく変動する気候への適応の歴史である。二万年におよぶ世界各地の古代文明はどのように生まれ、どのように滅びたのか。気候学の最新成果を駆使して描く、壮大な文明の興亡史。

歴史を変えた気候大変動

ブライアン・フェイガン　東郷えりか／桃井緑美子〔訳〕 46316-2

歴史を揺り動かした五百年前の気候大変動とは何だったのか？　人口大移動や農業革命、産業革命と深く結びついた「小さな氷河期」を、民衆はどのように生き延びたのか？　気候学と歴史学の双方から迫る！

人類が絶滅する6のシナリオ

フレッド・グテル　夏目大〔訳〕　46454-1

明日、人類はこうして絶滅する！　スーパーウイルス、気候変動、大量絶滅、食糧危機、バイオテロ、コンピュータの暴走……人類はどうすれば絶滅の危機から逃れられるのか？

古代ローマ人の24時間　よみがえる帝都ローマの民衆生活

アルベルト・アンジェラ　関口英子〔訳〕　46371-1

映画「テルマエ・ロマエ」の人物たちも過ごしたはずのリアルな日常――。二千年前にタイムスリップ！　臨場感たっぷりに再現された古代ローマの驚きの〈一日〉を体験できるベストセラー本。

「雲」の楽しみ方

ギャヴィン・プレイター＝ピニー　桃井緑美子〔訳〕　46434-3

来る日も来る日も青一色の空だったら人生は退屈だ、と著者は言う。豊富な写真と図版で、世界のあらゆる雲を紹介する。英国はじめ各国でベストセラーになったユーモラスな科学読み物。

犬の愛に嘘はない　犬たちの豊かな感情世界

ジェフリー・M・マッソン　古草秀子〔訳〕　46319-3

犬は人間の想像以上に高度な感情――喜びや悲しみ、思いやりなどを持っている。それまでの常識を覆し、多くの実話や文献をもとに、犬にも感情があることを解明し、その心の謎に迫った全米大ベストセラー。

犬はあなたをこう見ている

ジョン・ブラッドショー　西田美緒子〔訳〕　46426-8

どうすれば人と犬の関係はより良いものとなるのだろうか？　犬の世界には序列があるとする常識を覆し、動物行動学の第一人者が科学的な視点から犬の感情や思考、知能、行動を解き明かす全米ベストセラー！

植物はそこまで知っている

ダニエル・チャモヴィッツ　矢野真千子〔訳〕　46438-1

見てもいるし、覚えてもいる！　科学の最前線が解き明かす驚異の能力！　視覚、聴覚、嗅覚、位置感覚、そして記憶――多くの感覚を駆使して高度に生きる植物たちの「知られざる世界」。

孤独の科学

ジョン・T・カシオポ／ウィリアム・パトリック　柴田裕之〔訳〕 46465-7

その孤独感には理由がある！　脳と心のしくみ、遺伝と環境、進化のプロセス、病との関係、社会・経済的背景……「つながり」を求める動物としての人間——第一人者が様々な角度からその本性に迫る。

死都ゴモラ　世界の裏側を支配する暗黒帝国

ロベルト・サヴィアーノ　大久保昭男〔訳〕 46363-6

凶悪な国際新興マフィアの戦慄的な実態を初めて暴き、強烈な文体で告発するノンフィクション小説！　イタリアで百万部超の大ベストセラー！　佐藤優氏推薦。映画「ゴモラ」の原作。

アフリカの白い呪術師

ライアル・ワトソン　村田惠子〔訳〕 46165-6

十六歳でアフリカの奥地へと移り住んだイギリス人ボーシャは、白人ながら霊媒・占い師の修行を受け、神秘に満ちた伝統に迎え入れられた。人類の進化を一人で再現した男の驚異の実話！

偉人たちのあんまりな死に方

ジョージア・ブラッグ　梶山あゆみ〔訳〕 46460-2

あまりにも悲惨、あまりにもみじめ……。医学が未発達な時代に、あの世界の偉人たちはどんな最期を遂げたのか？　思わず同情したくなる、知られざる事実や驚きいっぱいの異色偉人伝！

ヴァギナ　女性器の文化史

キャサリン・ブラックリッジ　藤田真利子〔訳〕 46351-3

男であれ女であれ、生まれてきたその場所をもっとよく知るための、必読書！　イギリスの女性研究者が幅広い文献・資料をもとに描き出した革命的な一冊。図版多数収録。

精子戦争　性行動の謎を解く

ロビン・ベイカー　秋川百合〔訳〕 46328-5

精子と卵子、受精についての詳細な調査によって得られた著者の革命的な理論は、全世界の生物学者を驚かせた。日常の性行動を解釈し直し、性に対する常識をまったく新しい観点から捉えた衝撃作！

脳を最高に活かせる人の朝時間

茂木健一郎　41468-3
脳の潜在能力を最大限に引き出すには、朝をいかに過ごすかが重要だ。起床後３時間の脳のゴールデンタイムの活用法から夜の快眠管理術まで、頭も心もポジティブになる、脳科学者による朝型脳のつくり方。

脳が最高に冴える快眠法

茂木健一郎　41575-8
仕事や勉強の効率をアップするには、快眠が鍵だ！　睡眠の自己コントロール法や“記憶力”“発想力”を高める眠り方、眠れない時の対処法や脳を覚醒させる戦略的仮眠など、脳に効く茂木式睡眠法のすべて。

カルト脱出記

佐藤典雅　41504-8
東京ガールズコレクションの仕掛け人としても知られる著者は、ロス、ＮＹ、ハワイ、東京と九歳から三十五歳までエホバの証人として教団活動していた。信者の日常、自らと家族の脱会を描く。待望の文庫化。

裁判狂時代　喜劇の法廷★傍聴記

阿曽山大噴火　40833-0
世にもおかしな仰天法廷劇の数々！　大川興業所属「日本一の裁判傍聴マニア」が信じられない珍妙奇天烈な爆笑法廷を大公開！　石原裕次郎の弟を自称する窃盗犯や極刑を望む痴漢など、報道のリアルな裏側。

裁判狂事件簿　驚異の法廷★傍聴記

阿曽山大噴火　41020-3
報道されたアノ事件は、その後どうなったのか？　法廷で繰り広げられるドラマを日本一の傍聴マニアが記録した驚異の事件簿。監禁王子、ニセ有栖川宮事件ほか全三十五篇。〈裁判狂〉シリーズ第二弾。

福島第一原発収束作業日記

ハッピー　41346-4
原発事故は終わらない。東日本大震災が起きた二〇一一年三月一一日からほぼ毎日ツイッター上で綴られた、福島第一原発の事故収束作業にあたる現役現場作業員の貴重な「生」の手記。

著訳者名の後の数字はISBNコードです。頭に「978-4-309」を付け、お近くの書店にてご注文下さい。